Dr. med. vet. Elke Fischer

Homöopathie für Katzen

▶ Die erfolgreiche Heilmethode
jetzt auch für Ihr Tier

Inhalt

Interessantes zur Homöopathie 8

Entstehung und Entwicklung 10
Der Weg zur Homöopathie 10
- ▶ INFO: GRUNDPRINZIP DER HOMÖOPATHIE 11

Ganzheitliche Therapie 12
- ▶ INFO: LEBENSKRAFT 13

Krankheit aus Sicht der Homöopathie 14
Ein Arzneimittelbild erstellen 14
Symptome 16
- ▶ TABELLE: GRUNDPRINZIPIEN DER HOMÖOPATHIE 17

Homöopathie bei Tieren 18
Ein Arzneimittelbild für das Tier erstellen 18
Unterschiede bei verschiedenen Tierarten 19
- ▶ INFO: SEITENBEZEICHNUNG UND SEITENBEZIEHUNG 19

Besonderheiten bei der Katze 20
Homöopathische Mittel und Placeboeffekt 21

Wirkungsweise der Homöopathie 22
Einschränkungen der Homöopathie 22
Wirkungsort der homöopathischen Mittel 23
- ▶ TIPP: RICHTIG UMGEHEN MIT KATZEN 23

Reaktionen auf homöopathische Arzneien 24
- ▶ TABELLE: VON DEN SYMPTOMEN ZUM MITTEL 26

Homöopathische Substanzen und ihre Potenzierung 28
Wie die Mittel entstehen 28
Potenzierung 29
- ▶ INFO: HOMÖOPATHISCHE ANWENDUNGSREGELN 29

Welche Potenzen gibt es? 30
Welche Potenzen für meine Katze? 31

Darreichungsformen für die Katze 32
Wie gibt man die Mittel? 32
- ▶ TABELLE: DARREICHUNGSFORMEN/DOSIERUNG 33

Wann gibt man die Mittel? 34
Richtige Dosierung 34
- ▶ INFO: BEI DER VERABREICHUNG BEACHTEN 34

Dauer der Anwendung 35
Was sind Komplexmittel? 36
Unterstützende Maßnahmen 37
- ▶ INFO: Lebenswichtiges Taurin 38

Grenzen der Homöopathie	39
Wann müssen Sie zum Tierarzt?	40
➤ INFO: Kopf-Fuß-Schema	40
Kann man mit Homöopathie impfen?	41
Homöopathie und Impfschäden	42
➤ INFO: Beim Impfen beachten	42
Homöopathie und Parasiten	43
Homöopathie und Verhaltensstörungen	45
Gefahren durch die homöopathische Behandlung	45
➤ INFO: Homöopathie als Notfallhilfe	46
Häufig gestellte Fragen	47
➤ INFO: Homöopathika für Mensch und Tier	48

Behandlung mit Homöopathie 50

Das richtige Mittel finden 52
Daran erkennen Sie eine kranke Katze 52
Der Weg zum Mittel am konkreten Beispiel 53
Wenn das Mittel nicht wirkt 54
Aufbau der einzelnen Krankheitsbeschreibungen 54
➤ INFO: DIE KRANKE FREIGÄNGERKATZE 55

Erkrankungen der Augen 56
Bindehautentzündung (Konjunktivitis) 56
Erkrankungen des Tränen-Nasen-Kanals 58
Verletzung des Auges (Stoß, Schlag) 59
Hornhautentzündung (Keratitis) 60
Grauer Star (Katarakt) 61

Erkrankungen der Ohren 62
Ohrenentzündung (Otitis externa) 62
Othämatom 64

Erkrankungen der Mundhöhle 65
Zahnwechsel 65
Zahnstein 66
Zahnfleisch-, Mundschleimhautentzündung 67
➤ TIPP: DIE MUNDHÖHLE INSPIZIEREN 68

Erkrankungen der Atemwege 69
Erkrankungen von Nase, Hals, Rachen und Nebenhöhlen 69
➤ TABELLE: ZUORDNUNGSHILFE FÜR DREI MITTEL 72
Bronchien- und Lungenentzündung (Bronchitis, Pneumonie) 73

Inhalt

Herz- und Kreislaufbeschwerden	75
Herz-Kreislauf-Versagen	75
Herzerkrankungen	76
Durchblutungsstörung (FATE)	77
Erkrankungen der Verdauungsorgane	78
➤ INFO: PHYSIOLOGISCHE NORMALDATEN DER KATZE	80
Erbrechen, Durchfall	81
Erbrechen und Durchfall als Folgen eines Wurmbefalls	84
➤ TABELLE: DIE HÄUFIGSTEN DURCHFALLMITTEL	86
Erbrechen und Durchfall als Folge von Stress und Aufregung	88
Unverträglichkeit von Muttermilch	88
Koliken im Bauchbereich	88
➤ INFO: ABFÜHRMITTEL	88
Verstopfung, Darmlähmung	89
Erkrankungen von Leber und Gallenblase	90
Diabetes mellitus (Zuckerkrankheit)	92
Erkrankungen des Harnapparats	94
Blasenentzündung, Harnröhrenentzündung	94
➤ INFO: RÜCKFALL NACH EINER INFEKTION	94
Erkrankungen der Nieren und Harnleiter	97
Harngrieß, Steinbildung	99
Blasenlähmung	100
Erkrankungen der Geschlechtsorgane	101
➤ INFO: ROLLIGKEIT DER KÄTZIN	101
Dauerrolligkeit	102
Unterstützung der Trächtigkeit	102
Unterstützung der Geburt	103
Probleme nach der Geburt	104
Milchmangel	105
Milchstau	105
➤ INFO: MUTTERLOSE AUFZUCHT	105
Gesäugeentzündung (Mastitis)	106
Unterstützung der Entwicklung von Kätzchen	106
Erkrankungen des Stütz- und Bewegungsapparats	108
➤ TABELLE: DAS HILFT BEI BEWEGUNGSSTÖRUNGEN	109
Knochenbruch	110
Erkrankungen des Bandapparats, der Sehnen und Gelenke	111
➤ INFO: RICHTIG RUHIGSTELLEN	111
Erkrankungen der Wirbelsäule	114
➤ INFO: FENSTERSTÜRZE VERMEIDEN	114
Erkrankungen des Nervensystems	116

Erkrankungen der Haut 118
Ältere Wunden 118
Abszess 119
➤ TIPP: Die Wundheilung unterstützen 119
Allergische Reaktionen, örtlich begrenzt 121

Ausleitungsmittel 122
➤ INFO: Cortison 122

Katzenspezifische Allgemeinerkrankungen 123
Katzenleukämie und Katzenaids 123
Feline infektiöse Peritonitis (FIP, ansteckende Bauchfellentzündung) 124
Katzenschnupfen (Rhinotracheitis) 125
➤ INFO: Fieber messen 125
Katzenseuche (Panleukopenie) 127
Katzenasthma (Felines Asthma Syndrom, FAS) 128

Erste Hilfe bei akuten Notfällen 130
Unfall mit Bewusstlosigkeit 130
Unfall mit akuten Blutungen und frischen Wunden 130
➤ TIPP: Eine bewusstlose Katze künstlich beatmen 131
Schock 133
Bissverletzungen 134
Blutergüsse, Prellungen 135
➤ TIPP: Die kranke Katze transportieren 135
Verbrennungen 136
Gehirnerschütterung 138
Operationen 139
Insektenstiche 140
Epilepsie 141
➤ TIPP: Kühlen von Entzündung oder Insektenstichen 141
Elektrischer Schlag 143
Ertrinken 144
Erfrierungen/Unterkühlung 144
Fieber bei Infektionen 144
➤ TIPP: Das Immunsystem unterstützen 145
Vergiftungen 147
Hitzschlag, Sonnenstich 149
➤ INFO: Cumarinvergiftung durch Rattengift 149

Verhaltensauffälligkeiten 150
Unsauberkeit 151
➤ TABELLE: Raumgestaltung katzengerecht 152
Unsauberkeit bei organischen Problemen 154

Inhalt

Harnverhalten	155
➤ INFO: Katzentoilette als Ursache für Unsauberkeit	155
Eifersucht	156
Übersteigerte Aggression	157
➤ INFO: Der »böse Blick«	158
Angst	159

Die homöopathischen Mittel 162

Die wichtigsten Konstitutionsmittel für Katzen 164

Argentum nitricum	165
➤ INFO: Dosierung »nach Bedarf«	165
Arsenicum album	168
Calcium carbonicum Hahnemanni	169
Calcium phosphoricum	171
Chamomilla	173
Hyoscyamus	174
Ignatia	175
Lachesis	175
Lycopodium	177
Natrium chloratum	180
Nux vomica	181
Phosphorus	183
Pulsatilla	184
Silicea	185
Sulfur	189

Arzneimittelbilder häufig gebrauchter Arzneien 190

Aconitum	190
Allium cepa	190
Apis	191
Arnica	192
Belladonna	193
Berberis	194
Bryonia	194
Cantharis	195
Carbo vegetabilis	196
Chelidonium	197
Cuprum aceticum, Cuprum metallicum	197
Euphrasia	198
Hepar sulfuris	198
Hypericum	198
Ipecacuanha	199

Mercurius solubilis Hahnemanni	200
Okoubaka	201
Plumbum aceticum	201
Rhus toxicodendron	202
Solidago	203
Veratrum album	203

Bach-Blüten für Katzen 204

Interessantes zu Bach-Blüten 206
Herstellung der Bach-Blüten 207
➤ INFO: BACH-BLÜTENSYSTEM 207
Wirkungsweise der Bach-Blüten 208
Bach-Blüten bei Tieren 209
Dosierung und Verabreichung 209
Herstellung einer Einnahmeflasche 209
➤ TIPP: VERABREICHUNG DER BACH-BLÜTEN 210
Verwendung der Stockbottles 211
Verwendung im Wasserglas 211
Behandlungsdauer 211
Ergänzende Therapiehinweise 212
Grenzen der Bach-Blütentherapie 213
➤ TIPP: WIE VIELE BLÜTEN FÜR EINE THERAPIE? 213

Die passenden Bach-Blüten finden 215
Fragebogen 215
➤ TABELLE: BACH-BLÜTEN UND GEMÜTSZUSTÄNDE 218

Bewährte Indikationen 221
Trächtigkeit und Geburt 221
Kätzchen 221
Verhalten 221
Allgemeines 222

Überblick über die Bach-Blüten 223
➤ TABELLE: BACH-BLÜTEN 224
Bach-Blüten und ihre Pendants 234
➤ TABELLE: BACH-BLÜTEN UND HOMÖOPATHIKA 236

Anhang 238
Liste der Bach-Blüten 238
Die homöopathische Hausapotheke 239
Fachbegriffe von A bis Z 240
Register 246
Adressen, Literatur, Impressum 254

Interessantes zur Homöopathie

In diesem Kapitel erfahren Sie das Wichtigste über die Homöopathie und wie sie auf den Organismus wirkt. Sie erfahren, wie Sie das richtige Mittel für Ihre Katze finden und auch wo die Grenzen der Homöopathie sind.

Interessantes zur Homöopathie

Entstehung und Entwicklung

Das Jahr 1796 gilt als das »Geburtsjahr« der Homöopathie. Damals erschien in einer medizinischen Zeitschrift ein Artikel mit dem Titel »Versuch über ein neues Princip zur Auffindung der Heilkräfte der Arzneysubstanzen«, der drei verschiedene Möglichkeiten der Arzneifindung besprach:

➤ die Krankheitsursachen herausfinden und beseitigen (zur damaligen Zeit noch nicht möglich)
➤ den Krankheitserscheinungen eine Gegenwirkung entgegensetzen, zum Beispiel Aderlass bei Blutwallungen oder Abführmittel bei Verstopfungen
➤ die Krankheit durch spezifische Mittel an der Wurzel ausmerzen

Verfasst hatte den Artikel Samuel Hahnemann. Zum dritten Punkt schrieb er weiter, dass man dafür die Wirkungen von Arzneien an gesunden Menschen prüfen müsste, um daraus für die Anwendung an Kranken Schlüsse zu ziehen. Damit hatte er das Grundprinzip der Homöopathie formuliert (→ Info rechts).

Der Weg zur Homöopathie

Samuel Hahnemann, am 10. 4. 1755 in Meißen geboren, begann 1775 ein Medizinstudium in Leipzig. Seinen Lebensunterhalt bestritt er durch Übersetzungen auch von medizinischen Schriften. Eine Zeit lang studierte er in Wien, wo er praktische Erfahrungen am Krankenbett sammelte. Als ihm das Geld ausging, arbeitete er zwei Jahre in Herrmannstadt als Bibliothekar und Leibarzt. Dort sah er viele Malariafälle und erkrankte vermutlich selbst daran. 1779 schloss er sein Studium in Erlangen mit der Promotion ab. In den Folgejahren arbeitete er als Arzt, Chemiker, Übersetzer und Schriftsteller an vielen verschiedenen Orten, mit wechselndem Erfolg. 1790 übersetzte er die zweibändige Arzneimittellehre des Schotten William Cullen, in der dieser die heilende Wirkung der Chinarinde bei Wechselfieber (Malaria) auf deren magenstärkende Wirkung zurückführte. Dies

ENTSTEHUNG UND ENTWICKLUNG

regte Hahnemann zu einem Selbstversuch mit Chinarinde an, den er in einem Artikel veröffentlichte. Darin berichtete er, dass er die gleichen Symptome wie bei Malaria bekommen hatte, ausgenommen die Fieberschauder. Er formulierte schon vorsichtig, ob diese Fähigkeit, die ähnlichen Symptome hervorzurufen, für die heilende Wirkung der Chinarinde verantwortlich sein könnte. In dem 1796 erschienen Artikel (→ links) stützte er sein Heilprinzip »Similia Similibus« mit weiteren Selbstversuchen, etwa mit Quecksilber, Tollkirsche und Fingerhut, mit Berichten aus der Literatur und Vergiftungsberichten. Seit dieser Zeit sind in den Hahnemann'schen Krankenjournalen Behandlungen nach dem Ähnlichkeitsprinzip nachzuweisen.
Allmählich setzte er auch immer kleinere Dosen der Arzneien ein. 1805 fiel in einer Schrift erstmals der Begriff »homöopathisch« (→ Seite 14). 1810 veröffentlichte Hahnemann das »Organon der Heilkunst«, das Grundlagenwerk der Homöopathie, das in den folgenden Jahren noch weiter überarbeitet wurde. 1811 folgte die Arzneimittellehre, in der die Ergebnisse der Prüfung der Arzneimittel an Gesunden niedergelegt waren. Eine solche experimentelle Arbeit war für die damalige Zeit einzigartig. Von 1811 bis 1821 lehrte Hahnemann als Professor an der Universität in Leipzig, wo er zum Begründer einer neuen heilkundlichen Richtung wurde.

INFO

Grundprinzip der Homöopathie
In einem 1796 erschienenen Artikel formulierte Samuel Hahnemann bereits das Grundprinzip der Homöopathie: »Man ahme die Natur nach, welche zuweilen eine chronische Krankheit durch eine andere hinzukommende heilt und wende in der zu heilenden Krankheit dasjenige Mittel an, welches eine andere, möglichst ähnliche, künstliche Krankheit zu erregen imstande ist, und jene wird geheilt werden. Similia Similibus.« Dies ist die Grundlage der Simile- oder Ähnlichkeitsregel.

1821 bis 1835 ging er nach Köthen, wo er das Buch »Die chronischen Krankheiten« schrieb. Weiterhin formulierte er hier das Prinzip der Arzneimittelpotenzierung und führte den Begriff der »Lebenskraft« in seine Lehre ein (→ Info rechts).

Eine große Rolle für die Durchsetzung der Homöopathie spielten seine Schriften zur Cholera; seine Behandlung war erfolgreicher als die anderen damals angewandten Therapien, insbesondere, da seine Methoden den Patienten nicht unnötig schwächten, sondern ihn beim Gesundungsprozess unterstützten.

Ganzheitliche Therapie

Um die Leistung Hahnemanns in vollem Umfang zu erfassen, muss man die Entwicklung der ganzheitlichen Therapie betrachten. Gedanken dazu ziehen sich durch die gesamte Medizingeschichte. So wird schon im Buch Ayurveda, welches das alte indische Medizinwissen enthält, ein Ähnlichkeitsprinzip als Behandlungsmethode erwähnt. Auch wird dort schon der Begriff Lebenskraft genannt (→ Info rechts). Er bezeichnet die Lebensenergie, die aus dem Gleichgewicht der sechs ayurvedischen Konstitutionen entsteht.

➤ Hippokrates (460–377 v. Chr.), der bedeutendste Arzt seiner Zeit, schrieb Krankheit einem Ungleichgewicht der »Körpersäfte« zu. Wesentlich war seine Entwicklung der logischen klinischen Beobachtung. Er empfahl, den Patienten mehr zu beachten als die Erkrankung. Ferner beschrieb er zwei Methoden der Therapie: eine gemäß den Ähnlichkeiten, die andere gemäß den Gegensätzen.

➤ Avicenna (980–1037), ein berühmter arabischer Arzt, zeigte die Möglichkeit der Selbstheilung auf und teilte die Krankheiten nach ihrem Auftreten in ein Kopf-Fuß-Schema ein. Dieses Schema übernahm Hahnemann für seine Arzneimittelprüfungen.

➤ Maimonides (1135–1204), jüdischer Arzt, schrieb: »Die Natur hilft sich in vielen Fällen … und ohne ihre Hilfe bleibt jede ärztliche Kunst wirkungslos. Die Aufgabe des Arztes ist es, die Natur zu unterstützen.«

ENTSTEHUNG UND ENTWICKLUNG

➤ Paracelsus (1493–1541), einer der bekanntesten Ärzte des Mittelalters, stellte fest, dass Krankheit und Arznei eine Einheit bilden. Er wies auch darauf hin, dass nicht viele Medikamente gegeben werden sollen, sondern dass spezifisch wirkende Einzelmittel den geheimnisvollen Zusammenhang zwischen dem Menschen und seiner Krankheit öffnen müssten, um damit eine Heilung zu ermöglichen. Weiterhin formulierte er: »All Ding' sind Gift und nichts ohn' Gift; allein die Dosis macht, dass ein Ding kein Gift ist.«

Auch in Schriften anderer Ärzte tauchen immer wieder ganzheitliche Gedanken auf. Hahnemann, der durch seine umfangreiche Übersetzertätigkeit und seine chemischen Forschungen mit dem meisten Gedankengut und Wissen der Zeit vertraut war, blieb es überlassen, daraus seine genialen Schlussfolgerungen zu ziehen und das Prinzip der Homöopathie zu begründen. Er rettete das Ähnlichkeitsprinzip »Similia similibus« vor dem Vergessen und belegte es durch Experimente.

Die Arzneimittelprüfungen (→ Seite 14) führte er systematisch durch und dokumentierte sie eingehend. Auch seine Behandlungen dokumentierte er genau, was in der damaligen Zeit nicht selbstverständlich war. Eher wurden Erfahrung und Prüfung durch Spekulation ersetzt. Viele Arzneimittel wurden dabei in hohen Dosen unkritisch zusammengesetzt und brachten die Patienten oftmals um. Durch seine Behandlungserfolge, die andersartige Methode und die Kritik an der zu seiner

> **INFO**
>
> **Lebenskraft**
> Der Begriff Lebenskraft stammt aus einer Zeit, in der man noch keine Vorstellung hatte von den Prozessen, die im Körper ablaufen. Heute meint man damit das Gleichgewicht aller Organe und Systeme im gesunden Körper. Bei einer Krankheit ist dieses Gleichgewicht gestört, der Körper strebt aber immer danach, dieses Gleichgewicht zurückzuerlangen (Heilung).

Interessantes zur Homöopathie

Zeit praktizierten Medizin zog er sich viele Feinde zu – nicht nur unter den Ärzten, sondern auch unter den Apothekern, da er seine Medikamente selbst zubereitete. Da die Homöopathie kaum Nebenwirkungen hatte, breitete sie sich schon zu Lebzeiten Hahnemanns in Europa und in den USA aus. Heutzutage hat die Homöopathie ihren festen Platz bei den ganzheitlichen Therapierichtungen, ist aber als »erkenntnisbasierte Medizin« immer noch umstritten. Die Schulmedizin attestiert ihre Erfolge als Zufallsergebnis bzw. führt sie auf den Placeboeffekt (→ Seite 21) zurück.

Krankheit aus Sicht der Homöopathie

Die Homöopathie ist eine Regulationstherapie. Das heißt, sie versucht regulierend in die Körperprozesse einzugreifen, die Ursache einer Erkrankung zu finden und nicht nur die Symptome zu behandeln. Daher wird in der Homöopathie nicht die Krankheit allein betrachtet, sondern auch der Patient berücksichtigt und wie es zur Erkrankung kam. Ist der Patient alt oder jung, wie äußert sich seine Erkrankung, wann wird sie besser oder schlechter. Im Unterschied zur Schulmedizin gibt es in der Homöopathie kaum ein Mittel, das auf jeden Patienten mit der gleichen Erkrankung passt. Denn obwohl auf den ersten Blick die gleiche Erkrankung vorliegt, sind die Symptome bei jedem anders. Die Individualität des Patienten wird mit der Individualität seiner Erkrankung in Deckung gebracht.

Daher kommt auch der Name »Homöopathie«: Er setzt sich aus den griechischen Wörtern homoios (= gleich) und pathos (= Leiden) zusammen. Die Gesamtheit aller Symptome, die durch die Arznei erzeugt werden (= das Arzneimittelbild), soll möglichst vollständig den Symptomen des Kranken entsprechen.

Ein Arzneimittelbild erstellen

Das Arzneimittelbild (→ Seite 17) ist die Voraussetzung, dass der Therapeut zum richtigen Mittel kommt. Für dessen Erstellung ist die Arzneiprüfung an Gesunden wesentlich. Bei der Prüfung werden zwei Versuchsgruppen gebildet. Eine Gruppe erhält Placebos, die andere die zu prüfende Arznei in potenzierter Form. Nur der Prüfungsleiter weiß, wer was erhält. Auch bei den Personen, die Arzneien erhalten, werden Placeboperioden zwischengeschaltet; dadurch wird getestet, ob eventuell aufgetretene Befindlichkeiten wie eine Depression Folge des Mittels sind oder ob sie bereits beim Patienten vorlagen.

> Viele Probleme von Katzen sind die Folge von Haltungsfehlern. Sorgen Sie deshalb für artgerechtes Spielzeug.

Jeder Mittelprüfer protokolliert täglich seine Symptome, mit genauer Beschreibung von Lokalisation, Art und sonstigen Umweltfaktoren. Parallel dazu wird versucht, die Symptome durch klinische Untersuchungen sowie durch Blutuntersuchungen, EKG, Harnuntersuchungen und andere Untersuchungen zu objektivieren. Weiterhin werden Prüfungen weltweit durchgeführt, um Einflüsse von Klimaunterschieden und Ähnlichem auszuschließen. Alle Symptome, die während der Prüfung einer bestimmten Arznei auftreten, werden als Arzneimittelbild in einer Arzneimittellehre (Materia medica) zusammengestellt.

Die Arzneimittelprüfung an Gesunden hat auch Grenzen. Um die Symptomatik eines giftigen Mittels kennenzulernen, vergiftet man nicht bewusst einen Menschen, sondern man zieht forensische (→ Seite 242) und unabsichtliche Vergiftungen heran, wobei auch die pathologischen Veränderungen im Gewebe untersucht werden. Kranke bekommen die homöopathisch verdünnten Mittel entsprechend ihrer Symptome verabreicht. Gelegentlich kann man beobachten, dass auch Symptome verschwinden, die bis dahin noch nicht für dieses Mittel bekannt waren. Ein Beispiel: Verschwinden beispielsweise Rückenschmerzen nach der Einnahme eines bestimmten Mittels, für das diese Wirkung bis dahin nicht bekannt war, so wird dieses Symptom registriert, beobachtet und dokumentiert. Tritt diese Wirkung immer wieder auf, wird das Arzneimittelbild um diese registrierten Symptome erweitert.

Symptome

Ein Arzneimittelbild setzt sich immer aus der Gesamtheit aller Symptome (= Krankheitszeichen, -erscheinungen) zusammen. Es gibt zwei Gruppen:
➤ Die erste Gruppe sind die sogenannten pathognomonischen Symptome (pathognomonisch = für die Krankheit typisch). Sie führen zur Krankheit, z.B. Erbrechen zur Diagnose Magenschleimhautentzündung (Gastritis).
➤ Die zweite Gruppe, die individuellen Symptome, spiegeln die persönliche Reaktion des Kranken in der Auseinandersetzung mit der Krankheit wider. Erst diese zweite Gruppe ermöglicht die Wahl der richtigen/passenden homöopathischen Arznei.
Zur Verdeutlichung ein Beispiel für die Katze:
➤ Schulmedizinische Diagnose (Symptome der ersten Gruppe): Die Katze hat Schnupfen mit wässrigem bis eitrigem Nasenausfluss, niest und hat eine wässrige bis eitrige Bindehautentzündung. Jede Katze mit diesen Symptomen hat nach schulmedizinischer Diagnose einen Katzenschnupfen.
➤ Homöopathische Diagnose (Symptome der zweiten Gruppe): Katze 1 hat reichlich gelblichen, nicht wund machenden Nasen- und Augenausfluss, die Krankheit entwickelt sich langsam, es geht ihr an der frischen Luft besser, sie trinkt wenig oder nichts. Die homöopathische Diagnose lautet Pulsatilla. Katze 2 hat einen wässrigen, wund machenden Ausfluss aus der Nase, einen wässrigen, nicht wund machenden Ausfluss aus den Augen, die Krankheit entwickelt sich schnell, die Katze trinkt viel und zeigt Besserung an der frischen Luft. Diese Katze benötigt Allium cepa.

ENTSTEHUNG UND ENTWICKLUNG

GRUNDPRINZIPIEN DER HOMÖOPATHIE

Dazu gehören neben dem Ähnlichkeitsprinzip die »Arzneimittelprüfung am Gesunden«, die Erhebung des individuellen Krankheitsbildes durch eine ausführliche Anamnese und die »Potenzierung« bei der Herstellung der homöopathischen Arzneimittel.

Anamnese	Darunter versteht man die genaue Erfassung der Symptome einer Krankheit oder einer Person/eines Tieres.
Ähnlichkeitsregel	Sie heißt »Similia Similibus currentur« (Ähnliches wird mit Ähnlichem geheilt) und bedeutet, dass der Therapeut versuchen muss, die Symptome, die er beim Kranken findet, mit den für ein Arzneimittel beschriebenen Symptomen in Übereinstimmung zu bringen. Die Symptome sollen möglichst deckungsgleich sein.
Arzneimittelbild	Man versteht darunter eine Sammlung von beobachteten Symptomen, die bei der Verabreichung des entsprechenden Mittels an Gesunden hervorgerufen werden. Es entspricht dem Krankheitsbild des Patienten.
Potenzierung	In § 128 Organon legt Hahnemann das Prinzip der Potenzierung dar. Er schreibt, dass die Erfahrung gezeigt hat, dass die Arzneien in ihrem Rohzustand nicht die gleiche Wirkung zeigen wie im potenzierten Zustand. Potenzierte Arzneimittel sind in Abhängigkeit von der Potenz wirksamer, haben ein anderes Wirkungsbild oder wirken konträr. Potenzierung beinhaltet sowohl Verdünnung als auch Reiben und Schütteln. Die genaue Methodik ist heutzutage für Deutschland im Homöopathischen Arzneibuch (HAB) festgelegt (→ auch Seite 29).

Homöopathie bei Tieren

Schon immer hat der Mensch versucht, auch seinen Tieren eine Therapie nach den neuesten Erkenntnissen der Wissenschaft zukommen zu lassen. So verwundert es nicht, dass sehr bald auch über die homöopathische Behandlung von Tieren nachgedacht wurde. Bereits Hahnemann machte sich Gedanken über Arzneimittelprüfungen bei Tieren (unveröffentlichtes Vortragsmanuskript). 1837 erschien die »Homöopathische Arzneimittellehre für Thierärzte« von J. C. L. Genzke, einem Tierarzt in Neustrelitz, kurze Zeit später das »Hülfsbuch: der homöopathische Thierarzt« von Dr. F. A. Günther. Weitere Schriften folgten. Angewendet wurden überwiegend niedrige D-Potenzen. Es gab Behandlungsanweisungen für landwirtschaftliche Nutztiere, aber auch schon für den Hund. Gegen Ende des 19. Jahrhunderts, zu Beginn des 20. Jahrhunderts nahm das Interesse durch die Entdeckung der Sulfonamide (→ Glossar, Seite 245) ab, wurde aber dann in den 1920er-Jahren wieder etwas mehr. Nach 1945 stieg das Interesse weiterhin. Mit den größer werdenden Problemen mit Rückständen in der Nahrung, die der Mensch darüber aufnahm, und der Entwicklung der ökologischen Landwirtschaft nahm die Beschäftigung mit der homöopathischen Behandlung der landwirtschaftlichen Nutztiere wieder zu. Zeitgleich mit dem sich ändernden Bewusstsein für Heimtiere als Familienmitglieder sollte auch diesen die Homöopathie als sanfte Therapie zugutekommen.

Ein Arzneimittelbild für das Tier erstellen

Das Hauptproblem, die Homöopathie auf das Tier zu übertragen, bestand darin, die für den Menschen beschriebenen Arzneimittelbilder für das Tier zu nutzen. Zunächst versuchte man, die vom Menschen bekannten Symptome beim Tier wiederzufinden. Mit der Zeit bemerkte man dann, welche Symptome bei der erfolgreichen Therapie zusätzlich mit verschwanden, sodass es inzwischen eigene tiermedizinische Arzneimittellehren gibt. Hierbei wurden bei jeder Tierart Besonderheiten festgestellt, die unter anderem in der unterschiedlichen Anatomie und Physiologie begründet sind. So gibt es Katzenschnupfen oder feline infektiöse Peritonitis (FIP) nur bei Katzen, Pansenatonie (der Pansen arbeitet nicht) nur bei Kühen. Der Tier-Homöopath muss also wissen, welche Mittel erfahrungsgemäß zu den Symptomen passen und wie die Erkrankung und ihr Verlauf zu werten sind. Mit wachsenden Erkenntnissen bezüglich des Verhaltens war man dann auch in der Lage, Verhaltensprobleme mit in die Arzneimittellehren einzubringen.

So gibt es inzwischen auch an veterinärmedizinischen Universitäten vereinzelt Lehrveranstaltungen für Homöopathie. Wesentlich bedeutender für Tierärzte ist die Fort- und Weiterbildung nach dem Studium, sodass es inzwischen viele Tierärztinnen und Tierärzte mit der Zusatzbezeichnung Homöopathie gibt. Der Vorteil von homöopathisch ausgebildeten Tierärzten ist, dass sie je nach Lage des Falls ein Tier homöopathisch, schulmedizinisch oder mit einer Kombination von beiden Therapieformen behandeln können.

Unterschiede bei verschiedenen Tierarten

Wegen der doch recht unterschiedlichen Anatomie und Physiologie (Lehre von den Funktionsweisen)

INFO

Seitenbezeichnung und Seitenbeziehung
Seitenbezeichnungen in der Medizin und somit auch in der Homöopathie gehen immer vom Tier aus. Mit der Angabe »rechts« ist die rechte Körperseite der Katze in Laufrichtung der Katze gesehen gemeint.
Dies ist wichtig, weil einige homöopathische Medikamente eine Seitenbeziehung haben. Das bedeutet, dass Symptome überwiegend auf der rechten bzw. linken Körperseite auftreten können. Beispiele sind die Mittel Lachesis oder Apis.

verschiedener Tierarten ist es wichtig, ihre unterschiedlichen Erkrankungen und die unterschiedlichen Reaktionen der einzelnen Tierarten zu kennen. Es macht beispielsweise hinsichtlich der Nahrung und Verdauung einen großen Unterschied, ob das Tier ein Wiederkäuer, Pflanzenfresser, Fleischfresser oder Nager ist. So können Meerschweinchen z. B. nicht erbrechen; dieses Symptom gibt es also nicht, man muss dann nach anderen Symptomen suchen. Auch im Verhalten bestehen teils erhebliche Unterschiede bei den Tierarten, etwa zwischen Jägern (Katze, Hund), Herdentieren (Rinder, Schafe, Pferde) oder Rudeltieren (Hunde) und Einzelgängern. Vögel haben andere Besonderheiten, die durch die Anatomie begründet sind. Bei Reptilien muss berücksichtigt werden, dass sie wechselwarm sind. Dadurch zeigen sie auch andere Symptome. Dies alles hat zur Folge, dass es auch bei den homöopathisch arbeitenden Tierärzten Spezialisten für die jeweiligen Tiergruppen gibt.

Besonderheiten bei der Katze

Katzen haben ein eigenes Fress- und Trinkverhalten, außerdem lassen sich Mimik und Verhalten für den Besitzer schwer einschätzen, denn die Veränderungen in Ausdruck und Haltung sind sehr subtil. Katzen haben z. B. häufiger ein Unsauberkeitsproblem als Hunde, weil sie damit stärker ihr Missfallen über eine bestimmte Situation ausdrücken. Katzen sind eigenständiger als Hunde und haben kein so stark ausgeprägtes Rudelverhalten. Sie kommunizieren weniger mit dem Menschen, deshalb bekommt der Halter oft nicht sofort mit, dass es seiner Katze schlecht geht.

Hinzu kommt, dass sie wegen ihres Stoffwechsels, der sich von dem des Menschen und Hundes unterscheidet, sehr oft empfindlich auf Medikamente reagieren; einige für Menschen und auch Hunde zugelassene Medikamente, z. B. Paracetamol®, sind für sie giftig. Katzenschnupfen, Katzenaids (FIV), Katzenleukämie (FeLV) oder FIP sind Erkrankungen, die so nur bei der Katze auftreten, d. h., sie sind katzenspezifisch (→ Seite 123).

Homöopathische Mittel und Placeboeffekt

Den Homöopathika wird immer wieder unterstellt, als reines Placebo zu wirken und keine echten heilenden Eigenschaften zu haben. Ein Placebo (von lateinisch »ich werde gefallen«) im engeren Sinn ist ein medizinisches Präparat, welches keinen pharmazeutischen Wirkstoff enthält und somit auch nicht durch einen solchen Stoff eine pharmazeutische Wirkung verursachen kann.
Da sich Tiere aber nichts einbilden können, kann man davon ausgehen, dass Homöopathie tatsächlich wirkt. Für Tiere ist es gleich, ob das Medikament, das sie verabreicht bekommen, schulmedizinisch oder homöopathisch ist. Dies zeigt, dass das Argument, die Mittelgabe als solche wirke bereits placeboartig, nicht zutrifft. Auch zeigen Mittel, die im Futter etc. versteckt werden und wovon die Tiere nichts wissen, ebenfalls eine Wirkung. In der Praxis eines homöopathisch arbeitenden Tierarztes gibt es immer wieder Fälle, in denen homöopathische Medikamente nicht wirken. Sucht man daraufhin ein besser passendes Mittel, tritt plötzlich eine Wirkung ein. Wäre das Homöopathikum ein Placebo, hätte auch das falsche Mittel wirken müssen.

1 Gesunde Katzen lassen sich meist problemlos anfassen und streicheln. Ändert sich dies, weist das auf Krankheiten hin.

2 Die Körperhaltung gibt ebenfalls einen Hinweis auf den Gesundheitszustand Ihrer Katze. Behalten Sie diese im Auge.

Interessantes zur Homöopathie

Wirkungsweise der Homöopathie

Wie bereits auf Seite 14 dargestellt, handelt es sich bei der Homöopathie um eine Regulationstherapie. Das heißt, sie regt die Selbstheilung eines Organs oder des gesamten Körpers an. Jede Erkrankung stellt ein Ungleichgewicht in den Stoffwechselprozessen des Körpers dar. So wird eine Infektion, etwa ein Schnupfen, letztlich durch ein geschwächtes Immunsystem gefördert oder überhaupt erst ermöglicht. Homöopathika setzen einen Reiz, der den Körper in die Lage versetzen soll, die Störung selbst zu beseitigen und das Gleichgewicht wiederherzustellen. Der gestörte Organismus wird aktiv in die Heilung mit einbezogen und dazu angeregt, seine eigene Kraft gezielt gegen die Krankheit einzusetzen.

Einschränkungen der Homöopathie

Ist der Körper schon zu stark geschwächt, dann ist er möglicherweise nicht mehr in der Lage, das innere Gleichgewicht wiederherzustellen. Auch nach lang andauernder Behandlung mit Cortison, Antibiotika oder anderen – auch homöopathischen – Medikamenten kann die Reaktionsfähigkeit des Organismus reduziert oder nicht mehr vorhanden sein. Ich möchte dies am Beispiel einer Arthrose im Anfangsstadium erläutern. Hier können homöopathische Mittel lange oder für immer ausreichend sein. Wird jedoch sofort ein entzündungshemmendes Mittel gegeben, gewöhnt sich der Körper daran und stellt seine eigene Regulation und Produktion unumkehrbar ein. Die entsprechenden Zellen im Körper bilden sich zurück. Als Folge müssen die Medikamente dauernd gegeben werden. Eine Heilung ist dann über eine Regulation mittels Homöopathika nicht mehr möglich. Es müssen auch andere Therapien wie eine Operation in Betracht gezogen werden. Ein Kaiserschnitt ist zum Beispiel bei einer Geburt nötig, wenn Wehen unterstützende homöopathische oder schulmedizinische Medikamente nicht mehr wirken oder das Katzenbaby feststeckt.

Wenn ein Organ so stark geschädigt ist, dass eine Regeneration nicht mehr möglich ist, muss es entweder durch Medikamente unterstützt werden oder es müssen Ersatzstoffe gegeben (= substituiert) werden, die das Organ normalerweise produziert hätte. Ein Beispiel für die Substitution ist die Verabreichung von Insulin bei Diabetes, weil die Bauchspeicheldrüse ihre Funktion eingestellt hat, ein Beispiel für die Unterstützung die Gabe von spezifischen Herzmedikamenten zur Behandlung einer Herzinsuffizienz (Herzschwäche).

Wirkungsort der homöopathischen Mittel

Homöopathische Mittel können lokal, das heißt am Ort der Erkrankung, am Organ, oder konstitutionell (den ganzen Organismus betreffend, systemisch) wirken.
➤ Lokale Mittel werden üblicherweise eher für akute Erkrankungen wie einen Schnupfen oder bei chronischen Erkrankungen eines einzelnen Organs, wie etwa bei einer Arthrose, angewandt. Für die Arzneimittelfindung werden körperliche Symptome herangezogen.
➤ Bei der konstitutionellen Behandlung wird der ganze Organismus behandelt. Konstitution kommt von lateinisch constitutio corporis (= Verfassung, Zustand des Körpers). Die Konstitutionsbehandlung betrifft den Organismus als Ganzes, nicht nur einzelne Organe.

TIPP

Richtig umgehen mit Katzen
Katzen mögen es meist nicht, festgehalten zu werden. Daher fixieren Sie sie bei Untersuchungen und bei der Fellpflege immer nur kurz. Lassen Sie sie eher »durch die Hände gleiten«. Müssen Sie die Katze länger festhalten, bitten Sie eine zweite Person, die Katze mitzuhalten. Wenn möglich, reiben Sie dabei die Stirn der Katze (Bereich etwas oberhalb der Augen zwischen den Ohren) leicht kreisförmig im Uhrzeigersinn. Viele Katzen mögen dies und halten dann still.

Demzufolge wird sie eher bei chronischen Erkrankungen oder auch psychischen Störungen angewandt. Für die Arzneimittelfindung werden körperliche, geistige und seelische Merkmale erfasst.

Reaktionen auf homöopathische Arzneien

Heilung: Im Normalfall geht es der Katze nach der Arzneimittelgabe besser. Meist verändert sich zuerst das Allgemeinbefinden hin zum Positiven, danach verschwinden die restlichen Symptome. Man gibt das Medikament, bis kein Symptom mehr erkennbar ist. Grundsätzlich kann man davon ausgehen, dass eine Erkrankung mindestens die gleiche Zeit zur Heilung benötigt, wie sie zu ihrer Entstehung gebraucht hat.

Hering'sche Regel: Sie besagt, dass bei einem Heilungsverlauf auf die bestehende Krankheit keine Erkrankung folgen darf, die weiter innen im Organismus lokalisiert ist. Beispiel 1: Ihre Katze hatte einen Juckreiz der Haut. Nach Ihrer Behandlung bekommt sie einen Husten. Das Mittel, das Sie Ihrer Katze gaben, hat die Erkrankung von außen (Haut) nach innen gedrückt (Bronchien). Beispiel 2: Sie geben Ihrer Katze ein homöopathisches Mittel gegen Durchfall, daraufhin bekommt sie Herzprobleme. Die Erkrankung rückt in diesem Fall näher an das Zentrum (Herz, Kopf). Sollte sich eine Behandlung in so eine »falsche« Richtung entwickeln, suchen Sie bitte umgehend einen erfahrenen Homöopathen auf.

Erstverschlimmerung: Dies bedeutet, dass es nach der Verabreichung des Arzneimittels anfänglich zu einer Verschlimmerung der vorhandenen Krankheitssymp-

Besonders sehr junge oder alte Katzen reagieren oft sehr sensibel auf Homöopathika in der falschen Potenz oder Dosis.

tome kommen kann. Statt Erstverschlimmerung wird auch von Erstreaktion gesprochen. Das Allgemeinbefinden darf sich während der Erstverschlimmerung nicht verschlechtern. Nach kurzer Zeit (maximal drei Tagen) muss jedoch eine Besserung der Symptome eintreten. Ist dies der Fall, können Sie mit einer Heilung rechnen, allerdings sollten Sie mit einer anderen Potenz weiterbehandeln, da die zuerst gewählte nicht optimal war. Üblicherweise wählt man dann eine mildere Zubereitung, d. h., je nach Ausgangsmittel entweder ein niedriger potenziertes Mittel (etwa statt D200 nun D30 oder D12) oder einen anderen Verdünnungsschritt, also statt der D-Potenz die C-Potenz (→ Seite 30).

Hört die Verschlimmerung nicht auf, setzen Sie das Mittel ab. Wenn sich der Zustand trotzdem weiter verschlimmert, müssen Sie die Katze einem Tierarzt vorstellen. Tritt der gleiche Zustand wie vor der Arzneigabe wieder auf, sollten Sie ein neues Mittel wählen oder einen homöopathisch arbeitenden Tierarzt aufsuchen.

Keine Reaktion: Hier gibt es mehrere Möglichkeiten, warum dies so ist.

▶ Das Mittel ist falsch.
▶ Das Mittel ist richtig, aber es liegen Störfaktoren vor, beispielsweise Umgebungsstress oder falsche, etwa vegetarische Ernährung.
▶ Das Mittel ist richtig, aber die Potenz ist falsch. So hilft z. B. Phytolacca in der D1 oder D2 nur bei Milchstau, in der D3 oder D4 bei Milchmangel und in der D6 nur bei Gesäugeentzündung (→ Seite 105, 106).
▶ Das Mittel ist richtig, aber die Katze reagiert langsam. Das kann z. B. bei Silicea (→ Seite 185) auftreten.

Unbeabsichtigte Arzneimittelprüfung: Nach Verabreichen des Mittels bekommt Ihre Katze zusätzliche Symptome, die sie noch nicht hatte, die nicht zur derzeitigen Krankheit gehören und die nicht nach zwei bis drei Tagen wieder verschwinden.

Gehen Sie in allen Fällen, bei denen Ihre Mittelwahl nicht direkt zur Heilung führte, möglichst zu einem homöopathisch arbeitenden Tierarzt und lassen Sie Ihre Diagnose und Behandlung überprüfen.

Interessantes zur Homöopathie

VON DEN SYMPTOMEN ZUM MITTEL

Die Gesamtheit der Symptome für eine homöopathische Arznei umfasst die unten genannten Begriffe. Daraus erge-

		FRAGE
Causa	Ursache der Erkrankung, z. B. Trauma, Infektion, Folge von Durchnässung, Überanstrengung, sowie auch psychisches Trauma wie Kummer, Angst, Ärger	Warum treten die Symptome auf?
Allgemein-symptome	Symptome, die das ganze Tier betreffen. Beispielsweise ist ein Tier überanstrengt, fühlt es sich insgesamt matt und lässt sich dadurch nicht anfassen. Allgemeinsymptome sind auch schlaffes Bindegewebe, Verlangen, Abneigung oder Unverträglichkeiten (z. B. Nahrungsmittel, Hitze, Kälte).	Wer ist krank?
Lokal-symptome	Symptome bestimmter Organsysteme, z. B. aufgekrümmter Rücken, gespannte Bauchdecke, eitriger, nässender Hautausschlag, Abszess mit Schmerzen und Schwellung, Nasenausfluss, rote Bindehäute und Ähnliches	Wo treten die Probleme auf?
Verhaltens-symptome	hysterisch, Schmerzen scheinen nicht im Verhältnis zur Ursache zu stehen, Aggression, Abneigungen, kann allein sein oder nicht und zerstört dann alles	Wer ist krank? Wie treten die Beschwerden auf?

ben sich die Arzneimittelbilder, die in Kapitel 2 ab Seite 56 und in Kapitel 3 ab Seite 165 beschrieben sind.

		FRAGE
Modalitäten	Sie bezeichnen die Umstände, wann und wodurch etwas schlechter oder besser wird: beispielsweise die Tageszeit (abends, nachts, morgens); beim Aufstehen, durch Druck, Klima (Wärme, Kälte, Wetterwechsel); Licht, Lärm, Geruch usw. Weiterhin muss noch unterschieden werden, ob es sich z. B. um lokale oder um allgemeine Wärme handelt. Periodizität, d. h. immer wiederkehrende Beschwerden in bestimmten Abständen (etwa alle sieben oder 14 Tage)	Wann treten die Symptome auf? Warum treten sie auf? Wie treten sie auf?
Seitensymptome	geben Auskunft über eine seitenspezifische Lokalisation der Symptome, z. B. Halsschmerzen links (Lachesis), u. a.	Wo treten die Probleme auf?
Paradoxe Symptome	beschreiben scheinbar widersprüchliche Symptome, z. B. das Schlucken von Festem fällt leichter als das von Flüssigem (Lachesis)	Wann, wie, wo treten die Symptome auf? Warum treten sie auf?

Interessantes zur Homöopathie

Homöopathische Substanzen und ihre Potenzierung

Die in der Homöopathie verwendeten Mittel stammen meist aus dem Tier-, Pflanzen- und Mineralienreich.

➤ Pflanzliche Ausgangsstoffe sind z. B. Zwiebel (Allium cepa), Küchenschelle (Pulsatilla), Steinblüte (Flor de piedra), Bärlapp (Lycopodium), Berberitze (Berberis), Arnika (Arnica) oder Goldrute (Solidago).

➤ Tierische Ausgangsstoffe sind z. B. Honigbiene (Apis), Spanische Fliege, ein Käfer, (Cantharis), Tintenfisch (Sepia) oder Schlangengift (etwa für Lachesis von der Buschmeisterschlange, *Lachesis muta*).

➤ Mineralische Ausgangsstoffe sind z. B. Phosphor, Kieselsäure (Silicea), Calcium carbonicum, Calcium phosphoricum, Schwefel (Sulfur) usw. Darüber hinaus gibt es auch noch andere chemische Verbindungen, z. B Mercurius solubilis Hahnemanni (Quecksilberverbindung, hergestellt nach Anweisungen von Hahnemann).

➤ Nosoden: Diese werden aus abgetöteten Krankheitserregern oder deren Produkten hergestellt, z. B. Tuberkulinum (Tuberkelbazillenkultur), Psorinum (Krätzebläschen), Pyrogenium (fauliges Rindfleisch), Carcinosium (Tumormaterial). Nosoden sind wie alle homöopathischen Mittel apothekenpflichtig, aber in Deutschland zum Teil nicht erhältlich. Dann müssen sie vom Tierarzt beschafft werden.

Für alle Mittel ist im Homöopathischen Arzneibuch festgelegt, aus welchem Ausgangsstoff genau das betreffende Arzneimittel hergestellt wird.

Wie die Mittel entstehen

Aus den oben genannten Ausgangsstoffen werden durch spezielle Verarbeitungsprozesse Essenzen, Tinkturen oder Lösungen hergestellt.

➤ **Essenz:** Saft frisch gepresster Pflanzen oder Pflanzenteile, versetzt mit 90%igem Alkohol

➤ **Tinktur:** getrocknete, pulverisierte Pflanzen oder fein zerkleinerte Tiere wie Ameisen, Bienen usw., die mit

60- bis 90%igem Alkohol versetzt, extrahiert (→ Glossar, Seite 242) und weiterverarbeitet werden
➤ **Lösung:** entsteht aus löslichen Salzen und Säuren, die je nach Löslichkeit zu einer wässrigen oder alkoholischen Lösung verarbeitet werden
➤ **Verreibung:** unlösliche Mineralien oder getrocknete Pflanzen, die zu feinem Pulver zerrieben werden
Die flüssigen Ausgangsstoffe werden unter dem Oberbegriff Urtinkturen zusammengefasst, die festen unter Ursubstanzen (Symbol für beide: Ø).

Potenzierung

Homöopathische Arzneimittel werden in der Regel verdünnt, die Verdünnung wird auch als Potenzierung bezeichnet, denn mit dem Grad der Verdünnung steigt die Wirksamkeit (Potenz). Deshalb wird die Potenzierung auch als Dynamisierung bezeichnet. Aus diesem Grund werden homöopathische Arzneimittel nie als Urtinktur oder Ursubstanz angewandt; in diesem Fall würde es sich um Phytotherapie handeln.

Die Potenzierung erfolgt mittels Durchmischung mit einem Trägerstoff (→ Glossar, Seite 245), etwa Alkohol, physiologische Kochsalzlösung oder Milchzucker. Dabei wird das Gemisch Trägersubstanz/Ursubstanz zehnmal kräftig abwärts führend geschlagen (sogenannt verschüttelt). Für jeden Potenzierungsschritt wird ein neues Glas benutzt. Die genaue Vorgehensweise der Potenzierung ist im

> **INFO**
>
> **Homöopathische Anwendungsregeln**
> ➤ Homöopathika geben Sie so oft wie nötig und so selten wie möglich.
> ➤ Je akuter eine Krankheit ist, desto häufiger geben Sie das Mittel.
> ➤ Wenn sich die Krankheitssymptome deutlich bessern, geben Sie das Mittel maximal 3-x täglich.
> ➤ Bei einer Erstverschlimmerung setzen Sie das Mittel ab, bis die Reaktion verschwunden ist.

Homöopathischen Arzneibuch HAB für Deutschland gesetzlich vorgeschrieben.
Der Homöopathie wird immer vorgeworfen, dass solch hohe Verdünnungen überhaupt nicht wirken können, weil nichts mehr vom Ausgangsstoff nachweisbar ist. Homöopathen gehen aber davon aus, dass bei der Potenzierung die Information aus dem Wirkstoff (z. B. Biene/Apis) an den Trägerstoff Milchzucker oder Alkohol weitergegeben wird. Hahnemann sah den Kern des Potenzierens, also die Durchmischung mit dem Trägerstoff, in diesem Verschütteln und nicht im Verdünnen.

Welche Potenzen gibt es?

Sicher sind Ihnen bei Homöopathika schon die Zusätze hinter dem Namen aufgefallen, z. B. D6 oder C12.
Buchstaben: Damit werden die Mengenverhältnisse je Verdünnungsschritt angegeben.
➤ D leitet sich von decimal (zehn) her, denn es wird ein Teil der Ursubstanz/Urtinktur mit neun Teilen der Trägersubstanz verrieben/verschüttelt.
➤ C leitet sich von centesimal (100) her, denn es wird ein Teil der Ursubstanz/Urtinktur mit 99 Teilen der Trägersubstanz verrieben/verschüttelt.
➤ LM oder Q bezieht sich beides auf eine Verdünnung 1:50 000. LM ist die lateinische Schreibweise der Zahl 50 000; Q leitet sich von quinquagintamillesimal her. Diese Potenzen haben ihre eigenen Regeln und ich erwähne sie hier nur der Vollständigkeit halber. Sie sollten nur von erfahrenen Therapeuten angewendet werden.
Zahlen: Damit gibt man die Anzahl der Verdünnungs- oder Potenzierungsschritte an. Hierzu ein Beispiel für D3: Ein Teil der Ursubstanz wird mit neun Teilen der Trägersubstanz verschüttelt, als Ergebnis erhält man D1. Davon ein Teil mit neun Teilen Trägersubstanz verschüttelt, ergibt die D2. Verschüttelt man nun davon einen Teil noch einmal mit neun Teilen der Trägersubstanz, erhält man die D3.
Wofür braucht man die unterschiedlichen Potenzen und Potenzierungsschritte? Bei einer akuten Erkrankung wie

Durchfall oder Blasenentzündung werden sogenannte tiefe oder niedrige Potenzen verordnet, also D2/C2 bis D12/C12. Bei einem falschen Mittel ist die Wirkung nach relativ kurzer Zeit vorbei, man kann dann die Therapie ändern. Liegen die Beschwerden eher im psychisch-seelischen Bereich, greift der Homöopath zu mittleren Potenzen, etwa zu D30/C30 bis D200/C200. Die hohen Potenzen, z. B. die Stufen 1000, 10000 oder 100000, sind dem erfahrenen Therapeuten vorbehalten.

Katzen liegen gern höher und etwas versteckt. Berücksichtigen Sie dies bei der katzengerechten Wohnungseinrichtung.

Entscheidend für die Wahl der Potenz ist sicherlich eher die Zahl der Potenzierungsschritte als die Verdünnungsstufe C oder D. Das heißt, wenn Sie z. B. ein Mittel in der C30 bräuchten, dann ist es besser, es in der D30 zu geben als in C6. Die C-Potenzen sind im Vergleich zu den D-Potenzen allerdings oft etwas verträglicher.

Welche Potenzen für meine Katze?

Bei chronischen Erkrankungen gibt man eine niedrige (z. B. D6 bis D30) oder mittlere Potenz (z. B. C200), abhängig von der Erkrankung auch eine hohe. Bei psychischen Problemen ist eher eine hohe Potenz wirksam (z. B. C1000/D1000). Die Höhe der zu wählenden Potenz hängt auch von der augenblicklichen Verfassung und Belastbarkeit des Patienten ab. Bei starker Schwächung oder Schädigung lebenswichtiger Organe wird man vorsichtshalber eine niedrigere Potenz wählen, weil dieses Mittel nach etwa einem halben Tag den Körper verlassen hat, während höhere Potenzen lange im Körper wirken. Außerdem kann eine hohe Potenz bei einer geschwächten Katze einen Zusammenbruch bewirken.

Darreichungsformen für die Katze

Homöopathische Arzneimittel werden in verschiedenen Formen angewendet (→ Tabelle Seite 33). Am besten eignen sich für Katzen Globuli und Tabletten. Es gibt allerdings nicht alle Medikamente in allen Potenzen und in allen Zubereitungen. Die alkoholischen Dilutionen mögen und vertragen speziell Katzen wegen des enthaltenen Alkohols oft nicht.
Injektionslösungen dürfen nicht von Laien angewendet werden. Triturationen sind aus praktischen Gründen eher unüblich bei Tieren.

Wie gibt man die Mittel?

Homöopathische Arzneien sollen möglichst einzeln und oral gegeben werden, da sie so ihre beste Wirkung auf die Schleimhäute in Maul und Magen erzielen.
➤ Tabletten zerreiben Sie mit etwas Wasser, dadurch erhalten Sie eine weiße Paste, die Sie in die Maulschleimhaut einreiben. Manche Katzen fressen diese Paste auch, wenn Sie sie auf die Pfoten auftragen, beim Putzen. Wegen des süßen Milchzuckers schmecken die homöopathischen Tabletten den meisten Katzen gut. Alternativ können Sie das Mittel auch mit mehr Wasser verdünnen und dann mittels Einwegspritze ohne Nadel direkt ins Maul tropfen; dazu ziehen Sie die Unterlippe zur Seite und tropfen die Lösung in die entstehende Tasche, das Mäulchen selbst öffnen Sie dabei nicht.
Da sich viele Katzen jedoch trotzdem gegen die Verabreichung wehren, können Sie die zerriebene Tablette auch mit etwas Futter geben. Achten Sie jedoch darauf, nicht zu viel Futter zu nehmen, damit auch alles aufgefressen wird. Alternativ können Sie das Pulver auch mit Frischkäse, Leberwurst, süßer Sahne, Fisch oder sonstigem Käse vermischen. Hier gilt es auszuprobieren, was am besten funktioniert. Haben Sie mehrere Katzen, so werden sie getrennt gefüttert.
➤ Manche Homöopathika gibt es nur als Globuli. Diese lösen Sie am besten in einem Glas mit etwas Wasser auf

und geben die Flüssigkeit mithilfe einer Spritze (→ links) der Katze dann direkt ins Maul. Im Notfall kann man diese Lösung ebenfalls mit Futter vermischen.
► Dilutionen sind wegen des Alkohols immer die letzte Wahl. Haben Sie nur eine Dilution zur Hand oder gibt es das Mittel nur als Dilution, können Sie diese nochmals mit Wasser verdünnen und etwas stehen lassen, damit der Alkohol verdunstet, und dann wie oben beschrieben eingeben. Alternativ können Sie auch die

DARREICHUNGSFORMEN/DOSIERUNG

Homöopathische Arzneimittel werden in verschiedenen Darreichungsformen angewendet. Zwischen den einzelnen Anwendungsformen gibt es von der Wirksamkeit her keinen Unterschied.

Globuli	Dies sind Rohrzuckerkügelchen, die mit dem entsprechend verdünnten Arzneimittel besprüht werden. Eine Dosis entspricht fünf Kügelchen.
Tabletten	Sie bestehen aus Milchzucker, der mit dem Wirkstoff verrieben wird. Eine Dosis entspricht einer Tablette.
Dilution	Dies ist die mit Alkohol verdünnte Zubereitung des Arzneimittels. Eine Dosis entspricht fünf Tropfen.
Injektionslösungen	Sie werden gespritzt. Hierfür liegt die Lösung in einer Verdünnung des Arzneimittels mit physiologischer Kochsalzlösung vor. Eine Dosis entspricht einem Milliliter.
Trituration	Sie entsteht wie bei Tabletten durch Verreiben des Arzneimittels mit Milchzucker, das Arzneimittel verbleibt jedoch in Pulverform. Eine Dosis entspricht einer Messerspitze.

Dilution auf Futter oder ein Leckerchen aufträufeln und etwas abwarten, bis der Alkohol verdunstet ist.

Wann gibt man die Mittel?

Homöopathika sollte die Katze nüchtern oder zwischen den Mahlzeiten bekommen. Müssen Sie wie auf Seite 32 beschrieben das Medikament mit etwas Futter geben, verabreichen Sie es ca. 30 Minuten vor der Fütterung.
➤ **Bitte beachten:** Sollte Ihre Katze noch andere, schulmedizinische Medikamente bekommen, dann geben Sie diese bitte mindestens 30 Minuten nach der homöopathischen Arznei.

Richtige Dosierung

Erwachsene Katzen erhalten eine Dosis (→ Tabelle, Seite 33), Jungtiere je nach Größe und Alter die Hälfte oder ein Drittel.
In der Praxis haben sich zur Behandlung akuter und chronischer Erkrankungen bestimmte Potenzstufen bewährt, da sie die besten Wirkungen zeigten. Je nach Potenzstufe variiert die Häufigkeit der Eingabe:
➤ Potenzen bis C6/D6 werden üblicherweise dreimal täglich verabreicht, bestimmte Mittel in der C6/D6 auch zweimal täglich.

INFO

Bei der Verabreichung beachten
➤ Homöopathische Arzneimittel sollten generell nicht mit Metall in Berührung kommen, nehmen Sie daher einen Plastiklöffel und Kunststoffspritzen.
➤ Bei der Gabe von Homöopathika sollten Sie nicht gleichzeitig Katzenminze und ätherische Öle wie Kampfer verabreichen, da diese die Wirkung beeinträchtigen oder verhindern können.
➤ Globuli sollten Sie möglichst nicht berühren, da sich der Wirkstoff auf der Oberfläche befindet.

➤ C12/D12 wird einmal täglich gegeben, bei Ausnahmen auch zweimal.
➤ Bei C30/D30 reicht eine Gabe meist für eine Woche bis einen Monat.
➤ Die noch höheren Potenzen wirken im Allgemeinen einen Monat bis zu mehrere Jahre.
Die Abstände müssen ab der C30/D30 allerdings für jede Katze individuell in Absprache mit dem Tierarzt durch Beobachten der Symptome ermittelt werden (nach Bedarf → Seite 165). So kann eine hohe Potenz z. B. eine Verhaltensänderung der Katze bewirken: War sie kratzbürstig, wird sie beispielsweise schmusiger. Die nächste Gabe steht dann an, wenn die Katze wieder kratzbürstig wird. Grundsätzlich ist zu beachten, dass die Gabe eines homöopathischen Mittels unabhängig von der Potenzhöhe nie wiederholt werden sollte, solange noch Zeichen einer Wirkung vorhanden sind! Bei zu früher Wiederholung der Mittelgabe kann die Heilung sogar verhindert oder in die Länge gezogen werden (→ Seite 25).

Dauer der Anwendung

Kurzzeittherapie: Bei akuten Erkrankungen, die erst einige Stunden alt sind, oder in Notfällen können Sie eine Dosis alle 10 bis 15 Minuten geben. Wenn nach meistens ein bis drei Stunden eine Besserung eingetreten ist, geben Sie alle zwei Stunden eine Dosis. Haben sich die Symptome gebessert, machen Sie nachts eine Pause von sechs bis acht Stunden. Ab dem nächsten Tag geben Sie drei- bis viermal täglich eine Dosis bis zum Abklingen der Symptome. Eventuell ist ein Folgemedikament nötig, das Sie nach der Ähnlichkeitsregel (→ Seite 17) auswählen. Die Gesamttherapie dauert meist nicht länger als eine Woche.

Langzeittherapie: Sie ist nötig bei einer Erkrankung, die schon länger besteht, die aber gute Heilungschancen hat, etwa bei einer chronischen Blasenentzündung. Grundsätzlich kann man sagen, dass die Heilung einer Krankheit so lange dauert, wie sie gebraucht hat, zu kommen (→ Seite 24). Die Arznei wird je nach Mittel und Potenz ein- bis dreimal täglich, einmal wöchentlich, einmal monatlich oder einmal in sechs Monaten gegeben bis zur Heilung. Im Zweifelsfall sollte man die Therapie lieber einige Tage länger durchführen, um den Zustand der Katze zu stabilisieren. Eine Besserung ist nicht sofort zu erwarten, meistens frühestens nach einer Woche. Der Zustand sollte sich im Lauf der Zeit jedoch insgesamt verbessern.

Dauertherapie: Sie ist angesagt bei unheilbaren Erkrankungen wie Diabetes, die einer ständigen Behandlung bedürfen. Eine Heilung ist nicht zu erwarten, die Therapie muss daher bis ans Lebensende der Katze durchgeführt werden. Eine Besserung des Zustands kann man frühestens nach einer Woche erwarten.

Die Potenz des Arzneimittels und die Häufigkeit der Verabreichung hängen von der Erkrankung ab. So wendet man bei chronischen Arthrosen eher lokale Mittel an wie Harpagophytum in der D2, dreimal täglich eine Dosis. Bei psychischen oder tief greifenden organischen Erkrankungen kann auch eine Konstitutionsbehandlung angezeigt sein. Die Arzneimittelgabe erfolgt wie bei der Langzeitbehandlung abhängig vom Arzneimittel, von der Potenz und der Dosis unterschiedlich häufig.

Was sind Komplexmittel?

Die homöopathischen Komplexmittel sind das Ergebnis intensiver Arbeit einzelner Ärzte und Homöopathen. Sie mischten entsprechend dem Symptombild des Patienten mehrere passende Mittel miteinander und verabreichten diese gleichzeitig. Komplexmittel bedeutet, dass hier mehrere Einzelmittel miteinander kombiniert wurden, die eine Krankheit von verschiedenen Seiten angehen und dadurch ein größeres Symptomenspektrum abdecken. Der Einsatz homöopathischer Komplexmittel gründet sich auf die beobachtete Wirkung am Kranken, das heißt auf empirisch gewonnene Fakten. Die Beobachtungen lassen folgende Schlüsse zu:

➤ Die miteinander kombinierten potenzierten Einzelmittel stören sich in ihrer Wirkung nicht.

➤ Es entstehen neue Arzneimittel, die im Vergleich zu den Einzelkomponenten oft ein verbessertes Wirkspektrum haben.
In den Komplexmittelpräparaten werden Einzelstoffe eingesetzt, die synergistisch wirken, sich also in der Wirkung gegenseitig ergänzen bzw. verstärken. Manche Komplexe haben dadurch eigene Arzneimittelbilder. Bei manchen Erkrankungen, bei denen man (noch) keine eindeutigen Symptome für ein Einzelmittel hat, wie zum Beispiel bei einer Lahmheit, setzt man dann über Komplexmittel mehrere Mittel gegen Lahmheit gleichzeitig ein, bis die Erkrankung abgeheilt ist oder bis eindeutige Symptome für ein Einzelmittel auftreten. Die Komplexpräparate gibt es als Fertigpräparate zu kaufen.

Komplexpräparate, die sich aus zu vielen Einzelmitteln, vor allem aus Konstitutionsmitteln (→ Seite 23), zusammensetzen, sind problematisch, da der Reiz auf den Organismus zu stark oder falsch sein kann. Dadurch kann die Heilung blockiert oder ganz verhindert werden. Daher sollte man bei eindeutiger Symptomatik besser ein Einzelmittel geben. Chronische Erkrankungen wie chronischer Katzenschnupfen und Verhaltensprobleme, etwa Unsauberkeit, sollten nicht mit Komplexmitteln therapiert werden; sie erfordern eine gründliche Anamnese und die exakte Bestimmung eines Einzelmittels.

Die Katze liebt Höhlen und Verstecke. Mit einer geschickt platzierten Decke können Sie ihr oft einen Gefallen tun.

Unterstützende Maßnahmen

Zur Unterstützung des Heilungsprozesses können homöopathische Arzneien je nach Erkrankung gut mit folgenden Behandlungsmethoden kombiniert werden:

Interessantes zur Homöopathie

➤ **Physiotherapie:** Einige Übungen können Sie selbst mit der Katze zu Hause nach Absprache mit dem Therapeuten durchführen.
➤ **Osteopathie:** Diese manuelle, das heißt mit den Händen ausgeübte Behandlungsmethode ist nur durch erfahrene Therapeuten möglich.
➤ **Entspannungsmethoden für Katzen, wie TTouch:** Dies können Sie nach Anleitung zu Hause durchführen.
➤ **Diäten und Futterzusätze:** Geben Sie diese nur nach Absprache mit dem behandelnden Tierarzt.
➤ **Verhaltenstherapie:** Sie kann nur auf Anweisung und unter Anleitung eines Therapeuten eingesetzt werden.
➤ **Phytotherapie** (Pflanzenheilkunde, → Glossar, Seite 244): Sie kann nur nach Absprache mit homöopathisch geschulten Therapeuten eingesetzt werden, da einige Kräuter aufgrund der ätherischen Öle (→ unten) die Wirkung homöopathischer Arzneien behindern oder sie wirkungslos werden lassen.
➤ **Bitte beachten:** Da die Akupunktur und die Bach-Blüten nach einem ähnlichen Prinzip arbeiten wie die Homöopathie, sollte nur ein erfahrener Therapeut diese Behandlungsmethoden gleichzeitig mit Homöopathie anwenden (→ Bach-Blüten, Seite 205). Das gilt auch für die Magnetfeldtherapie sowie die vorherige oder gleichzeitige Anwendung oder Verabreichung von ätherischen Ölen, insbesondere mit Kampfer.

INFO

Lebenswichtiges Taurin

Taurin ist eine für Katzen essenzielle Aminosäure, d. h., sie muss zugeführt werden. Sie kommt ausschließlich in tierischem Gewebe vor. Achten Sie daher beim Einkauf darauf, dass das Futter Taurin enthält. Taurinmangel kann Ursache folgender Erkrankungen sein: Netzhautschwund im Auge, Herzmuskelschwäche, schlechtere Deckerfolge, weniger und schlecht entwickelte Welpen. Solche Mangelerkrankungen können durch kein homöopathisches Mittel geheilt werden.

Grenzen der Homöopathie

Da die Homöopathie eine Regulationstherapie ist, gibt es natürlich Grenzen. Der Körper muss in der Lage sein, auf das homöopathische Mittel reagieren zu können. Im Folgenden möchte ich Ihnen ein paar Beispiele nennen:

➤ Sie hilft nicht, wenn Gewebe oder der Gesamtorganismus so stark geschädigt sind, dass sie nicht mehr heilen können. Hier kann die Homöopathie jedoch unterstützend (palliativ) tätig sein. Beispiel: Ihre Katze hat Diabetes. Sie muss Diät und Insulin bekommen. Mit Syzygium können Sie jedoch möglicherweise die Insulindosis reduzieren. Anderes Beispiel: Ihre Katze hat eine Niereninsuffizienz, eine unheilbare Krankheit, die aber beispielsweise mit Solidago in ihrem Fortschreiten verlangsamt werden kann.

➤ Manche Erkrankungen können nur chirurgisch behandelt werden, beispielsweise ein Fremdkörper im Darm, ein Knochenbruch, eine Wunde oder wenn die Kätzchen durch einen Kaiserschnitt auf die Welt gebracht werden müssen. Doch nach der chirurgischen Versorgung kann die Homöopathie wiederum unterstützend eingesetzt werden und die Heilung fördern.

➤ Die Heilung kann blockiert sein. Dies ist der Fall, wenn vorher zu viele andere Medikamente, insbesondere Cortison, gegeben wurden. Auch die Gabe zu vieler, nicht passender homöopathischer Medikamente kann eine Blockade bewirken.

➤ Die Umgebung und Haltung des Tieres kann die Heilung behindern. Dazu gehören falsches Futter, zu wenig Bewegung, zu wenig Beschäftigung, Stress (beispielsweise durch andere Heimtiere wie Katze oder Hund im Haushalt), falsche Einrichtung (falsche Kratzbäume, zu wenig Verstecke usw., → auch Seite 152). Bei Atemwegserkrankungen können z.B. auch stark rauchende Besitzer die Heilung verzögern oder ganz verhindern. Es gibt durchaus Heimtiere mit Raucherhusten!

➤ Missbildungen und genetisch bedingte Störungen können nicht homöopathisch behandelt werden, weil sie nicht veränderbar sind.

Interessantes zur Homöopathie

Wann müssen Sie zum Tierarzt?

Haben Sie noch keinerlei Erfahrung mit der homöopathischen Behandlung, dann empfiehlt es sich grundsätzlich, das erkrankte Tier vor den ersten Selbstbehandlungen einem homöopathisch arbeitenden Tierarzt vorzustellen. Die von ihm gestellte Diagnose und das verordnete Arzneimittel zeigen Ihnen, ob Ihre Bewertung der Symptome und das daraufhin ermittelte Arzneimittel zur Erkrankung Ihrer Katze passen.

Außerdem ist es ratsam, bei allen Erkrankungen, die nach spätestens drei Tagen nicht besser geworden und/oder die nach sieben Tagen nicht ganz verschwunden sind, zum Tierarzt zu gehen.

In folgenden Fällen sollten Sie die Katze sofort Ihrem Tierarzt vorstellen:

➤ unklare Erkrankungen, die Sie selbst nicht nach dem Kopf-Fuß-Schema (→ Info) einordnen können
➤ Bissverletzungen, sonstige Verletzungen
➤ Augenerkrankungen
➤ Blutungen
➤ Erbrechen, Durchfall
➤ Apathie
➤ Fieber
➤ Geburtsprobleme

Wenn Ihre Katze nicht frisst, sollten Sie spätestens am zweiten Tag den Tierarzt aufsuchen, da bei Katzen aufgrund von Hungerzuständen leicht der Leberstoffwechsel entgleist (und dies kann unheilbar sein!). Auch Flüssigkeitsaufnahme ist unbedingt ab dem zweiten Tag nötig, da die Katze sonst austrocknet und Nierenschäden die Folge sein können.

> **INFO**
>
> **Kopf-Fuß-Schema**
> Um bei einer Anamnese nichts zu vergessen, werden in der Homöopathie die Symptome und Erkrankungen der Organsysteme vom Kopf bis zu den Füßen geordnet. Dies kann auch für Sie hilfreich sein, wenn Sie für den Tierarztbesuch neben dem offensichtlichen Symptom bzw. Organsystem, das Ihnen Sorge bereitet, alles notieren, was Ihnen an Ihrer Katze aufgefallen ist.

Bei chronischen Erkrankungen wie z. B. einer chronischen Blasenentzündung sollten Sie immer mit einem homöopathisch arbeitenden Tierarzt Kontakt aufnehmen, da für deren Behandlung viel Erfahrung nötig ist. Verhaltensstörungen wie Unsauberkeit erfordern Wissen sowohl in der Homöopathie als auch in der Verhaltenstherapie. Hier sollten Sie ebenfalls einen Fachmann zurate ziehen. Meistens ist eine Konstitutionsbehandlung (→ Seite 23) erforderlich, die jedoch dem erfahrenen Therapeuten vorbehalten sein sollte.
Sollten Sie keinen erfahrenen homöopathisch arbeitenden Tierarzt in Ihrer Nähe haben, lassen Sie die Erkrankung Ihrer Katze auf jeden Fall schulmedizinisch abklären, um dann eventuell aufgrund dieses Buches entsprechend den Symptomen das passende homöopathische Mittel zu ergänzen.

Kann man mit Homöopathie impfen?

Eine sogenannte homöopathische Impfung als Prophylaxe kann es aus Sicht der klassischen Homöopathie im Hinblick auf eine spezifische Krankheit nicht geben, da ein homöopathisches Arzneimittel immer erst aufgrund der beim Kranken vorliegenden Symptomatik ausgewählt werden kann. Eine homöopathische Behandlung ohne die therapeutische Berücksichtigung der Persönlichkeit des Patienten und seiner genauen Beschwerdensymptomatik gibt es nicht.
Daher sollten Sie Ihre Katze gegen Katzenschnupfen, Katzenseuche, Katzenleukämie, Tollwut und eventuell auch gegen FIP (feline infektiöse Peritonitis = ansteckende Bauchfellentzündung) impfen lassen. Diese Erkrankungen werden durch Viren verursacht und verlaufen fast alle tödlich. Die Wirksamkeit der Impfungen zeigt sich immer wieder bei Seuchenzügen. Geimpfte Tiere erkranken überwiegend gar nicht oder wesentlich schwächer, sie überleben fast immer.
Den genauen Impfplan sollten Sie mit Ihrem Tierarzt besprechen. Nur er kennt die spezifische Situation Ihrer Katze (→ Info Seite 42).

Interessantes zur Homöopathie

Homöopathie und Impfschäden

Ein großer Teil der sogenannten Impfschäden sind keine! Da man in der Inkubationszeit einer Erkrankung (→ Glossar, Seite 242) noch keine Symptome bemerkt und auch die Katze nicht fragen kann, ist der Tierarzt auf die allgemeine Untersuchung des Tieres und die Aussagen der Besitzer angewiesen. Daher kann es passieren, dass eine Katze in der Inkubationszeit einer Erkrankung geimpft wird. Durch diese Impfung wird das Immunsystem belastet, da es Antikörper bilden soll. Daher ist die Abwehr etwas geschwächt und eine schon latent vorhandene Erkrankung kann ausbrechen. Speziell bei Katzen kann auch eine Vergiftung mit Rattengift bereits latent vorhanden sein, die dann nach der Impfung entsprechende Symptome hervorruft; diese wurden aber nicht durch die Impfung verursacht. Weitere Impfreaktionen sind oft allergischer Natur und können mit der Verabreichung des Impfstoffes eines anderen Herstellers verhindert werden. Es handelt sich hier um Reaktionen auf die Trägerstoffe (→ Glossar, Seite 245), nicht auf den Impfstoff an sich.

Echte Impfschäden direkt nach einer Impfung sind selten. Weiterhin gibt es Impfschäden, die sich nach einem etwas längeren Zeitraum manifestieren, wenn durch sie das Immunsystem beziehungsweise allgemein »die

INFO

Beim Impfen beachten
➤ Lassen Sie Ihre Katze nur impfen, wenn sie hundertprozentig gesund ist. Sie darf auch keine Parasiten haben.
➤ Keine Impfung darf bei Tumorpatienten und chronisch kranken Tieren erfolgen.
➤ Die Impfungen sollten der individuellen Situation der Katze angepasst werden. So benötigt beispielsweise eine im Haus lebende Katze keine Tollwutimpfung. Das Motto sollte heißen: »So wenig wie möglich, so viel wie nötig.«

Lebenskraft« geschwächt wurde. Von einem erfahrenen homöopathischen Tierarzt muss beurteilt werden, ob es sich um einen Impfschaden handelt und wie er homöopathisch behandelt werden muss.

Homöopathie und Parasiten

Katzen können von drei Parasitengruppen befallen sein: von Magen-Darm-Parasiten (Würmer), äußeren Parasiten (Flöhe, Milben, Zecken) und sonstigen Parasiten (Babesien, Leishmanien).

Innere Parasiten: Die größte Bedeutung bei inneren Parasiten haben bei Katzen aller Altersstufen die Magen- und Darmwürmer (→ Seite 84).

Äußere Parasiten: Dazu zählen Hautparasiten wie Zecken, Milben und Flöhe. Sie können ebenfalls nicht homöopathisch behandelt werden.

➤ Flöhe sind als äußere Parasiten von besonderer Bedeutung. Die Ansteckung erfolgt in der Regel durch Kontakt mit befallenen Tieren, zumeist Katzen und Hunden, aber auch mit Igeln. Die medizinischen Probleme des Flohbefalls entstehen unter anderem durch die enorme Fortpflanzungsdynamik der Flöhe auch in der häuslichen Umwelt. In Mitteleuropa leben Katzen meist in Wohnungen. Mit ihren zahlreichen Nischen (Teppichböden, Decken, Dielenspalten, Polstermöbel etc.) und dem ganzjährig warmen Klima bieten die Wohnungen den Flöhen und ihren Nachkommen ideale Lebens- und Vermehrungsbedingungen.

Ein Flohweibchen beginnt ca. 48 Stunden nach der ersten Blutmahlzeit mit der Eiablage. Es legt dabei bis zu 50 Eier am Tag und etwa 2000 Eier in seiner gesamten Lebenszeit. Diese enorme Vermehrungsrate wird durch die geschilderten optimalen Bedingungen im Haus zusätzlich gefördert. Der gesamte Lebenszyklus vom Ei bis zum neuen erwachsenen Floh kann innerhalb von zwölf Tagen abgeschlossen sein, braucht aber im Durchschnitt drei bis vier Wochen.

Befallene Katzen leiden nicht nur unter Juckreiz, der durch die Flohstiche ausgelöst wird. Zusätzlich kratzen sie sich die juckende Haut wund, und häufig entwickelt sich ein Ekzem. Darüber hinaus können solche Katzen eine Flohspeichelallergie entwickeln. Außerdem ist der Floh Zwischenwirt für einen Bandwurm und sorgt daher häufig für die Übertragung, wenn er beim Putzen des Fells aufgenommen wird.

➤ Milben, Läuse und Haarlinge sind eine weitere wichtige Gruppe der äußeren Parasiten. Diese leben entweder in und auf der Haut (Milben), auf der Haut und im Haarkleid (Läuse) oder nur im Haarkleid (Haarlinge). Manche Arten sind dabei nur auf bestimmte Hautgebiete beschränkt, beispielsweise die Ohrmilben. Die Übertragung dieser Parasiten erfolgt in der Regel durch Kontakt mit befallenen Tieren. Sie verursachen lokale und auch allgemeine Symptome wie Juckreiz, Haarausfall oder Hautentzündungen. Für eine wirksame Behandlung müssen dafür zugelassene und für die Katze verträgliche Insektizide eingesetzt werden.

➤ Zecken sind in Mitteleuropa überwiegend in der Zeit von März bis Oktober ein großes Problem, hauptsächlich die Art *Ixodes ricinus*, der Gemeine Holzbock. Sie lauern in Gräsern, Büschen und Sträuchern der Wiesen, Laub- und Mischwaldareale auf eine Blutmahlzeit. Ihre Opfer (Vögel, Säugetiere und der Mensch) schädigen sie nicht allein durch Blutentzug, sondern sie übertragen beim Blutsaugen auch verschiedene Krankheitserreger, beispielsweise Borrelien als Erreger der Borreliose (→ Glossar, Seite 241), Babesien als Erreger der Babesiose. Auch ihre Bissstellen verursachen Juckreiz, oder es entwickelt sich dort eine Infektion. Zur Vorbeugung und Behandlung gibt es verschiedene zugelassene Insektizide mit hoher Wirksamkeit und guter Verträglichkeit.

Blutparasiten: Sie spielen zurzeit bei der Katze noch eine untergeordnete Rolle in Mitteleuropa und kommen eher in klimatisch besonders warmen Gebieten Süddeutschlands oder bei Importtieren vor. Dabei handelt es sich um Babesien (→ Seite 240), die von Zecken übertragen werden. Diese einzelligen Parasiten schädigen infizierte Katzen, indem sie sich in deren rote Blutkörperchen einnisten, vermehren und sie dadurch zerstören.

Zusammenfassend kann man sagen: Es gibt kein homöopathisches Mittel, mit dem man direkt Parasiten vorbeugen kann und womit sich die Schädlinge behandeln lassen. Eine homöopathische Vorbeugung gegen Parasiten besteht in der Stärkung des Organismus, der sogenannten »Lebenskraft«. Üblicherweise geschieht dies durch ein Konstitutionsmittel. Allerdings können beispielsweise der Juckreiz und die Folgeerkrankungen bei einem Befall mit Hautparasiten homöopathisch behandelt werden (→ Seite 121, 140).

Homöopathie und Verhaltensstörungen

Verhaltensstörungen erfordern eine Untersuchung und Beurteilung durch einen Tierarzt. Wenn möglich, sollte dieser zusätzliche Kenntnisse in Katzenverhalten haben, um die Ursachen der Störung feststellen zu können. Manche Verhaltensstörungen beruhen nämlich auf Erkrankungen, die beispielsweise Schmerzen verursachen und als Folge davon Veränderungen im Verhalten bewirken. In diesem Fall muss dann nicht die Verhaltensstörung behandelt werden, sondern ihre Ursache, etwa eine Arthrose. Bei echten Verhaltensstörungen muss abgeklärt werden, ob z. B. wirklich eine Aggression vorliegt oder ob es sich eher um eine durch Angst hervorgerufene Aggression handelt. Beide verlangen nach unterschiedlichen Mitteln.

Gefahren durch die homöopathische Behandlung

Bei der Anwendung homöopathischer Arzneimittel sind folgende Gefahren zu beachten:

► Fehler in der Interpretation der Reaktionen bezüglich Hering'scher Regel, Erstverschlimmerung oder unbeabsichtigter Arzeimittelprüfung (→ Seite 24, 25).

► Einsatz von falschen Mitteln, daher erfolgt eine Blockade für das richtige Mittel, oder die Symptomatik wird noch vertieft, insbesondere beim Einsatz von Hochpotenzen.

Interessantes zur Homöopathie

➤ **Verschleppung:** Eine Erkrankung ist homöopathisch nicht heilbar, muss beispielsweise operiert werden; oder sie muss schulmedizinisch unterstützt oder behandelt werden (etwa durch eine Infusion); der Einsatz von anderen erforderlichen und sinnvollen Therapien kommt zu spät.

➤ Hinter der vorhandenen Symptomatik steckt noch eine andere Erkrankung (beispielsweise eine chronische Erkrankung wie Leukose als Ursache für eine Zahnfleischentzündung).

➤ Der Besitzer ist zu »nah« dran an seinem Tier und kann Symptome nicht neutral werten oder sieht manche nicht, da sie sich langsam entwickelt haben und er sich daran gewöhnt hat.

➤ Einsatz falscher Potenzen, insbesondere von Hochpotenzen und LM- oder Q-Potenzen.

➤ Der Besitzer hat zu wenig Geduld bei der Behandlung, das heißt, die Medikamente werden zu oft gegeben oder zu oft gewechselt.

Zusammengefasst ist zu beachten: Sollten Sie nicht sofort bzw. maximal drei Tage nach Behandlungsbeginn eine durchschlagende Besserung bei Ihrer Katze erreichen, suchen Sie einen Tierarzt auf, wenn möglich eine homöopathisch arbeitende Praxis. Sollten sogar eine Verschlimmerung oder neue Symptome auftreten, suchen Sie sofort den Tierarzt auf.

INFO

Homöopathie als Notfallhilfe

In Notfällen können Sie Ihrer Katze, wie ab Seite 130 beschrieben, mit homöopathischen Mitteln helfen. Diese Anweisungen sind jedoch nur als Erste Hilfe zu verstehen.

Grundsätzlich sollten Sie so schnell wie möglich einen Tierarzt aufsuchen. Denn viele Notfälle erfordern zusätzliche Maßnahmen wie Infusionen, Verbände, Operationen oder auch eine ständige tierärztliche Überwachung.

Hinweise zum Transport der kranken Katze: → Seite 135.

Häufig gestellte Fragen

Im Folgenden habe ich Fragen zur homöopathischen Behandlung zusammengestellt, die in meiner Praxis häufig auftauchen.

Kann ich verschiedene homöopathische Mittel miteinander kombinieren?
Dies können Sie tun, wenn sich die Mittel gegenseitig unterstützen und ergänzen (→ Seite 36, Komplexmittel). Bitte beachten Sie, dass es einige Mittel gibt, die sich in ihrer Wirkung behindern oder sogar gegenseitig aufheben. Dies kann zum Beispiel bei der Kombination von Rhus toxicodendron und Bryonia der Fall sein.

Lassen sich homöopathische Mittel und schulmedizinische Medikamente miteinander vereinbaren?
Bei der gleichzeitigen Anwendung von homöopathischen und schulmedizinischen Arzneimitteln ist Folgendes zu beachten: Corticosteroide (Hormone der Nebennierenrinde) und Homöopathika wirken grundsätzlich gegeneinander; Cortisonpräparate heben meist die homöopathischen Wirkungen auf. Die gleichzeitige Anwendung von nichtsteroidalen Antiphlogistika (Entzündungshemmer) und Homöopathika ist machbar, aber oft nicht sinnvoll (→ Seite 39). Das Gleiche gilt für die gleichzeitige Anwendung von Antibiotika. Schmerzmittel können ohne Wirkungsbeeinträchtigung mit Homöopathika kombiniert werden. Ein Problem ist jedoch oft, dass die Tiere z. B. bei der Behandlung einer Lahmheit dann wieder zu schnell zu viel laufen. Damit wird der durch Homöopathika angestoßene Heilungsprozess gestört und kann durch Überlastung behindert werden.
Impfungen können ebenfalls homöopathische Behandlungen stören und sollten in diesem Zeitraum unterbleiben. Im akuten Krankheitsfall darf nicht geimpft werden. Aber auch bei Konstitutionsbehandlungen, beispielsweise bei einer Verhaltensstörung, sollten Impfungen bis zum Behandlungsende möglichst unterbleiben, weil sie die Behandlung blockieren könnten.

Wie bewahre ich die homöopathischen Arzneimittel am besten auf?
Homöopathika können bei Zimmertemperatur an einem dunklen Ort gelagert werden, z. B. im Hausapothekenschrank. Sie sollten keinen starken Temperaturschwankungen ausgesetzt werden. Es dürfen keine stark riechenden Materialien oder ätherischen Öle, speziell mit Kampfer, in der Nähe aufbewahrt werden. Magnetfelder oder andere energetische Felder, etwa durch Computer oder Handys, sollten nicht in der Nähe sein. Am besten belassen Sie das Arzneimittel in seinem Originalbehälter oder in dem von Ihrem Therapeuten mitgegebenen Behältnis.

Kann ich mit Homöopathika eine schulmedizinische Behandlung meiner Katze begleiten?
Eine schulmedizinische Behandlung einer Erkrankung kann bei entsprechender Symptomatik grundsätzlich homöopathisch begleitet werden (→ Seite 47). Sie können es in jedem Fall mit niedrigen Potenzen probieren. Negative Auswirkungen auf die klinische Behandlung sind nicht zu erwarten. Es kann jedoch sein, dass die homöopathischen Arzneien nicht wirken oder eine Erstverschlimmerung eintritt. Bitte lesen Sie auf Seite 39 unter »Grenzen der Homöopathie« nach.

Welche Besonderheiten können während der Behandlung bei jungen Katzen auftreten?
Jungtiere haben oft andere Erkrankungen als erwachsene oder alte

> **INFO**
>
> **Homöopathika für Mensch und Tier**
> Die Mittel für Mensch und Tier sind die gleichen. Berücksichtigt werden müssen aber die unterschiedlichen Ausdrucksformen, die unterschiedliche Anatomie und Physiologie sowie tierartspezifische Erkrankungen. Viele Symptome aus dem Humanbereich, etwa Träume, können nicht zur Diagnose benutzt werden, da Tiere nicht sprechen können.

Tiere. Ihr Körper ist im Aufbau begriffen. Konstitutionell benötigen sie oft Mittel, die regulierend in den Mineralstoffwechsel eingreifen. Sie reagieren dabei sehr sensibel auf homöopathische Mittel. Daher bekommen Kätzchen üblicherweise nur die halbe Dosis eines Arzneimittels. Bei Erkrankungen sind sie stärker gefährdet, da ihr Körper noch nicht ausgewachsen ist und manche Organe, beispielsweise das Immunsystem, noch nicht voll ausgereift sind. Gehen Sie daher mit erkrankten Jungtieren immer sofort zu Ihrem Tierarzt.

Welche Besonderheiten können während der Behandlung bei alten Katzen auftreten?
Alte Tiere befinden sich nicht mehr im Aufbau. Ihr Stoffwechsel arbeitet im »Erhaltungsmodus«, teilweise lassen Organfunktionen nach. Erkrankungen entwickeln sich oft schleichend, beispielsweise Nierenerkrankungen. Oft sind mehrere Organe betroffen. Daher sollten Sie bei Katzen ab einem Alter von circa zehn Jahren regelmäßig eine allgemeine Untersuchung und eine Blutuntersuchung durchführen lassen. Viele Katzen leiden im Alter an Nieren- und Lebererkrankungen. Je früher diese entdeckt und behandelt werden, desto länger ist die Überlebenszeit. Alte Tiere brauchen sehr oft homöopathische Mittel zur Unterstützung ihrer Organfunktionen und reagieren sehr gut darauf.

Woher bekomme ich homöopathische Arzneimittel?
Homöopathika sind in Deutschland apothekenpflichtig. Sie bekommen sie daher in der Apotheke oder von Ihrem Tierarzt.

Helfen homöopathische Mittel bei Verhaltensproblemen?
Ja, lassen Sie aber vorher unbedingt die Ursache abklären. Manche Verhaltensauffälligkeiten sind nämlich die Folge von Schmerzen oder allgemeinem Unwohlsein. Dann muss diese Ursache behandelt werden. Aber auch »richtige« Verhaltensprobleme können homöopathisch behandelt werden. Oft ist aber unterstützend eine verhaltenstherapeutische Beratung nötig.

Behandlung mit Homöopathie

In diesem Kapitel zeige ich Ihnen die homöopathische Behandlung bei den häufigsten Erkrankungen der Katze. Sie sind in einem Kopf-Fuß-Schema geordnet. Auch die Therapie von Verhaltensstörungen und Notfällen stelle ich Ihnen vor.

Behandlung mit Homöopathie

Das richtige Mittel finden

Im ersten Kapitel haben Sie alles Wissenswerte rund um die Homöopathie kennengelernt. In diesem Kapitel steigen Sie nun in die Behandlung ein. Doch bei Tieren ist es schwierig, das richtige Mittel zu finden, denn sie können uns nicht sagen, was ihnen fehlt. Das heißt, dass Sie nur über eine genaue Beobachtung Ihrer Katze zu den Symptomen gelangen.

Daran erkennen Sie eine kranke Katze

Wenn Sie engen Kontakt zu Ihrer Katze haben und sie gut beobachten, werden Sie merken, welches Organ oder welches Symptom Anlass zur Sorge gibt. Da die homöopathische Diagnosefindung sehr komplex ist und nur ein vom Normalzustand abweichendes Merkmal dafür nicht ausreicht, sollten Sie überlegen, wo es sonst noch Probleme gibt oder was speziell für Ihre Katze ungewöhnlich ist. Denken Sie dabei nicht nur an offensichtliche Symptome wie Durchfall, Erbrechen, Lahmheit oder Husten. Auch weniger offensichtliche Symptome können auf eine Krankheit hinweisen.
Solche Symptome können z. B. sein:
➤ Die Katze verkriecht sich.
➤ Sie frisst schlecht.
➤ Sie beleckt oder kratzt andauernd einen bestimmten Körperteil.
➤ Körperregionen sind verspannt und »fest«.
➤ Ihre Haare stehen hoch oder sind »unordentlich«.
➤ Das Fell ist verfärbt oder schuppig.
➤ Die Katze ist plötzlich aggressiver als sonst.
➤ Sie lässt sich an bestimmten Stellen nicht anfassen.
➤ Sie trinkt viel, weniger oder gar nicht.
➤ Das dritte Augenlid (Nickhaut) ist vorgefallen. (Normalerweise ist die Nickhaut nicht sichtbar; sie befindet sich, verdeckt von Ober- und Unterlid, im inneren Augenwinkel. Man erkennt den Vorfall daran, dass das Auge wie von einer weißen Schicht bedeckt erscheint.)
➤ Sie schläft mehr als sonst.

➤ Die Katze ist plötzlich unsauber: Sie uriniert oder kotet neben das Katzenklo oder in die Wohnung.
➤ Sie hat Mundgeruch.
➤ Sie bewegt sich ungern.
➤ Sie uriniert viel.
➤ Sie hat abgenommen.

Dies sind alles noch keine Symptome im üblichen Sinn, sie zeigen Ihnen aber, dass mit Ihrer Katze etwas nicht stimmt. Beobachten Sie daraufhin Ihre Katze genauer. Notieren Sie am besten alles, was Ihnen im Zusammenhang mit den Beschwerden bei Ihrer Katze auffällt. Das ist auch ein wichtiges Hilfsmittel für den Tierarzt, falls Sie mit der Diagnose allein nicht weiterkommen.

Der Weg zum Mittel am konkreten Beispiel

Das Buch lässt sich auf zweierlei Weise nutzen. Dies möchte ich Ihnen kurz an einem konkreten Beispiel erläutern.

Zugang über die Symptome: Können Sie bei Ihrer Katze eindeutige Symptome feststellen, dann beobachten Sie bitte Ihr Tier im Sinne der fünf W-Fragen: Wer ist krank? Wie, wo und wann treten die Symptome auf? Warum treten sie auf?

Beispiel: Ihre Katze hat wässrige Augen, diese sind aber nicht wund, jedoch gerötet. Außerdem niest sie, es fließt wässriges Sekret aus der Nase, die gerötet ist. Sammeln Sie sämtliche Symptome und versuchen Sie, diese bei den ab Seite 56 beschriebenen Krankheiten wiederzufinden. Um Ihnen die Suche zu erleichtern, sind die Krankheiten in ein sogenanntes Kopf-Fuß-Schema eingeteilt. In unserem konkreten Beispiel führen Sie die Symptome zu Erkrankungen der Augen. Lesen Sie nun dort die einzelnen Krankheiten durch und versuchen Sie, die Diagnose zu stellen. Sie kommen zur Bindehautentzündung (→ Seite 56). Wenn Ihnen die Diagnose nicht eindeutig gelingt, suchen Sie Ihren Tierarzt auf.

Zugang über die Mittelbeschreibung: Haben Sie kein klares körperliches Symptom bei Ihrer Katze erkannt, können jedoch allgemein Abweichungen vom

Normalverhalten feststellen (→ Seite 52), dann lesen Sie ab Seite 164 die Beschreibungen der Mittel durch. Sicher finden Sie dann noch weitere Symptome, die auf Ihre Katze zutreffen. Unter »Selbstbehandlung« finden Sie am Ende jeder Mittelbeschreibung eine Querverbindung zum Kapitel mit den Krankheiten und Verhaltensstörungen. Dort können Sie weiterlesen und erfahren, was Ihrer Katze fehlt. Dann geben Sie ihr das Mittel, wie beim Krankheitsbild beschrieben.

➤ **Tipp:** Sicherheitshalber sollten Sie in jedem Fall Ihre Diagnose von einem Tierarzt bestätigen lassen.

Wenn das Mittel nicht wirkt

Folgende Punkte könnten die Ursache sein, wenn es zu keiner Besserung kommt, obwohl Sie das richtige Arzneimittel gewählt haben:

➤ Es handelt sich um die falsche Potenz. Dann schauen Sie noch einmal bei den Mittelbeschreibungen nach und ändern die Potenz, oder Sie fragen einen homöopathisch arbeitenden Tierarzt.

➤ Sie haben das Mittel zu oft, zu selten oder falsch dosiert gegeben. Dann lesen Sie ebenfalls noch einmal nach und geben es in der richtigen Dosis bzw. entsprechend der Mittelbeschreibung häufiger oder seltener.

➤ Die Symptome haben sich geändert, daher ist jetzt ein anderes Mittel erforderlich.

➤ Grenzen, → Seite 39, Reaktionen, → Seite 24

Aufbau der einzelnen Krankheitsbeschreibungen

Um Ihnen das Auffinden der Krankheitsbilder zu erleichtern, sind die Organsysteme auf den Seiten 56 bis 121 nach dem Kopf-Fuß-Schema sortiert. Das bedeutet, dass ich mit Krankheiten am Kopf beginne und mit Problemen am Bewegungsapparat ende. Anschließend folgen Krankheiten der Haut sowie allgemeine und spezifische Erkrankungen der Katze. Ab Seite 130 folgen Notfälle, ab Seite 150 Verhaltensauffälligkeiten.

DAS RICHTIGE MITTEL FINDEN

Gliederung der Krankheitsbilder: Zu Beginn steht oft eine kurze Beschreibung der Krankheit. Es folgen Ursachen und Symptome, wenn sie allgemeingültig sind (sonst bei den Mittelbeschreibungen), sowie ein Hinweis, wann Sie zum Tierarzt gehen sollten. Wie Sie die Behandlung unterstützen können, erfahren Sie unter »Begleitbehandlung«. Dann folgt die homöopathische Behandlung mit Beschreibung der Mittel.

Gliederung der Mittelbeschreibungen: Ursachen; typische Symptome für dieses Mittel; Modalitäten, d. h., unter welchen Umständen sich die Beschwerden verschlimmern oder bessern; Potenz und Dosierung. Fehlen bei manchen Mitteln Angaben wie Modalitäten oder Ursachen, habe ich sie nicht vergessen; vielmehr sind sie bisher nicht bekannt oder nicht vorhanden.

Dauer der Behandlung: Wenn nichts anderes angegeben ist, verabreichen Sie das ausgewählte Mittel, bis die Symptome verschwunden sind. Wenn neue Symptome auftauchen oder Symptome übrig bleiben, dann suchen Sie nach dem Folgemittel (→ Seite 35). Aus diesem Grund habe ich nicht überall die Dauer ergänzt.

Dosierung der Mittel: Wenn bei Krankheiten von Dosis die Rede ist, dann gilt für
➤ erwachsene Katzen:
Dilution: 5 Tropfen
Tablette: 1 Stück
Globuli: 5 Stück
Trituration: 1 Messerspitze
➤ junge Katzen:
Dilution: 2–3 Tropfen
Tablette: 1/2 Stück
Globuli: 2–3 Stück
Trituration: 1/2 Messerspitze

> **INFO**
>
> **Die kranke Freigängerkatze**
> Einer kranken Freigängerkatze geben Sie Hausarrest. Sie lässt sich dann besser überwachen und mit Medikamenten versorgen. Kranke Katzen neigen nämlich dazu, sich irgendwo zu verkriechen. Sie sind dann oft schwer oder gar nicht zu finden, oder man findet sie zu spät. Eine Therapie ist dann nicht oder nur eingeschränkt möglich.

Erkrankungen der Augen

Mit Homöopathika können Sie bei Augenerkrankungen die Heilung unterstützen; sie reichen allein zur effektiven Behandlung sehr oft nicht aus. Meist benötigen Sie zusätzlich z. B. Augentropfen oder -salben.

Bindehautentzündung (Konjunktivitis)

Als Bindehaut (Konjunktiva) wird die Schleimhaut auf der Innenseite der Augenlider bezeichnet. Sie ist normalerweise leicht rosa gefärbt.
Ursachen: Unfall (Schlag oder Stoß); Infektion durch Viren oder Bakterien; Zug; Fremdkörper wie Staub, Pollen oder ins Auge pikende Haare; reizende Stoffe in der Umgebung; Folge einer anderen Erkrankung, z. B. einer Allgemeininfektion wie fieberhaftem Infekt oder Katzenschnupfen; Verlegung des Tränen-Nasen-Kanals.
Symptome: Tränenfluss (wässrig oder schleimig); gerötete Bindehäute; zugeschwollene Augen; eitriger, gelblicher oder grünlicher Augenausfluss; Juckreiz (die Katze reibt ständig mit ihren Pfoten an den Augen); Lichtscheue. Schmerzhaftigkeit erkennen Sie an Berührungsempfindlichkeit, Schmerz äußert die Katze durch Miauen oder Zukneifen der Augen.
Wann zum Tierarzt? Da Erkrankungen des Auges sehr schnell zum Verlust des Auges und zur Blindheit führen können, sollten Sie bei stärkeren Symptomen wie starkem oder auch eitrigem Ausfluss oder Schmerzen immer sofort den Tierarzt aufsuchen; bei leichteren Symptomen wie leichtem Tränenfluss oder leichter Rötung sollten Sie zum Tierarzt gehen, wenn spätestens nach zwei Tagen Therapie keine Besserung eintritt.
Begleitbehandlung: Messen Sie unbedingt die Körperinnentemperatur (= Fieber), um einschätzen zu können, ob eine Allgemeinerkrankung vorliegt. Zur Reinigung der verklebten Haare um die Augen erhalten Sie von Ihrem Tierarzt spezielle Reinigungstücher und -spülungen. Bei leichten Reizzuständen haben sich Augentropfen mit Euphrasia (z. B. Euphravet®) bewährt.

ERKRANKUNGEN DER AUGEN

▶ **Homöopathische Behandlung:** Die aufgeführten Mittel helfen bei einfacher Bindehautentzündung.

Euphrasia (*Euphrasia officinalis*, Augentrost)
Symptome: Bindehäute stark gerötet, wässriges Augentränen mit wund machendem Ausfluss (daher evtl. juckend); Katze zeigt Schmerzreaktionen (→ links); evtl. milder wässriger Nasenausfluss, Lichtempfindlichkeit
Verschlimmerung: abends
▶ Potenz, Dosierung: D2, D3, 3 x 1 Dosis (→ Seite 55)

Allium cepa (*Allium cepa*, Küchenzwiebel)
Ursachen: Infektion, Zug
Symptome: gerötete Bindehäute, wässriger Augenausfluss, nicht wund machend (wie beim Zwiebelschneiden); evtl. in Kombination mit wund machendem Nasenausfluss (umgekehrt wie bei Euphrasia)
Verschlimmerung: bei Wärme, abends, nachts
Besserung: im Freien
▶ Potenz, Dosierung: D3, 3 x 1 Dosis (→ Seite 55)

Apis (*Apis mellifica*, Honigbiene)
Symptome: stark geschwollene Bindehäute, Farbe eher hellrot; Augen können ganz zugeschwollen sein; wässriger Augenausfluss, Lichtscheue; Katze zeigt Schmerzreaktionen (→ links)
Verschlimmerung: durch lauwarme/warme Umschläge, Berührung, Druck
Besserung: durch kühle Umschläge
▶ Potenz, Dosierung: D3, D4, 3 x 1 Dosis (→ Seite 55)

Mercurius solubilis Hahnemanni (Quecksilber nach Hahnemann)
Symptome: geschwollene, gerötete Bindehäute, dünnflüssiges, wund machendes, grünlich-eitriges Sekret, mit unangenehmem Geruch; Katze zeigt Schmerzreaktionen (→ links); Lichtscheue
Verschlimmerung: durch Wärme
▶ Potenz, Dosierung: D8, 2 x 1 Dosis (→ Seite 55), maximal 2 bis 3 Tage; wahrscheinlich Antibiotika nötig, Tierarzt aufsuchen

Pulsatilla (*Pulsatilla pratensis*, Küchenschelle)
Symptome: gelbliches oder gelblich grünes, cremiges, mildes, nicht wund machendes Sekret; Bindehaut und

Augenlider jucken und sind gerötet; gelb oder gelbgrün verklebte Augenlider; die Bindehautentzündung besteht meist schon etwas längere Zeit
Besserung: an der frischen Luft
➤ Potenz, Dosierung: D4, D6, 3 x 1 Dosis (→ Seite 55)

Erkrankungen des Tränen-Nasen-Kanals

Der Tränen-Nasen-Kanal ist eine Verbindung vom Auge zur Nase und leitet überschüssige Tränenflüssigkeit in die Nase zum Rachen hin ab.
Ursachen: möglicherweise eine Verlegung des Tränen-Nasen-Kanals als Folge von Narbengewebe oder bindegewebigen Verklebungen
Allgemeine Symptome: Ihre Katze hat nach einer starken Augenentzündung oder nach Katzenschnupfen weiterhin tränende Augen.
Wann zum Tierarzt? Zeigen Sie Ihre Katze, wenn sie tränende Augen hat, immer dem Tierarzt. Er wird versuchen, den Kanal zu spülen, um ihn wieder durchgängig zu bekommen.
➤ **Homöopathische Behandlung:** Wenn die Spülung nicht funktioniert, weil der Kanal stark verklebt oder verwachsen ist, oder wenn eine Spülung nicht möglich ist (beispielsweise weil der Tränen-Nasen-Kanal des Kätzchens zu eng ist oder weil die Katze wegen einer anderen Erkrankung nicht narkosefähig ist), dann sollten Sie folgendes Homöopathikum versuchen:
Silicea (Acidum silicicum, Kieselsäure)
Symptome: Die Augen der Katze »laufen nach außen über«, weil der Tränen-Nasen-Kanal verklebt ist. Das Mittel ist sinnvoll bei jüngeren Katzen und oft nach einer Infektion mit Katzenschnupfen. Bei älteren Katzen mit Verlegung des Kanals ist aufgrund der lang andauernden Veränderung eine Reaktion bzw. Heilung meist nicht mehr zu erwarten.
➤ **Besonderheit:** Das Mittel kann auch zur Nachbehandlung von Hornhautnarben eingesetzt werden.
➤ Potenz, Dosierung: D6, 2 x 1 Dosis; D12, 1 x 1 Dosis (→ Seite 55)

ERKRANKUNGEN DER AUGEN

Verletzung des Auges (Stoß, Schlag)

Ursachen: Verletzungen des Auges entstehen nach Unfällen oder Katzenkämpfen, wenn eine Kralle oder ein Zahn in die Bindehaut oder, schlimmer, in die Hornhaut eingedrungen ist. Auch Pflanzenteile wie Kaktusstacheln oder Gräser können Verletzungen hervorrufen.

Achten Sie beim Spielen mit Ihrer Katze darauf, dass sie sich mit dem Spielzeug nicht die Augen verletzt.

➤ **Wichtig:** Wenn ein Fremdkörper in der Hornhaut steckt, sollten Sie ihn nicht selbst herausziehen. Je nach Länge, Größe und Beschaffenheit besteht die Gefahr der Verletzung und des Auslaufens der vorderen Augenkammer.

Wann zum Tierarzt? Suchen Sie möglichst bald Ihren Tierarzt auf. Er kann durch spezielle Untersuchungen feststellen, ob die Hornhaut verletzt ist und ob die Gefahr besteht, dass die in der vorderen Augenkammer vorhandene Flüssigkeit ausläuft. Es sind stets antibiotische Augenmedikamente nötig, um die immer vorhandene bakterielle Infektion zu bekämpfen.

Als Folge von einem Stoß oder Schlag bei Unfällen oder Kämpfen können sich Blutergüsse, Verletzungen oder Zerreißungen im Auge bilden. Auch hier sollten Sie zur genaueren Untersuchung einen Tierarzt aufsuchen. Zur Behandlung gibt es Medikamente, die auch tiefer ins Auge eingebracht werden können. Unter Umständen, wie zum Beispiel bei einer Hornhautverletzung, kann eine Operation nötig werden.

➤ **Homöopathische Behandlung:** Homöopathika können Sie unterstützend einsetzen.

Arnica (*Arnica montana*)
Ursachen: Folge von Unfall, Schock, Verletzung
Symptome: Schmerzhaftigkeit, starke Berührungsemp-

findlichkeit; Blutungen im Auge oder in den Bindehäuten; nach Augenoperationen
Verschlimmerung: durch Bewegung, Berührung
► Potenz, Dosierung: D4, D6, 3 x 1 Dosis; C30, 1 x 1 Dosis (→ Seite 55)
Symphytum (*Symphytum officinale*, Beinwell)
Ursachen: Schlag mit einem stumpfen Gegenstand
Symptome: schmerzhafte Verletzung nach Schlag mit einem stumpfen Gegenstand, etwa ein Bluterguss ums Auge oder in der vorderen Augenkammer, wenn Arnica nicht hilft (empirische Erfahrung, → Glossar, Seite 241)
► Potenz, Dosierung: D2, D3, 3 x 1 Dosis (→ Seite 55)

Hornhautentzündung (Keratitis)

Die Hornhaut (Cornea) ist die vordere durchsichtige Schicht des Auges. Sie dient als vorderer Abschluss und schützt das Auge.
Ursachen: Infektionen mit Viren, Bakterien und Pilzen; Verletzungen als Folge von Schlag, Stich oder Stoß
Allgemeine Symptome: Die Hornhaut wird lokal trüb oder milchig. Besteht die Entzündung länger, wachsen von der Seite Blutgefäße ein. Dies ist eine Maßnahme des Körpers, um die Heilung zu unterstützen.
Wann zum Tierarzt? Da es zu dieser Gefäßeinsprossung nicht kommen sollte – die Heilung dauert dann meist wesentlich länger oder ist nicht mehr möglich –, sollten Sie bei Hornhautentzündung immer zum Tierarzt gehen. Auch eine Hornhauttrübung muss so schnell wie möglich vom Tierarzt behandelt werden, um zu verhindern, dass sichtbare Narben zurückbleiben. Die Behandlung muss lange genug fortgeführt werden. Fast immer ist die Hornhautentzündung von einer Bindehautentzündung (→ Seite 56) begleitet.
► **Homöopathische Behandlung:** Homöopathika können nur unterstützend zum Einsatz kommen.
Euphrasia (*Euphrasia officinalis*, Augentrost)
Symptome: stark gerötete Bindehäute, wässriges Augentränen, wund machender Ausfluss (daher evtl. juckend); Katze zeigt Schmerzreaktionen (→ Seite 56);

ERKRANKUNGEN DER AUGEN

Lichtempfindlichkeit; evtl. milder wässriger Nasenausfluss; anwenden in den ersten 7 Tagen der Entzündung
Verschlimmerung: abends
➤ Potenz, Dosierung: D2, D3, 3 x 1 Dosis (→ Seite 55)
Mercurius solubilis Hahnemanni (Quecksilber nach Hahnemann)
Symptome: geschwollene, gerötete Bindehäute, dünnflüssiges, wund machendes, grünlich-eitriges Sekret, unangenehmer Geruch des Sekrets; die Katze zeigt Schmerzreaktionen (→ Seite 56); Lichtscheue, Hornhautgeschwür (sieht aus wie ausgestanzt)
Verschlimmerung: durch Wärme
➤ Potenz, Dosierung: D8, 2 x 1 Dosis (→ Seite 55)
Silicea (Acidum silicicum, Kieselsäure)
Ursachen: Narbengewebe und bindegewebige Verklebungen (das Mittel kann daher auch zur Nachbehandlung von Hornhautnarben benutzt werden)
➤ Potenz, Dosierung: D6, 2 x 1 Dosis; D12, 1 x 1 Dosis (→ Seite 55)

Grauer Star (Katarakt)

Beim sogenannten grauen Star handelt es sich um eine Trübung der Linse. Diese Erkrankung tritt meist bei älteren Tieren auf. Beim Blick durch die Pupille erscheint das Auge der Katze milchig und trüb.
Ursachen: degenerative Veränderungen von Linse und Linsenkapsel
Wann zum Tierarzt? Die Diagnose sollte immer ein Tierarzt bestätigen.
➤ **Homöopathische Behandlung:** Mit dem genannten Mittel kann oft nur das Fortschreiten aufgehalten werden. Alternativ kann das Konstitutionsmittel der Katze versuchsweise angewendet werden.
Silicea (Acidum silicicum, Kieselsäure)
Ursachen: Veränderungen der bindegewebigen Strukturen der Linsenkapsel (Versuch, das Fortschreiten dieser Veränderungen aufzuhalten, ausprobieren)
➤ Potenz, Dosierung: D6 oder D12, 2 x 1 Dosis (→ Seite 55); mindestens mehrere Wochen

Erkrankungen der Ohren

Der Gehörgang der Katzen sollte nie gereinigt werden, da durch diese Manipulation das Ohrenschmalz zumeist in den Gehörgang zurückgeschoben und damit ein Ohrschmalzpfropf verursacht wird. Reinigen Sie daher nur die äußerlich sichtbare Ohrmuschel mit einem weichen Tuch in den Falten, wenn es erforderlich ist. Bei ungewohntem Geruch oder Aussehen sollten Sie den Tierarzt aufsuchen.

Ohrenentzündung (Otitis externa)

Ursachen: Ohrmilben (ansteckend für Katzen), Befall mit Bakterien und Hefepilzen, Fremdkörper wie Grassamen, Bissverletzungen, Zubildungen im Gehörgang wie Warzen oder Tumore, ein Ohrschmalzpfropf
Allgemeine Symptome: Die Katze kratzt an den Ohren; gerötete, bei Berührung schmerzhafte Ohren; übler Geruch und Ausfluss aus dem Ohr
Wann zum Tierarzt? Sie sollten immer einen Tierarzt aufsuchen. Er entfernt Sekret und evtl. vorhandene Fremdkörper aus dem Gehörgang, außerdem tötet er medikamentös (etwa mit Ohrsalben) Milben, Bakterien und Pilze ab. Ohne fachgerechte Behandlung kann eine Ohrenentzündung zur Taubheit führen. Durch eine Verletzung des Trommelfells, verursacht z. B. durch eine starke Entzündung oder einen Fremdkörper, kann auch eine Mittelohrentzündung entstehen.
Begleitbehandlung: Geben Sie zusätzlich zu den homöopathischen Mitteln Ohrreiniger oder Ohrensalben nach Anweisung Ihres Tierarztes.
▶ **Homöopathische Behandlung:** Mit homöopathischen Mitteln unterstützen Sie die ärztliche Behandlung, sie reduzieren die Schmerzen schneller, das Ohr heilt dadurch rascher ab.
Hepar sulfuris (Kalkschwefelleber, Hahnemanns Calciumsulfid)
Symptome: akute Eiterung, starke Schmerzhaftigkeit, große Berührungsempfindlichkeit; Geruch des Sekrets

und aus dem Ohr nach altem Käse, gelblich-grünliches oder wässriges Sekret
Verschlimmerung: bei trockener Kälte, morgens
Besserung: bei Wärme, feuchtem Wetter
➤ **Wichtig:** Das Mittel ist meist nur 2 bis 3 Tage nötig; entweder ist dann die Entzündung abgeklungen, oder es ist ein Folgemittel nötig.
➤ Potenz, Dosierung: D8, 2- bis 3-x 1 Dosis (→ Seite 55)

Mercurius solubilis Hahnemanni (Quecksilber nach Hahnemann)
Symptome: gerötete Haut, Geschwüre; helle, dünnflüssige, wund machende Beläge im Gehörgang, unangenehmer Geruch; die Katze zeigt Schmerzreaktionen (→ Seite 56), stechender Schmerz
Verschlimmerung: nachts, bei Wärme, Kälte
Besserung: bei Ruhe
➤ **Wichtig:** Alle Entzündungen sind einige Tage alt.
➤ Potenz, Dosierung: D8, 2 x 1 Dosis (→ Seite 55)

Silicea (Acidum silicicum, Kieselsäure)
Ursachen: bindegewebige Strukturen (→ Glossar, Seite 240; da das Mittel solche Strukturen nach meiner Erfahrung auflöst, sollte es ausprobiert werden); zur

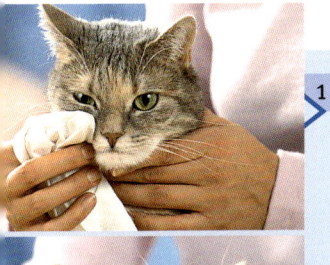

1 *Entfernen Sie bei entzündeten Augen das Sekret aus dem Fell mit einer Reinigungslösung und einem weichen Tuch.*

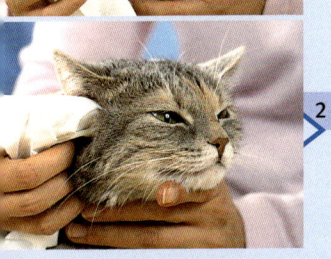

2 *Säubern Sie nur äußerlich die Ohrmuschel mit einem weichen Tuch. Den Gehörgang selbst darf nur der Tierarzt reinigen.*

Nachbehandlung von chronischen Gehörgangsentzündungen, wenn der Gehörgang verdickt und verengt ist
➤ Potenz, Dosierung: D6, 2 x 1 Dosis; D12, 1 x 1 Dosis (→ Seite 55); das Mittel bitte längere Zeit geben

Othämatom

Beim Othämatom handelt es sich um einen Bluterguss in der Ohrmuschel.
Ursachen: ständiges Kopfschütteln bei starker Ohrenentzündung; Folge von Bissen und anderen Traumen
Wann zum Tierarzt? Sie sollten immer zum Tierarzt gehen, da er feststellen muss, ob evtl. eine Operation erforderlich ist oder ob Antibiotika oder Ohrensalben anzuwenden sind.
Begleitbehandlung: Sind Narben entstanden, sollte ein Physiotherapeut diese massieren.
➤ **Homöopathische Behandlung:** Durch Homöopathika können Sie oft Operationen vermeiden, da das Ergebnis der homöopathischen Behandlung oft gleich gut oder besser ist. Wenn doch operiert werden muss, erfolgt die Heilung meist mit weniger Narbenbildung.
Arnica (*Arnica montana*)
Ursachen: Schlag, Verletzung
Symptome: dicke, warme, weiche Ohrmuschel mit rötlicher, manchmal leicht bläulicher Haut; Schmerzen in der Ohrmuschel; die Katze schüttelt den Kopf vorsichtig
Verschlimmerung: bei Berührung, Bewegung
➤ **Wichtig:** Kopfschütteln und Kratzen der Katze verhindern (fragen Sie dazu Ihren Tierarzt)
➤ Potenz, Dosierung: C30, 1 x 1 Dosis (→ Seite 55) bis zum Verschwinden oder bis zur Bildung von festem Narbengewebe
Silicea (Acidum silicicum, Kieselsäure)
Ursachen: narbige, bindegewebige Strukturen; zur Nachbehandlung nach Arnica, wenn das Gewebe fest geworden ist; zur Nachbehandlung nach einer Operation, wenn Narbengewebe entsteht; ausprobieren
➤ Potenz, Dosierung: D6, 2 x 1 Dosis; D12, 1 x 1 Dosis (→ Seite 55)

Erkrankungen der Mundhöhle

Erkrankungen im Maulbereich äußern sich bei der Katze in folgenden Symptomen:
➤ Speichelfluss
➤ Sie frisst weniger oder überwiegend weiches Futter.
➤ Sie kaut nur auf einer Seite.
➤ Sie reibt häufig mit der Pfote über das Maul.
➤ Gewichtsabnahme
➤ Mundgeruch
➤ Blutungen aus dem Maul

Zahnwechsel

Der Zahnwechsel beginnt um die 12. Woche mit den kleinen Frontzähnchen und endet mit sechs bis acht Monaten mit den Reißzähnen. Kätzchen haben 26, erwachsene Katzen nach dem Wechsel 30 Zähne.
Ursachen: Probleme beim Zahnen
Allgemeine Symptome: Probleme beim Zahnwechsel äußern sich in Speichelfluss, schlechtem Fressen und Weinen.
Wann zum Tierarzt? bei Fieber; wenn die Katze nicht frisst; wenn die Symptome trotz Behandlung nach einem Tag nicht verschwunden sind
Begleitbehandlung: Unterstützend zur homöopathischen Arznei können Sie versuchen, das Zahnfleisch zu kühlen, z.B. mit gekühlten Beißringen oder indem Sie immer mal wieder Eiswürfel (→ Info, Seite 141) für ca. eine Sekunde auf das gerötete Zahnfleisch legen.
➤ **Homöopathische Behandlung:**
Belladonna (*Atropa belladonna*, Tollkirsche)
Symptome: Fieber, kein Appetit, schmerzhaftes Zahnfleisch
Verschlimmerung: bei Berührung, Geräuschen
➤ Potenz, Dosierung: D6, im Abstand von 30 Minuten 1 Dosis; alternativ C30, 1 x 1 Dosis (→ Seite 55)
Chamomilla (*Matricaria chamomilla*, Echte Kamille)
Symptome: schmerzhafter Zahnwechsel, wobei die Schmerzäußerungen übertrieben scheinen; die Katze

frisst nicht, ist reizbar, schreit; lässt sich nicht untersuchen; Speichelfluss; es sind sogar Krämpfe möglich
Verschlimmerung: bei Berührung, nachts, bei Wärme
Besserung: beim Umhertragen
➤ Potenz, Dosierung: D3, alle 30 Minuten bis 2 Stunden 1 Dosis; C30, 1 x 1 Dosis (→ Seite 55)

Zahnstein

Zahnstein kommt insbesondere bei älteren Katzen (altersbedingt) sowie bei kurzköpfigen Katzenrassen wie Persern (genetische Disposition) häufig vor. Bei solchen Rassen werden durch die Fehlstellung der Zähne die Ablagerungen, die Plaques, nicht so gut abgespült.
Ursachen: Zahnstein entsteht, wenn sich weiche Beläge, die sogenannten Plaques, durch im Speichel vorliegende Mineralien und Bakterien verhärten. Die Bildung von Plaques wird durch »falsches« Futter (z. B. zu viele Leckereien), Störungen im Immunsystem und anatomische Besonderheiten wie Zahnfehlstellungen gefördert.
Allgemeine Symptome: gelbliche bis braune Auflagerungen auf den Zähnen; Beginn der Bildung bei den meisten Katzen im Backenzahnbereich des Oberkiefers
Wann zum Tierarzt? Vorhandener Zahnstein muss immer vom Tierarzt entfernt werden.
Begleitbehandlung: Plaques entstehen durch Futterreste, Speichel und Bakterien. Diese können Sie bei Ihrer Katze durch Putzen der Zähne mit einer kleinen Zahnbürste entfernen. Sie sollten dies einmal täglich (wenn möglich nach der Hauptmahlzeit) durchführen. Gewöhnen Sie schon Ihr Kätzchen an diese Putzaktion, dann wird sich Ihre Katze auch später die Zähne säubern lassen. Falls dies bei Ihrer Katze nicht möglich ist, gibt es folgende Möglichkeiten, die Plaques zu entfernen:
➤ Spezialfutter, Kauröllchen und anderes spezielles Zusatzfutter (Tierarzt, Zoofachhandel): Durch die spezielle Struktur des Trockenfutters sinkt der Zahn in den Futterbrocken ein und wird dadurch »abgeputzt«.
➤ Fütterung von Futter, das Enzyme freisetzt: Die Enzyme lösen die Plaques auf. Seit einiger Zeit gibt es auch

Zahncreme, die nur in das Maul eingebracht werden muss und die Plaques mithilfe von Enzymen auflöst.
▶ **Homöopathische Behandlung:**
Calculi renales (Nierensteine)
In der Praxis hat sich gezeigt, dass das Mittel nach Entfernen des alten Zahnsteins verhindert, dass sich neuer bildet. Es scheint eher bei älteren Katzen zu helfen. Lassen Sie Leber- und Nierenwerte im Blut sowie den Urin Ihrer Katze untersuchen. Möglicherweise ist eine Störung in diesem Bereich die Ursache für verstärkten Zahnsteinansatz.
▶ Potenz, Dosierung: C30, 1 x pro Woche 1 Dosis (→ Seite 55) für 3 Monate, dann kontrollieren: Ist kein Zahnstein vorhanden, dann geben Sie das Mittel nach einer Pause von vier Wochen wieder für drei Monate und behandeln Ihre Katze in diesen Intervallen weiter. Wenn bei der Kontrolle wieder Zahnstein vorhanden ist, setzen Sie das Mittel ab, weil es dann nicht wirkt.
Fragaria vesca (Walderdbeere)
Dieses Mittel sollten Sie ausprobieren, wenn Ihre Katze eine Narkose nicht verträgt und sich den Zahnstein nicht entfernen lässt. Nach Erfahrung in der Praxis (empirisch) ist Fragaria vesca in der Lage, bei einigen Katzen Zahnstein aufzulösen, sodass er weich wird. Er kann dann mit den unter »Begleitbehandlung« erwähnten Mitteln zur Plaqueentfernung/-vorbeugung (→ links) beseitigt werden.
▶ Potenz, Dosierung: D2, D6, 3 x 1 Dosis (→ Seite 55), für mindestens drei Monate geben. Haben sich die Plaques dann nicht reduziert oder aufgelöst, wirkt das Mittel nicht bei Ihrer Katze. Wenn der Zahnstein teilweise verschwunden ist, sollten Sie die Behandlung fortführen, da es je nach Dicke des Zahnsteins einige Zeit zur Auflösung braucht. Ist der Zahnstein entfernt, beenden Sie die Behandlung. Nicht vorbeugend einsetzen!

Zahnfleisch-, Mundschleimhautentzündung

Ursachen: Zahnstein, Verletzungen, verschiedene lokale Infektionen (Viren, Bakterien, Pilze), Mangelerscheinungen (Mineralstoffe, Vitamine, Taurin, → Seite 38), chronische Erkrankungen (FIV, Leukose, Nieren- und Lebererkrankungen), akute Allgemeinerkrankung (Katzenschnupfen, Allgemeininfektion), Störungen im Immunsystem

Wann zum Tierarzt? Wegen der vielen möglichen Ursachen sollten Sie vor einer Behandlung die Ursache immer durch Ihren Tierarzt abklären lassen.

➤ **Homöopathische Behandlung:** Die homöopathischen Mittel können Sie je nach Grunderkrankung allein oder in Kombination mit anderen Therapien oder homöopathischen Arzneien anwenden.

Mercurius solubilis Hahnemanni (Quecksilber nach Hahnemann)

Symptome: am Zahnrand gerötetes Zahnfleisch oder/und gerötete, schmerzhafte, leicht blutende sonstige Schleimhäute; unangenehmer Mundgeruch; Speicheln

➤ **Tipp:** Das Mittel kann statt oder in Kombination mit einem Antibiotikum vor einer Zahnsteinentfernung sowie noch einige Tage danach gegen die Zahnfleischentzündung gegeben werden.

➤ Potenz, Dosierung: D8, 2 x 1 Dosis (→ Seite 55)

Apis (*Apis mellifica*, Honigbiene)

Symptome: hellrote, weiche Schwellung des Zahnfleischs oder der Mundschleimhaut, die schmerzhaft und berührungsempfindlich ist; Bläschenbildung am Zahnfleisch und an der Maulschleimhaut
Besserung: durch Kälte

➤ Potenz, Dosierung: D3, D4, 3 x 1 Dosis (→ Seite 55)

TIPP

Die Mundhöhle inspizieren

➤ Zum Öffnen des Mauls greifen Sie mit der linken Hand von hinten über den Kopf und biegen ihn leicht nach hinten; drücken Sie mit dem rechten Zeigefinger auf die Schneidezähne und ziehen den Unterkiefer nach unten.

➤ Ist das Öffnen nicht möglich, schieben Sie die Lippen mit Ihren Fingern hoch und inspizieren das Zahnfleisch von außen.

Erkrankungen der Atemwege

Im Bereich der Atemwege können verschiedene Gewebe einzeln oder in Kombination erkranken. Folgende Erkrankungen können auftreten:
- Entzündung der Nasenschleimhaut (Rhinitis)
- Entzündung der Nasennebenhöhlen (Sinusitis)
- Mandelentzündung (Tonsillitis)
- Rachenentzündung (Pharyngitis)
- Kehlkopfentzündung (Laryngitis)
- Entzündung der Luftröhre (Tracheitis)
- Entzündung der Bronchien (Bronchitis)
- Lungenentzündung (Pneumonie)

Ursachen dieser Erkrankungen können sein: Infektionen (Viren, Bakterien, Pilze), Parasiten, Allergien, Fremdkörper, Verletzungen/Unfall, Tumoren, Herzerkrankungen, Vergiftungen.

Zur Abklärung einer Erkrankung im Bereich der Atemwege, die nach zwei bis drei Tagen nicht abklingt oder die sich sogar zusehends verschlimmert, sollten Sie Ihren Tierarzt aufsuchen.

Vor allem bei jungen Katzen muss man bei Erkrankungen der Atemwege auch immer an Katzenschnupfen denken (→ Seite 125).

Erkrankungen von Nase, Hals, Rachen und Nebenhöhlen

Ursachen: Infektionen (Viren, Bakterien, Pilze), Parasiten, Allergien, Fremdkörper, Verletzungen/Unfall, Tumoren, Vergiftungen

Allgemeine Symptome: Niesen, Fieber, Ausfluss aus der Nase oder dem Maul, Heiserkeit, Lymphknotenschwellung, Schluckbeschwerden, Würgen

Wann zum Tierarzt? Die Katze sollte in jedem Fall dem Tierarzt vorgestellt werden.

- **Homöopathische Behandlung:**

Allium cepa (*Allium cepa*, Küchenzwiebel)
Ursachen: Infektion, Zug
Symptome: wund machender, wässriger Nasenausfluss;

häufiges Niesen, oft anfallweise; oft auch gleichzeitig nicht wund machender Augenausfluss
Verschlimmerung: bei Wärme, abends, nachts
Besserung: im Freien
➤ Potenz, Dosierung: D3, 3 x 1 Dosis (→ Seite 55)

Euphrasia (*Euphrasia officinalis*, Augentrost)
Symptome: milder, wässriger Nasenausfluss; stark gerötete Bindehäute; wässriges Augentränen, wund machender Ausfluss (daher evtl. juckend); Katze zeigt Schmerzreaktionen (→ Seite 56); Lichtempfindlichkeit
Verschlimmerung: abends
➤ Potenz, Dosierung: D2, D3, 3 x 1 Dosis (→ Seite 55)

Belladonna (*Atropa belladonna*, Tollkirsche)
Ursachen: Infektion, Folge von Hitze
Symptome: Die Erkrankung beginnt plötzlich; meistens steigt das Fieber innerhalb eines halben bis ganzen Tages auf bis zu 40 °C; die Katze ist apathisch und will sich nicht bewegen; hochrote und trockene Bindehäute, Nasen- und Rachenschleimhäute; stark klopfendes Herz; kalte Füße, Schweiß an den Fußballen; kein Durst. Es kann Nasenbluten auftreten; die Katze kann heiser sein.
Verschlimmerung: bei Berührung, durch Geräusche, Kälte, Nässe, Licht
➤ Potenz, Dosierung: D6 oder D30, einmal je Stunde innerhalb von 2 Stunden 1 Dosis, dann abwarten (→ Seite 55). Wenn eine Wirkung eintritt, warten Sie erst einmal ab und wiederholen die Gabe nicht. Wenn eine Wirkung eintritt, aber nach gewisser Zeit die gleichen Symptome wieder erscheinen, dann weiter D6, 3 x 1 Dosis. Wenn keine Wirkung eintritt oder neue Symptome auftreten, wählen Sie ein neues Mittel aus.

Lachesis (*Lachesis muta*, Buschmeisterschlange)
Ursachen: Infektion, oft Viren
Symptome: häufiges Niesen, auch anfallweise, aber mit wenig Ausfluss; gerötete Augen; wässriger Ausfluss; bläulich rote Schleimhäute; sich langsam entwickelndes Fieber, oft nicht über 39,8 °C; wenig Appetit; berührungsempfindlicher Hals; evtl. ist das dritte Augenlid (Nickhaut, → Seite 52) vorgefallen; Flüssiges lässt sich schlechter schlucken als Festes

ERKRANKUNGEN DER ATEMWEGE

Linksseitigkeit: Die Symptome beginnen links und sind links stärker; der linke Halslymphknoten ist geschwollen. Auch wenn keine Linksseitigkeit vorhanden ist, sollten Sie Lachesis dennoch anwenden, wenn alle anderen Symptome passen.
Verschlimmerung: nach dem Schlafen, Niesen wird an kalter Luft schlimmer
Besserung: an frischer Luft
➤ Potenz, Dosierung: D8 oder D12, 2- bis 3-x täglich 1 Dosis (→ Seite 55)

Mercurius solubilis Hahnemanni (Quecksilber nach Hahnemann)
Symptome: gerötete und geschwollene Mandeln, beidseitig geschwollene Halslymphknoten; geröteter Rachen, im Rachen helle Beläge; dünnflüssiges und wund machendes Sekret, unangenehmer Geruch des Sekrets und aus dem Maul; Katze zeigt Schmerzreaktionen (→ Seite 56) beim Fressen oder Trinken, ist berührungsempfindlich; eventuell sind leicht blutende Geschwüre in der Schleimhaut; Schluckbeschwerden; viel Durst
Verschlimmerung: durch Wärme, Kälte (Katzen vertragen keine extremen Temperaturunterschiede), nachts
➤ Potenz, Dosierung: D8, 2 x 1 Dosis (→ Seite 55)

Hepar sulfuris (Kalkschwefelleber, Hahnemanns Calciumsulfid)
Symptome: akute Eiterung, gelblich-grünliches oder wässriges, wund machendes Sekret; Katze bekommt keine Luft, schnieft; Geruch nach altem Käse aus dem Maul; Fieber oder erhöhte Temperatur
Verschlimmerung: bei trockener Kälte, morgens
Besserung: durch Wärme, feuchtes Wetter
➤ **Wichtig:** Anfangsmittel (→ Glossar, Seite 240), nur für 1 bis 2 Tage geben
➤ Potenz, Dosierung: D8, 2- bis 3-x 1 Dosis (→ Seite 55)

Pulsatilla (*Pulsatilla pratensis*, Küchenschelle)
Symptome: ein- oder beidseitiger Nasenausfluss, gelbliches oder gelblich grünes, nicht wund machendes, mildes Sekret
➤ Potenz, Dosierung: D4, D6, 3 x 1 Dosis (→ Seite 55)

Behandlung mit Homöopathie

ZUORDNUNGSHILFE FÜR DREI MITTEL

	LACHESIS	HEPAR SULFURIS	MERCURIUS SOLUBILIS
Seitenbeziehung *	links	eher rechts	evtl. links
Empfindlichkeit	berührungsempfindlich	sehr berührungsempfindlich	–
Schleimhautfarbe	Schleimhaut bläulich verfärbt	–	Schleimhaut rot
Schlucken	Flüssiges schlimmer als Festes	eher Durst	viel Durst auf kaltes Wasser
Fieber	immer	kann sein	kann sein
Temperaturempfinden	–	kälteempfindlich	verträgt nur extreme Wärme und Kälte nicht
Geruch	–	Geruch nach altem Käse	sehr übel riechend, Geruch nach Aas
Sekret	–	wund machend	meist wund machend
Besonderheiten	–	–	tritt in regelmäßigen Abständen auf
Modalitäten **	Verschlimmerung morgens, Besserung an frischer Luft	Verschlimmerung morgens	–

* → Info, Seite 19; ** → Glossar, Seite 243

ERKRANKUNGEN DER ATEMWEGE

Bronchien- und Lungenentzündung (Bronchitis, Pneumonie)

Ursachen: Infektionen (Viren, Bakterien, Pilze), Parasiten, Allergien, Fremdkörper, Verletzungen/Unfall, Tumoren, Vergiftungen, Herzerkrankungen
Allgemeine Symptome: Husten, Atemnot in Ruhe und/oder Bewegung, Fieber, hörbares Atemgeräusch, Würgereiz oder Erbrechen beim Husten
Wann zum Tierarzt? immer

➤ **Homöopathische Behandlung:**
Bryonia (*Bryonia dioica*, Rotbeerige Zaunrübe)
Symptome: trockener Reizhusten, schmerzhafter Reizhusten; schnelle und flache Atmung; Schleim kann nicht ausgehustet werden; Tiere liegen viel; trockene Schleimhäute; großer Durst; Fieber
Verschlimmerung: morgens, bei Berührung, Bewegung, durch Fressen, Wärme
Besserung: an der frischen Luft, in Ruhe
➤ Potenz, Dosierung: D4, D6, 3 x 1 Dosis (→ Seite 55)

Cuprum aceticum (Kupferacetat)
Symptome: trockener, krampfartiger, quälender Husten mit Würgen; asthmaähnliche Symptome, z. B. mit Atemnot (→ Seite 128); Husten ohne Schleim
➤ **Wichtig:** Die Katze streckt beim Husten Kopf und Hals nach vorn und unten.
Verschlimmerung: nachts
Besserung: durch Trinken von kaltem Wasser
➤ Potenz, Dosierung: D6, 3 x 1 Dosis (→ Seite 55)

Drosera (*Drosera rotundifolia*, Sonnentau)
Symptome: anfallartiger, krampfartiger Husten, oft mit Würgereiz; zähes Sekret, Rasselgeräusch, Fieber möglich; Heiserkeit
Verschlimmerung: nachts, durch Fressen, Trinken
➤ Potenz, Dosierung: D4, D6, 3 x 1 Dosis (→ Seite 55)

Ipecacuanha (*Uragoga ipecacuanha*, Brechwurzel)
Symptome: Die Erkrankung beginnt mit anfallartigem Würgen, was sich später zu einem krampfhaften Husten entwickelt; der Husten kann zum Erbrechen führen; schleimiges Sekret, Heiserkeit möglich

Besserung: im Freien
➤ Potenz, Dosierung: C30, 1 x 1 Dosis (→ Seite 55)
Causticum Hahnemanni (Ätzstoff Hahnemanns)
Symptome: trockener, krampfartiger Husten, trockene Schleimhäute; Husten bzw. trockene Schleimhäute bestehen schon einige Tage
Verschlimmerung: durch trockene Luft, Nässe, nachts zwischen 3 und 5 Uhr
Besserung: durch feuchte Luft, Trinken von Kaltem
➤ Potenz, Dosierung: D6, 2 x 1 Dosis (→ Seite 55)
Rumex (*Rumex crispus*, Krauser Ampfer)
Symptome: schon einige Tage bestehender Husten, der trocken und sehr leicht auslösbar ist
Verschlimmerung: an kalter Luft, durch Hinlegen, nachts, durch Anstrengung
Besserung: bei Wärme
➤ Potenz, Dosierung: D3, D4, 3 x 1 Dosis (→ Seite 55)
Spongia (*Euspongia officinalis*, Badeschwamm)
Symptome: trockener Husten, der eher schon chronisch ist; die Katze zieht beim Einatmen auffällig nach Luft, sie scheint schwer Luft zu bekommen
Verschlimmerung: bei Bewegung, nach dem Schlafen, bei Erregung, bei Berührung des Kehlkopfs
Besserung: durch Fressen und Trinken
➤ **Wichtig:** Da bei den genannten Symptomen die Schilddrüse beteiligt sein kann, sollten Sie deren Funktion überprüfen lassen; ein weiterer Hinweis darauf ist, dass die Katze abmagert, viel frisst und trinkt.
➤ Potenz, Dosierung: D6, 3 x 1 Dosis (→ Seite 55)
Sticta pulmonaria (Lungenmoos, Lungenflechte)
Symptome: trockener, bellender Reizhusten, der chronisch ist; trockene Schleimhäute
Verschlimmerung: nachts, durch kalte Luft, durch Hinlegen
➤ **Tipp:** Das Mittel hilft oft bei chronischer Bronchitis älterer Tiere.
➤ Potenz, Dosierung: D4, 3 x 1 Dosis (→ Seite 55)
Grindelia (*Grindelia robusta*, Grindelie)
Symptome: chronische Bronchtits
→ Katzenasthma, Seite 128

Herz- und Kreislaufbeschwerden

Am häufigsten kommen bei der Katze Veränderungen am Herzmuskel und an den Herzklappen vor. Oft sind die Symptome auch Folge anderer Erkrankungen. Vorbeugend und um die Therapie zu unterstützen, sollten übergewichtige Katzen grundsätzlich abnehmen. Stellen Sie die Katze in jedem Fall Ihrem Tierarzt zur genauen Abklärung der Herz-Kreislauf-Erkrankung vor. Sprechen Sie auch die homöopathische Behandlung mit ihm ab, denn alle im Folgenden genannten Mittel können unerwünschte Nebenwirkungen hervorrufen.

Herz-Kreislauf-Versagen

Allgemeine Symptome: Atemnot, Husten, Schwäche; Lahmheit; die ganze Katze ist kalt; veränderter Herzschlag und Puls (schneller oder langsamer, unregelmäßiger als sonst)

Wann zum Tierarzt? Suchen Sie sofort den Tierarzt auf, denn es handelt sich um lebensbedrohliche Zustände.

▶ **Homöopathische Behandlung:** Die folgenden Homöopathika kommen zur Erstversorgung infrage.

Veratrum album (Weiße Nieswurz)
Ursachen: Flüssigkeitsverlust durch Durchfall; Herz-Kreislauf-Probleme
Symptome: blasse oder blassblaue Schleimhäute; schwacher, schneller Puls und Herzschlag; kalter Körper, Untertemperatur (→ Glossar, Seite 245)
Verschlimmerung: bei Wetterwechsel, Hitze
Besserung: durch Wärme, Ruhe
▶ Potenz, Dosierung: D4, 3 x 1 Dosis; C30, 1 x 1 Dosis (→ Seite 55)

Carbo vegetabilis (Holzkohle)
Ursachen: Erkrankung, die schon einige Tage besteht, vor allem Durchfall
Symptome: blass-bläuliche Schleimhäute, kalter Körper, große Schwäche
Verschlimmerung: durch Wärme nach Zudecken, abends, nachts

Besserung: an frischer Luft
➤ Potenz, Dosierung: D8, alle 2 Stunden bis zur Besserung, dann 3 x 1 Dosis; C30, 1 x 1 Dosis (→ Seite 55)
Arnica (*Arnica montana*)
Ursachen: Folge von Unfall, Schock, Erschrecken, Verletzung, Blutverlust
Symptome: Schmerzhaftigkeit, starke Berührungsempfindlichkeit, Schwäche, blasse Schleimhäute, Bewusstlosigkeit
Verschlimmerung: durch Bewegung, Berührung
➤ **Wichtig:** Arnica ist ein Herzmittel für alte Tiere, die erschöpft und überanstrengt erscheinen.
→ auch Schock (→ Seite 133)
➤ Potenz, Dosierung: C30, 1 x 1 Dosis (→ Seite 55)

Herzerkrankungen

Ursachen: Alter der Katze, Infektionen, Folge anderer Erkrankungen, erblich, angeboren
Allgemeine Symptome: Müdigkeit, Atembeschwerden, Husten, blasse Schleimhäute, Kälte, veränderter Herzschlag und Puls
Wann zum Tierarzt? Immer; er hört die Herzgeräusche ab, veranlasst ein EKG, eine Ultraschall- bzw. Röntgenuntersuchung.
Begleitbehandlung: möglicherweise Mittel zur Entwässerung, Infusionen, Herzmedikamente oder Medikamente zur Blutdrucksenkung; alle Mittel nur nach Anweisung des Tierarztes
➤ **Homöopathische Behandlung:**
Crataegus (Weißdorn)
Dies ist das »Pflegemittel des Herzens«. Es beeinflusst die Durchblutung des Herzmuskels.
Ursachen: Alter, Infektionen mit Viren, Bakterien
Symptome: Müdigkeit; beim Abhören durch den Tierarzt (Auskultation) evtl. Herzklappengeräusche, das Herz ist vergrößert
Verschlimmerung: nachts, bei Anstrengung, durch Hitze
➤ Potenz, Dosierung: D2, 1- bis 3-x 1 Dosis (→ Seite 55); Dauertherapie, solange das Mittel wirkt; aber ab-

HERZ- UND KREISLAUFBESCHWERDEN

setzen, wenn schulmedizinische Medikamente eingesetzt werden müssen

Durchblutungsstörung (FATE)

Bei der Katze gibt es im Zusammenhang mit chronischen Herzerkrankungen eine Komplikation, die FATE (feline arterielle Thromboembolie).
Ursachen: Meist entwickelt sich im Bereich der Vorder- oder Hinterbeine ein Thrombus (Blutgerinnsel).
Allgemeine Symptome: Im

> *Bedenken Sie: Auch junge Katzen können angeborene Herzveränderungen, z. B. Erkrankungen des Herzmuskels, haben.*

schlimmsten Fall lahmt die Katze, der betroffene Fuß fühlt sich kalt an, es ist kein Puls an der Beinarterie fühlbar. Die meisten betroffenen Katzen sind ca. 7 Jahre alt und häufig männlich. Oft haben diese Katzen schon vorher kurz gelahmt. Bei Untersuchungen waren bereits ein schwächerer Puls oder kühlere Füße aufgefallen.
Wann zum Tierarzt? Sollten Sie diese Symptome bemerken, müssen Sie die Katze unbedingt zur tierärztlichen Untersuchung bringen.
▶ **Homöopathische Behandlung:** Unterstützend können Sie in Absprache mit dem Tierarzt Crataegus für das Herz (D2, 2- bis 3-x 1 Dosis, → Seite 55) und Arnica gegen den Thrombus (C30, 1 x 1 Dosis, → Seite 55) anwenden. Außerdem unterstützen folgende Mittel:
Aesculus (*Aesculus hippocastanum,* Rosskastanie)
Symptome: schwächere Durchblutung der Hinterbeine; Puls am betroffenen Bein schwächer als am anderen
▶ Potenz, Dosierung: D3, 3 x 1 Dosis (→ Seite 55)
Ginkgo (*Ginkgo biloba*, Ginkgobaum)
Symptome: Durchblutungsstörungen; das Mittel fördert die allgemeine Durchblutung und entlastet das Herz.
▶ Potenz, Dosierung: D2, 3 x 1 Dosis (→ Seite 55)

Erkrankungen der Verdauungsorgane

Im Bereich der Verdauungsorgane können folgende Organe oder Gewebe erkranken: Magen, Dünn- und Dickdarm, Leber und Bauchspeicheldrüse.

Ursachen von Erkrankungen dieser Organe:
- Infektionen (Viren, Bakterien, selten Pilze)
- Parasiten (Würmer, Giardien, Toxoplasmen, Kokzidien, → Glossar, Seite 243)
- falsches oder zu viel Futter, verdorbenes Futter
- Vergiftungen
- Haarballen, Fremdkörper
- andere Erkrankungen, z.B. Nierenerkrankung
- Tumoren
- Stress und Aufregung
- altersbedingte Funktionsrückgänge
- Allergien und Autoimmunerkrankungen
- andere Unverträglichkeiten

Symptome: Erbrechen, Durchfall, Verweigern von Fressen oder/und Trinken, Bauchgeräusche, Blähungen, vermehrtes Fressen von Katzengras oder anderen Pflanzen, Müdigkeit, großer Durst, kein Kotabsatz bei Verstopfung oder Darmverschluss, Schmerzhaftigkeit im Bauchbereich, aufgekrümmter Gang

- **Hinweis:** Durch länger dauerndes Erbrechen oder/und Durchfall kommt es zu Flüssigkeits- und Elektrolytverlust. Deshalb sollten Sie bei den genannten Erkrankungssymptomen Ihren Tierarzt aufsuchen, wenn diese länger als ein bis zwei Tage andauern.

Begleitbehandlung: Für alle Magen-Darm-Erkrankungen, die mit Erbrechen und Durchfall einhergehen, sollte die Katze unterstützend eine Diät bekommen.

- **Basisdiätanweisung:** Lassen Sie das normale Futter sofort weg. Erbricht Ihre Katze nur Futter, sollten Sie als Erstmaßnahme mit einem Tag Futterentzug beginnen. Am folgenden Tag geben Sie maximal ein Drittel der normalen Futtermenge als Diätfutter (→ rechts) in vier bis sechs Portionen über den Tag verteilt. Am 2. Tag bekommt die Katze zwei Drittel, am 3. Tag die volle Menge des Diätfutters, immer in vier bis sechs Portionen über den Tag verteilt.

Wenn eine Besserung eingetreten ist, die Katze also nicht mehr erbricht und der Kot wieder die übliche Beschaffenheit hat, dann geben Sie am 4. Tag ein Drittel des normalen Futters, zwei Drittel des Diätfutters, am 5. Tag zwei Drittel des normalen Futters, ein Drittel des Diätfutters, am 6. Tag nur noch normales Futter. Bis zum 5. Tag bekommt die Katze das Futter in vier bis sechs Portionen über den Tag verteilt, ab dem 5. Tag reduzieren Sie allmählich die Häufigkeit der Futtergabe.

➤ **Wichtig:** Erbricht Ihre Katze neben Futter auch Wasser, dann geben Sie ihr auch kein Wasser mehr. Sie sollten dann in jedem Fall Ihren Tierarzt aufsuchen.

➤ **Standarddiät:** Es sollte sich um ein leicht verdauliches Futter mit wenig Fett und leicht verdaulichem, hochwertigem Eiweiß handeln (→ unten). Für Katzen, die nur Trockenfutter gewohnt sind, ist eine Fertigdiät vom Tierarzt am besten geeignet. Die zusätzliche Umstellung auf Feuchtfutter, die der Magen-Darm-Trakt nicht gewöhnt ist, kann die Heilung behindern.

Ist Ihre Katze Feuchtfutter gewöhnt, kann sie ebenfalls vom Tierarzt ein Fertigfutter bekommen. Sie können jedoch auch alternativ selbst kochen:

Kochen Sie mageres Geflügel, vorzugsweise Hühnchen, gut gar. Kochen Sie Reis in Salzwasser sehr weich bis matschig (mindestens 20 Minuten). Schneiden Sie das Geflügel in ganz kleine Stücke oder pürieren Sie es. Mischen Sie Reis und Geflügel im Verhältnis 1:1 oder 1:2. Wenn Ihre Katze dies so nicht frisst, ergänzen Sie 1 bis 2 TL Magerjoghurt natur oder Hüttenkäse. Diese Diät eignet sich jedoch nur bei einfachem Erbrechen oder Durchfall. Im Einzelfall richten Sie sich nach den Anweisungen Ihres Tierarztes.

Diätfutter, das im Zoofachhandel als Schonkost oder Diät verkauft wird, ist für die akute Erstbehandlung nicht geeignet, evtl. jedoch zur Nachbehandlung; fragen Sie dazu Ihren Tierarzt.

Weiterhin sollte Ihre Katze während der Behandlung im Haus bleiben, um sicherzugehen, dass sie ihre Medikamente und nur ihre Diät frisst. Sie können so auch ihre Verdauung besser überwachen. Selbst Katzen, die üblicherweise nur draußen auf die Toilette gehen, werden im Krankheitsfall die Katzentoilette aufsuchen, wenn sie wissen, wo sich diese befindet. Wenn Sie keine Katzenstreu haben, können Sie stattdessen auch Sand oder Erde nehmen, um der Katze die Umgewöhnung von draußen nach drinnen zu erleichtern.

Es ist wichtig, die Diät ausreichend lange durchzuführen. Die erkrankten Schleimhäute brauchen mindestens drei Tage, um sich zu regenerieren. Auch die Darmflora muss sich erst wieder aufbauen. Wenn Sie zu früh wieder normales Futter geben, riskieren Sie einen Rückfall oder das Entstehen einer Futtermittel-Unverträglichkeit. Unterstützend gibt es bei Ihrem Tierarzt Futterzusätze, um die Darmflora wieder aufzubauen oder die im Darm entstehenden Toxine (→ Seite 245) zu binden.

➤ **Tipp:** Da Katzen mit ihrem Futter sehr pingelig sein können, versuchen Sie, Ihrer Katze schon von klein auf verschiedene Futtersorten anzubieten. Geben Sie ihr immer erst kleine Mengen eines neuen Futters, da Sie sonst einen Umstellungsdurchfall provozieren können. Sie können ihr dabei auch ohne Probleme ab und zu einmal etwas Reis, Hühnchen, gekochte Leber, gekochtes Ei, gekochtes mageres Rindfleisch oder Magerjoghurt anbieten, die Bestandteil einer Magen-Darm-Diät oder anderer Diäten sind. Dadurch gewöhnen Sie die Katze daran für den Fall, dass sie die Diät einmal braucht.

INFO

Physiologische Normaldaten der Katze
➤ **Körperinnentemperatur:** 38 bis 39 °C (im After gemessen)
➤ **Puls:** 110 bis 130 Schläge pro Minute (zur Bestimmung der Pulsfrequenz die Hand auf das Herz – auf der linken Brustseite, etwas hinter dem Ellbogen – legen)
➤ **Atemfrequenz:** 20 bis 40 Atemzüge pro Minute (1 Atemzug entspricht einmal ein- und ausatmen)

Erbrechen, Durchfall

➤ **Homöopathische Behandlung:**
Nux vomica (*Strychnos nux-vomica*, Brechnuss)
Nux vomica ist neben Ipecacuanha die am häufigsten gebrauchte Arznei für den Magen-Darm-Trakt.
Ursachen: Fressen von verdorbenem oder falschem Futter, Vergiftungen, Unverträglichkeit von Medikamenten wie Antibiotika oder Wurmmitteln, akute oder chronische bakterielle oder virale Infektionen, Unverträglichkeit von Fett
Symptome: Erbrechen, Durchfall, Blähungen, Bauchgluckern; typisch ist ein harter und gespannter Bauch, der beim Anfassen schmerzhaft ist. Wenn die Katze läuft, macht sie einen Buckel.
Verschlimmerung: morgens, nach Aufregung, bei Berührung, Geräuschen
➤ Potenz, Dosierung: D6, 3 x 1 Dosis (→ Seite 55)
Ipecacuanha (*Uragoga ipecacuanha*, Brechwurzel)
Ursachen: bakterielle oder virale Infektion, Haarballen (→ unten)
Symptome: Erbrechen, evtl. mit streifigen Blutspuren; Schwäche
➤ Potenz, Dosierung: C30, 1 x 1 Dosis (→ Seite 55)
➤ **Wichtig:** Haarballen (Bezoare) bestehen aus Haaren, die die Katze beim Putzen abgeschluckt hat. Besonders bei langhaarigen Katzen sowie im Frühjahr und im Herbst beim Haarwechsel ist die Gefahr groß, dass zu viele Haare abgeschluckt werden, die dann die Magenschleimhaut stärker reizen und zu einer Entzündung und zur Bildung von Haarballen führen. Üblicherweise werden die Haare nämlich mit dem Kot ausgeschieden oder kurz erbrochen.
Um die Ausscheidung der Haare und Haarballen zu unterstützen, gibt es im Handel Malzpasten. Sie sollten Ihrer Katze auch Katzengras anbieten, bevor sie unbekömmliche andere Grünpflanzen frisst. Da auch die frei laufende Katze nicht immer passendes Gras findet, sollten Sie ihr ebenfalls bei Bedarf Katzengras oder Malzpaste anbieten.

Behandlung mit Homöopathie

Mercurius solubilis Hahnemanni (Quecksilber nach Hahnemann)
Symptome: evtl. Erbrechen; starker, wund machender Durchfall, Blutbeimengungen möglich; hochroter und entzündeter After, die Katze leckt daran, versucht oft noch, Kot abzusetzen, ohne dass etwas kommt
Besserung: durch kühles Futter
➤ Potenz, Dosierung: D8, 2 x 1 Dosis (→ Seite 55)

Arsenicum album (Acidum arsenicosum, Arsenige Säure, weißes Arsenik)
Ursache: verdorbenes Futter, Vergiftung, Virusinfekt
Symptome: Durchfall nach Aas riechend, wird häufig in kleinen Mengen abgesetzt, eher dunkel, manchmal blutig; Katze trinkt viel in kleinen Mengen und erbricht das Getrunkene wieder; ist ängstlich und unruhig, erschöpft
Verschlimmerung: nachts
Besserung: durch Wärme
➤ Potenz, Dosierung: D6, 2 x 1 Dosis (→ Seite 55)

Podophyllum (*Podophyllum peltatum*, Maiapfel)
Ursachen: Virusinfekt, verdorbenes Futter
Symptome: gelblich-grünlicher, stinkender Durchfall, der aus dem After im Strahl herausschießt, mit Blähungen; Kotabsatz unvermittelt im Stehen
Verschlimmerung: durch Fressen, Hitze, Bewegung
Besserung: durch lokale Wärme (Wärmflasche oder Körnerkissen, durch Zudecken), abends, durch leichtes Zusammenkrümmen, auf dem Bauch liegen
➤ Potenz, Dosierung: D6, 3 x 1 Dosis (→ Seite 55)

Chelidonium (*Chelidonium majus*, Schöllkraut)
Symptome: Blähungen, gelblicher bis orangefarbener, wässriger Kot, Bauch schmerzhaft; Rücken aufgekrümmt
Verschlimmerung: durch Bewegung, frühmorgens, durch Berührung, an frischer Luft, Wetterwechsel
Besserung: nach dem Fressen, durch Wärme
➤ **Besonderheit:** Das Mittel reguliert die Gallesekretion.
➤ Potenz, Dosierung: D4, D6, 3 x 1 Dosis (→ Seite 55)

Carbo vegetabilis (Holzkohle)
Ursachen: Infektion; Erkrankung (vor allem Durchfall), die schon einige Tage besteht

ERKRANKUNGEN DER VERDAUUNGSORGANE

Symptome: übel riechende, wässrig-blutige, wund machende Durchfälle mit Blähungen, Durchfall läuft passiv aus dem After; blassbläuliche, kalte Schleimhäute; große Schwäche
Verschlimmerung: durch Wärme nach Zudecken, abends, nachts
Besserung: an frischer Luft
➤ Potenz, Dosierung: D8, alle 2 Stunden bis zur Besserung, dann 3 x 1 Dosis; C30, 1 x 1 Dosis (→ Seite 55)

Bei Bauchproblemen ist die Katze dort empfindlich. Auch ein Körnerkissen o. Ä. auf dem Rücken lindert den Schmerz.

Veratrum album (Weiße Nieswurz)
Ursachen: Virusinfekt
Symptome: wässriger, schleimig-blutiger Durchfall, der schubweise kommt; blasse oder blassblaue Schleimhäute; schwacher, schneller Puls und Herzschlag; kalter Körper; Untertemperatur (→ Glossar, Seite 245)
Verschlimmerung: durch Wetterwechsel, Hitze
Besserung: durch Wärme, Ruhe
➤ Potenz, Dosierung: D4, 3 x 1 Dosis; C30, 1 x 1 Dosis (→ Seite 55)

China (*Cinchona succirubra*, Chinarindenbaum)
Ursachen: schwächende Infektionen (Durchfall heilt trotz gut gewählter Mittel nicht ab), hartnäckiger Parasitenbefall
Symptome: Schwäche nach hartnäckigem Durchfall, immer wiederkehrender Durchfall mit Blähungen; Tiere magern ab
Verschlimmerung: nachts, nach dem Fressen, durch leichte Berührung
Besserung: durch Wärme, starken Druck
➤ **Besonderheit:** Das Mittel ist angesagt, wenn der Durchfall – meistens in regelmäßigen Abständen – wiederkommt (häufig alle zwei Tage).
➤ Potenz, Dosierung: D4, D6, 3 x 1 Dosis (→ Seite 55)

Magnesium phosphoricum (Magnesiumhydrogenphosphat)
Ursachen: Unverträglichkeit von Milch, Fleisch, zu viel Eiweiß
Symptome: sauer riechender, immer wiederkehrender, grünlich-gelblicher, schaumiger Durchfall; Katze ist unruhig, hat Heißhunger
Unterstützende Maßnahmen: Futterzusammensetzung ändern (Fleisch und Eiweiß reduzieren und/oder ändern), Milch weglassen
➤ Potenz, Dosierung: D8, 2- bis 3-x 1 Dosis (→ Seite 55)

Erbrechen und Durchfall als Folgen eines Wurmbefalls

Einen Wurmbefall kann man mit Ausnahme der großen Bandwürmer nur über die Untersuchung einer Kotprobe feststellen. Im Katzenkot sind die mikroskopisch kleinen Eier der Spul- und Hakenwürmer nachweisbar. Katzen nehmen die infektiösen Eier, Wurmlarven oder Zwischenwirte über infizierte Mäuse, Kot etc. auf. Damit beginnt der Entwicklungskreislauf. Von Spul- und Hakenwürmern sind Kätzchen am häufigsten betroffen. Sie infizieren sich mit den Larven über die Muttermilch. Diese befinden sich als sogenannte ruhende Larven im Gesäuge und werden durch das Saugen aktiviert. Auch wir Menschen können mit Spulwurmeiern, die an unseren Schuhsohlen haften, Würmer auf Tiere übertragen, die selbst gar nicht nach draußen gehen. Die Katzen nehmen z. B. die abgefallenen Eier aus dem Teppich

Fleißige Mäusefänger sind besonders gefährdet, sich mit Würmern zu infizieren. Entwurmen Sie Ihre Katze regelmäßig.

ERKRANKUNGEN DER VERDAUUNGSORGANE

auf, wenn sie sich darauf wälzen und sich anschließend das Fell putzen.

Um sich zu ernähren, entzieht der Parasit seinem Wirt wichtige Vitamine, Mineralstoffe und Eiweiße. In vielen Fällen führt dies auch zu äußerlich sichtbaren Veränderungen wie stumpfem Fell, Abmagerung, Entwicklungsverzögerung, Vorfall des dritten Augenlides (Nickhaut), Mandelentzündung, Krankheitsanfälligkeit oder sogar zu Durchfall und Erbrechen. Bei sehr starkem Befall können die infizierten Tiere die Würmer auch erbrechen. Da die Folgekrankheiten oft bleibende Schäden hinterlassen (z. B. in der Leber oder Lunge), kann ein Befall mit Würmern die Lebenserwartung eines Tieres oft ganz erheblich verringern.

► **Achtung:** Beim Schmusen mit der Katze kann ein Wurmei auf die Hand und dann versehentlich beim Abwischen des Mundes mit dieser Hand über den Mund in den Menschendarm gelangen. Erkrankungen wie Fieber, Leber- und Lungenentzündungen, Sehstörungen, Ekzeme, epileptische Anfälle, Gehirn- und Rückenmarksschädigungen können die Folge sein.

Wurmkur: Mit einer Wurmkur können Sie einem Befall nicht vorbeugen, sondern immer nur erwachsene Würmer und bestimmte Larvenstadien abtöten. Gegen Würmer kann man nicht impfen, und es gibt keine homöopathische Behandlung gegen sie! Mit Homöopathika lassen sich allerdings sehr gut die Folgen eines Wurmbefalls wie Durchfall behandeln. Auch können Sie damit die Abwehr stärken, um den Neubefall zu verringern oder zu verhindern. Da sich ein Tier täglich mit neuen Wurmeiern anstecken kann, sofern es eine Ansteckungsquelle in seiner Umgebung gibt, ist das Hauptziel von Entwurmungen, den Befall in erträglichen Grenzen zu halten und keine Katzen heranwachsen zu lassen, die neue Ausscheider von infektiösen Wurmeiern sind.

Was im Kot mit bloßem Auge erkennbar ist, sind Teile von Bandwürmern. Diese werden durch den Verzehr besonders von Flöhen, aber auch von infizierten Mäusen und Vögeln sowie rohem Fleisch übertragen. Von Bandwürmern sind eher erwachsene Katzen befallen.

Behandlung mit Homöopathie

DIE HÄUFIGSTEN DURCHFALLMITTEL

MITTEL	BLUTIG	BLÄHUNG/ KOLIK	WÄSSRIG	GERUCH VERÄNDERT
Arsenicum album	✔		✔	✔
Mercurius solubilis	✔	✔	✔	
Veratrum album	✔		✔	
Carbo vegetabilis	✔	✔	✔	✔
Magnesium phosphoricum		✔	✔	✔
Calcium carbonicum				✔
China		✔		
Abrotanum		✔		
Nux vomica		✔	✔	
Chelidonium		✔	✔	
Podophyllum		✔	✔	
Cina		✔		

Von Flöhen übertragene Bandwürmer sind für den Menschen nur in Ausnahmefällen problematisch. Dagegen ist der sogenannte Fuchsbandwurm für Menschen extrem gefährlich. Er wird hauptsächlich durch den Verzehr von ungewaschenen Wildbeeren übertragen. Katzen können sich anstecken, wenn sie im Wald oder bei sonstigen Beutetouren Mäuse oder Beeren fressen. Solche »Mäusesammler und -fresser« sowie alle Katzen, die von Flöhen befallen sind, benötigen also Bandwurmkuren bzw. kombinierte Wurmkuren (Tierarzt).

Wann zum Tierarzt? Von Ihrem Tierarzt bekommen Sie die nötigen Wurmkuren. Jungtiere sollten Sie ab der 4. bis zur 14. Lebenswoche alle zwei Wochen entwurmen, danach alle drei Monate – insbesondere Katzen, die Freilauf haben.

▶ **Homöopathische Behandlung:** Die homöopathischen Arzneien unterstützen die Heilung der gestörten Schleimhäute. Sie können aber nicht die Entwurmung mit Wurmkuren ersetzen.

Calcium carbonicum Hahnemanni (Austernschalenkalk)
Ursachen: Wurmbefall, Probleme mit der Muttermilch (die Kätzchen vertragen die Muttermilch nicht)
Symptome: Kot wie geronnene Milch, gelblich, säuerlich riechend; dicker Bauch
▶ **Besonderheit:** Betroffen sind eher kräftige Jungkatzen, oft in den ersten Lebenstagen und -wochen.
▶ Potenz, Dosierung: D12, 1 x 1 Dosis (→ Seite 55)

Cina (*Artemisia cina*, Zitwersamen)
Ursachen: Wurmbefall
Symptome: Darm heilt nach Wurmbefall nicht ab, immer wieder Blähungen, Durchfall und Würmer; die Katze ist unruhig; Jungtiere wachsen schlecht
▶ Potenz, Dosierung: D4, 3 x 1 Dosis (→ Seite 55)

Abrotanum (*Artemisia abrotanum*, Eberraute)
Ursachen: Wurmbefall
Symptome: Wechsel von Durchfall und Verstopfung, Blähungen, dicker Bauch; trotz gutem Appetit ist die Katze abgemagert.
▶ Potenz, Dosierung: D2, D4, 3 x 1 Dosis (→ Seite 55)

Erbrechen und Durchfall als Folge von Stress und Aufregung

Folgende homöopathischen Mittel kommen infrage:
Nux vomica (→ Seite 181)
Phosphorus (→ Seite 183)
Argentum nitricum (→ Seite 165)
Silicea (→ Seite 185)
Chamomilla (→ Seite 173)
Unter den genannten Seitenzahlen finden Sie die Beschreibung des entsprechenden Arzneimittelbildes.

Unverträglichkeit von Muttermilch

Folgende homöopathischen Mittel kommen infrage:
Calcium carbonicum Hahnemanni (→ Seite 169)
Calcium phosphoricum (→ Seite 171)
Unter den genannten Seitenzahlen finden Sie die Beschreibung des entsprechenden Arzneimittelbildes.

Koliken im Bauchbereich

➤ **Homöopathische Behandlung:**
Chamomilla (*Matricaria chamomilla*, Echte Kamille)
Ursachen: Ärger, Aufregung
Symptome: Kolik mit übertrieben scheinenden Schmerzäußerungen; die Katze ist reizbar, schreit, lässt sich nicht untersuchen.
Verschlimmerung: durch Berührung, nachts
Besserung: durch Umhertragen

> **INFO**
>
> **Abführmittel**
> Zusätzlich zu den unter »Verstopfung« (→ Seite 89) genannten Homöopathika können Sie Ihrer Katze als leichte Abführmittel geben:
> ➤ Milch oder süße Sahne zum Trinken
> ➤ Sie mischen bis zu 1 TL Speiseöl mit etwas Futter. Dauer der Anwendung: bis die Verstopfung beseitigt ist.
> Achtung: Wenn Durchfall auftritt, sofort absetzen!

ERKRANKUNGEN DER VERDAUUNGSORGANE

➤ Potenz, Dosierung: D3, alle 30 Minuten bis 2 Stunden bis zur Besserung 1 Dosis; C30, 1 x 1 Dosis (→ Seite 55)

Colocynthis (*Citrullus colocynthis*, Koloquinte)
Symptome: Kolik anfallweise, starke Schmerzen, Blähungen; aufgekrümmter Rücken, harter Bauch
Verschlimmerung: durch Bewegung, Fressen, nachts
Besserung: durch Wärme, Ruhe, nach Abgang von Luft und Kot
➤ **Besonderheit:** Das Mittel hilft auch bei Koliken durch Gallen-, Nieren- und Blasensteine.
➤ Potenz, Dosierung: D4, 3 x 1 Dosis (→ Seite 55)

Verstopfung, Darmlähmung

Verstopfung tritt überwiegend bei älteren Katzen auf.
Ursachen für Verstopfung: Trockenfutter, kombiniert mit zu wenig trinken; viele Haare im Darm; Folge von alten Unfällen wie Beckenbruch; Stress, z. B. Umzug, Besitzerwechsel; zu wenig Bewegung; Verspannungen als Folge von orthopädischen Problemen wie Arthrose der Wirbelsäule; ein Fremdkörper oder Tumor, der den Darm verlegt
Ursachen für echte Darmlähmungen: häufig Folge von Unfällen mit Verletzungen im Rückenmark
Wann zum Tierarzt? Wegen der vielfältigen Ursachen sollten Sie spätestens dann den Tierarzt aufsuchen, wenn Ihre Katze zwei Tage keinen Kotabsatz hatte. Wenn Sie merken, dass Ihre Katze zunehmend Probleme mit dem Kotabsatz hat, sollten Sie ebenfalls den Tierarzt aufsuchen, um die Ursache der Probleme abklären zu lassen und die Entwicklung eines Megacolons (stark erweiterter Darm, der den Kot nicht mehr weitertransportieren kann) zu verhindern.
➤ **Homöopathische Behandlung:**
Plumbum aceticum (Bleiacetat)
Symptome: hartnäckige Verstopfung, Kot in kleinen, harten Ballen
Besserung: durch Bewegung
➤ Potenz, Dosierung: D8, 2 x 1 Dosis (→ Seite 55)

Behandlung mit Homöopathie

Nux vomica (*Strychnos nux-vomica*, Brechnuss)
Ursachen: falsches Futter, Bewegungsmangel, Verspannungen, Erkrankung des Rückenmarks
Symptome: Blähungen, harter, schmerzhafter Bauch; die Katze versucht ständig, Kot abzusetzen
Verschlimmerung: durch Berührung
➤ **Wichtig:** Geben Sie das Mittel nicht, wenn gar kein Kotabsatz mehr erfolgt!
➤ Potenz, Dosierung: D6, alle 2 Stunden bis zur Besserung 1 Dosis (→ Seite 55)

Erkrankungen von Leber und Gallenblase

Funktion der Leber im Organismus: Bildung von lebenswichtigen Eiweißstoffen, Ort vieler Stoffwechselprozesse, Gallebildung, Entgiftung
Funktion der Galle: Unterstützung der Fettverdauung, Ausscheidung von nicht wasserlöslichen Abbaustoffen
Funktion der Gallenblase: Speicherung der Galle
Ursachen von Lebererkrankungen: Infektionen (Bakterien, Viren), Hungerzustände, Tumoren, Vergiftungen, Folge von Erkrankungen anderer Organe; falsche Ernährung, Fettleibigkeit; Traumen wie Schlag, Stoß oder Unfall; Störungen im Immunsystem wie FIV; altersbedingter Funktionsabbau und erbliche Krankheiten
Allgemeine Symptome: mangelnder oder wechselnder Appetit, Erbrechen, Kot heller als normal; Müdigkeit; stumpfes, schuppiges Haarkleid; Schmerzhaftigkeit bei Berührung im hinteren rechten Brustkorbbereich; epileptische Anfälle; leichte Verhaltensstörungen; Blutgerinnungsstörungen; Ikterus (→ Glossar, Seite 242)

Freigängerkatzen können sich leicht vergiften und unbekömmliche Dinge fressen. Achten Sie insbesondere auf Rattengift.

ERKRANKUNGEN DER VERDAUUNGSORGANE

Wann zum Tierarzt? Die Diagnose von Lebererkrankungen kann nur durch den Tierarzt erfolgen. Es ist in jedem Fall eine Blutuntersuchung nötig, eventuell auch Folgeuntersuchungen wie Ultraschall. Auch kann nur er die Schwere der Erkrankung abschätzen. In den meisten Fällen ist eine unterstützende Diät unerlässlich.

➤ **Wichtig:** Eine besondere Lebererkrankung der Katze ist die sogenannte Hepatische Lipidose (Fettlebersyndrom). Der genaue Ablauf der Erkrankung ist noch unbekannt. Man weiß jedoch, dass Hungerzustände der Katze, die länger als drei Tage dauern, dazu führen. Selbst mit Behandlung sterben noch etwa 40 Prozent der erkrankten Katzen, ohne Behandlung 90 Prozent. Daher sollten Sie, wenn Ihre Katze nicht frisst, spätestens am dritten Tag unbedingt zum Tierarzt gehen.

➤ **Homöopathische Behandlung:** Da sich die Blutwerte oft erst Wochen später nach Beginn der homöopathischen Behandlung bessern, sollten Sie sich bei der Beurteilung Ihrer Katze an deren Allgemeinbefinden orientieren. Es sollte sich während der Behandlung bessern.

Carduus marianus (*Silybum marianum,* Mariendistel)
Symptome: Katze ist matt, lustlos, schläft viel, hat wenig Appetit; Erbrechen, manchmal gelblicher Durchfall, Blähungen; Unverträglichkeit von Fleisch; Berührungsempfindlichkeit am linken Oberbauch; dunkelgelber bis brauner Urin; Gelbsucht möglich
Verschlimmerung: durch Fressen

➤ **Besonderheit:** Häufig haben diese Katzen auch Bauchwassersucht (Aszites, → Glossar, Seite 240).

➤ **Potenz, Dosierung:** D2, D4, 3 x 1 Dosis, solange das Mittel wirkt (→ Seite 55); evtl. Dauertherapie (→ Seite 36)

Chelidonium (*Chelidonium majus,* Schöllkraut)
Symptome: Blähungen, gelblicher bis orangefarbener, wässriger Kot, schmerzhafter Bauch; der Rücken ist aufgekrümmt; die Katze ist einerseits unruhig und gereizt, andererseits schläfrig nach dem Aufwachen und nach dem Fressen; Durchfall kann abwechseln mit festem, gelbem Kot; der Urin ist wie dunkles Bier gefärbt; Gelbsucht möglich

Verschlimmerung: frühmorgens, durch Bewegung, Wetterwechsel, Berührung, an frischer Luft
Besserung: nach dem Fressen von warmem Futter und Wasser, durch Ruhe, Wärme
➤ **Besonderheit:** Das Mittel reguliert die Gallensekretion; bei Gelbsucht einsetzen.
➤ Potenz, Dosierung: D4, D6, 3 x 1 Dosis (→ Seite 55)

Flor de piedra (*Lophophytum leandri*, Steinblüte)
Ursachen: Vergiftung, bakterielle oder virale Infektion, Arzneimittelbelastung
Symptome: Verlangsamung aller Lebensvorgänge; die Katze ist müde, hat keinen Appetit, ist aber auch unruhig; der Kot kann wechselnd dünn und hellgelb bis fest und dunkel sein, er wird in kleinen Portionen abgesetzt; großer Durst; Tiere trinken in großen Schlucken
➤ Potenz, Dosierung: D3, D4, 3 x 1 Dosis (→ Seite 55), solange das Mittel wirkt; evtl. Dauertherapie

Solidago (*Solidago virgaurea*, Goldrute)
Es wird eingesetzt, wenn Leber und Niere betroffen sind und kein anderes Mittel oder kein Konstitutionsmittel passt. Es dient auch als Zwischenmittel, wenn sich die Symptome ändern oder neue Symptome auftreten.
➤ Potenz, Dosierung: D2, 3 x 1 Dosis, so lange das Mittel wirkt (→ Seite 55); evtl. Dauertherapie (→ Seite 36)

Lycopodium (*Lycopodium clavatum*, Bärlapp)
Symptome: Katze ist müde, launisch, lustlos; gelblich brauner Kot, dunkler Urin; Katze ist sehr wählerisch beim Fressen; manchmal Gallensteine
Verschlimmerung: durch Nässe, Kälte, Stress, morgens, zwischen 16 und 20 Uhr
Besserung: durch Bewegung, warmes Futter
➤ Potenz, Dosierung: D6, 3 x 1 Dosis; C30, 1 x 1 Dosis (→ Seite 55)

Diabetes mellitus (Zuckerkrankheit)

Die Bauchspeicheldrüse produziert einerseits im sogenannten Inselorgan das für den Zuckerstoffwechsel notwendige Insulin (endokriner Pankreas, → Glossar,

Seite 241), andererseits im übrigen Gewebe bestimmte Verdauungsenzyme. Ist der Zuckerstoffwechsel betroffen, spricht man von Diabetes.

Ursachen: Auch bei der Katze unterscheidet man wie beim Menschen zwischen Diabetes Typ 1 und Typ 2.

➤ Bei Diabetes Typ 1 stellen die Zellen, die das Insulin produzieren, die sogenannten Beta-Zellen, allmählich ihre Funktion ein. Das heißt, dass mit der Zeit überhaupt kein Insulin mehr produziert wird. Es muss dann Insulin gespritzt werden. Eine homöopathische Therapie ist meist aussichtslos.

➤ Bei Diabetes Typ 2 entsteht der Diabetes sekundär als Folge anderer Erkrankungen. Die Sekretion von Insulin kann angeregt werden. Die Grunderkrankung muss jedoch gleichzeitig behandelt werden.

Diabetes Typ 2 kommt bei der Katze häufiger vor als Diabetes Typ 1.

Allgemeine Symptome: starker Durst, viel Urinabsatz; übermäßige Futteraufnahme, dennoch Gewichtsverlust, die Katze kann aber auch wenig fressen; neurologische Symptome wie Lahmheiten

Wann zum Tierarzt? Sie sollten Ihre Katze immer vom Tierarzt untersuchen lassen, da nur er über Blut- und Urinuntersuchungen die Diagnose stellen kann.

➤ **Homöopathische Behandlung:** Bei leichtem Diabetes kann man mit den folgenden Mitteln evtl. die Gabe von Insulin vermeiden oder die Insulindosis reduzieren.

Syzygium jambolanum (Jambulbaum)
Aus Erfahrung (empirisch) bei Diabetes mellitus, nur unter ständiger Blutzuckerkontrolle; das Mittel kann die Dosis von Insulin um ein Drittel bis zur Hälfte reduzieren oder überflüssig machen.

➤ **Potenz, Dosierung:** D12, 1 x 1 Dosis, solange das Mittel wirkt (→ Seite 55); evtl. Dauertherapie (→ Seite 36)

➤ **Hinweis:** Da es sich bei Diabetes Typ 2 in den meisten Fällen um eine Folgeerkrankung handelt, kann auch die Behandlung mit dem Konstitutionsmittel der Katze erfolgreich sein. Dieses muss auch nach der Normalisierung des Blutzuckerwertes weitergegeben werden.

Behandlung mit Homöopathie

Erkrankungen des Harnapparats

Zum Harnapparat gehören Nieren, Harnleiter, Blase und Harnröhre.
Grundsätzlich muss bei allen Erkrankungen des Harnapparats nach Abklingen der Beschwerden eine Urinkontrolle durch den Tierarzt erfolgen, da viele Erkrankungen mit unauffälligen Symptomen weiterverlaufen und dann doch noch sekundär Keime über Scheide/Penis oder aus dem Körper einwandern können.

Blasenentzündung, Harnröhrenentzündung

Die Blasenentzündung heißt auch Cystitis, die Harnröhrenentzündung Urethritis.
Eine zusätzliche Komplikation ist der Harnröhrenverschluss. Er äußert sich durch fehlenden Urinabsatz. Dauert er länger als einen Tag, führt er durch den Rückstau des Urins in die Nieren zu Nierenversagen. Unbehandelt tritt der Tod nach maximal einer Woche ein. Auch sonst können nach zu langem Bestehen des Verschlusses Schäden zurückbleiben. Der Verschluss muss entfernt werden, evtl. durch Operation. Besonders gefährdet für Verschlüsse sind Kater, da ihre Harnröhre länger und enger ist als die der weiblichen Katzen. Außerdem haben sie öfter Harngrieß und -steine als Kätzinnen.
Ursachen: Infektionen (Bakterien, Viren), Steinbildung, Traumen wie Stoß, Schlag oder Unfall; Folge einer Operation an

> **INFO**
>
> **Rückfall nach einer Infektion**
> Auch Katzen neigen dazu, nach einer Blasen- und NIereninfektion leicht einen Rückfall zu bekommen. Lassen Sie deshalb den Urin der Katze auch später nochmals nach einigen Wochen bis Monaten vom Tierarzt untersuchen. Im akuten Krankheitsfall versuchen Sie, die Katze im Haus zu halten. Sie sollte nicht auf einem kalten Untergrund liegen.

ERKRANKUNGEN DES HARNAPPARATS

der Blase; angeboren, Tumoren, Verhaltensstörungen, Stress, Übergewicht, reine Fütterung von Trockenfutter; Folge einer anderen Erkrankung, z. B. Diabetes

Allgemeine Symptome (unterschiedlich je nach Ursache): Harndrang, Blut im Urin, Bauchschmerzen, kein Urinabsatz; Unsauberkeit; vermehrtes Trinken; Harnfarbe und -geruch sind verändert

Wann zum Tierarzt? Soweit möglich, sollten Sie bei den genannten Symptomen immer den Urin der Katze vom Tierarzt untersuchen lassen. Der Urin sollte möglichst innerhalb einer Stunde nach dem Gewinnen beim Tierarzt sein. Untersucht werden die Zusammensetzung des Urins und das sogenannte Sediment. In Letzterem kann man unter dem Mikroskop Zellen wie Blasen- oder Nierenzellen oder Blutkörperchen genau bestimmen, außerdem Kristalle (Hinweis auf Harngrieß und Blasensteine) diagnostizieren.

In vielen akuten Fällen ist die Gabe von Antibiotika erforderlich. Konnten Kristalle nachgewiesen werden, muss die Katze zusätzlich eine Spezialdiät fressen. Die recht unterschiedlichen Ursachen einer Blasensymptomatik erfordern eine unterschiedliche Therapie.

➤ **Homöopathische Behandlung:** Homöopathische Arzneien unterstützen die schulmedizinische Behandlung. Das Gewebe heilt besser aus, der Nährboden für Bakterien ist geringer. Daher ist die Rückfallrate kleiner.

Cantharis (*Lytta vesicatoria*, Spanische Fliege)
Ursachen: akute Entzündung
Symptome: ständiger Harndrang, die Katze versucht immer wieder, Urin abzusetzen, es kommt aber nichts oder nur wenige, meist blutige Tröpfchen; beim Laufen und Liegen verliert sie evtl. Urintröpfchen
Verschlimmerung: durch Kälte, Nässe
Besserung: durch Wärme

➤ **Besonderheit:** Meistens ist zusätzlich noch ein Antibiotikum nötig.

➤ Potenz, Dosierung: D4, D6, anfangs alle 2 Stunden, dann bei Besserung des Harndrangs 3 x 1 Dosis (→ Seite 55), bis die Symptome verschwunden sind, meist 3 bis 4 Tage; häufig ist ein Folgemittel nötig

Dulcamara (*Solanum dulcamara*, Bittersüßer Nachtschatten)
Ursachen: akute oder akut rezidivierende (wiederkehrende) Entzündung als Folge von Durchnässung
Symptome: Harndrang, Bauchschmerzen, selten wird Urin beim Laufen oder Liegen verloren; Symptome nicht so stark wie bei Cantharis (→ Seite 95)
Verschlimmerung: durch Nässe, Wetterwechsel von warm zu kalt
➤ Potenz, Dosierung: C30, 1 x 1 Dosis, evtl. nach 12 Stunden wiederholen, dann sollte der Urin wieder normal sein (→ Seite 55)

Sabal serrulatum (*Serenoa repens*, Zwergpalme)
Ursachen: Harngrieß
Symptome: vergeblicher Harndrang; harte Bauchdecke; es kommt kein oder kaum Urin
➤ **Hinweis:** Das Mittel kann verhindern, dass sich Harngrieß im Anfang der Erkrankung festsetzt, bzw. es löst leichte Verstopfungen auf.
➤ Potenz, Dosierung: D3, alle 2 bis 3 Stunden 1 x 1 Dosis (→ Seite 55); nicht länger als 1 Tag anwenden, wenn kein Erfolg sichtbar ist

Mercurius solubilis Hahnemanni (Quecksilber nach Hahnemann)
Ursachen: akute oder subakute Blasenentzündung
Symptome: blutiger, wund machender Urin; wenig Harndrang und Schmerzhaftigkeit
➤ Potenz, Dosierung: D8, 2 x 1 Dosis (→ Seite 55)

Berberis (*Berberis vulgaris*, Gewöhnliche Berberitze)
Ursachen: subakute oder rezidivierende (= wiederkehrende) Blasenentzündung
Symptome: Die Katze verliert ab und zu Urin; der Urin ist mal hell, mal dunkel; das Befinden wechselt zwischen munter und matt, zwischen durstig oder hungrig bzw. keinem Durst oder Appetit. Berberis ist sehr geeignet für die Nach- und Dauerbehandlung von chronischen Blasen- und Nierenentzündungen oder von verschleppten Infektionen (→ Glossar, Seite 245).
Verschlimmerung: durch Bewegung
➤ Potenz, Dosierung: D4, 3 x 1 Dosis (→ Seite 55)

Erkrankungen der Nieren und Harnleiter

Bei älteren Katzen sind Erkrankungen der Nieren sehr häufig und eine der häufigsten Todesursachen. Die Nieren haben folgende Aufgaben:
➤ Regulation des Wasserhaushalts
➤ (langfristige) Regulation des Blutdrucks
➤ Ausscheidung von Abfallprodukten, beispielsweise Harnsäure, Harnstoff, Kreatinin (→ Glossar, Seite 243)
➤ Regulation des Säure-Basen-Haushalts und des Mineralstoffhaushalts
➤ Hormonbildung, z. B. für die Produktion roter Blutkörperchen
➤ Beteiligung am Vitamin-D-Stoffwechsel

Ursachen von Nierenerkrankungen: Infektionen, Folge von Vergiftungen, Folge anderer Erkrankungen, z. B. FeLV (→ Seite 123); altersbedingte Degeneration des Nierengewebes; Stress; Folge einer Nieren- oder anderen Operation; Traumen (Schlag, Stoß); Zysten (→ Seite 245); ausschließliche Fütterung von Trockenfutter; Tumoren; Übergewicht; Kristall- oder Steinbildung; Störungen im Immunsystem; angeborene Missbildungen

Allgemeine Symptome (unterschiedlich je nach Ursache): der Urin ist verändert in Farbe, Menge und Absatzhäufigkeit; die Katze hat vermehrten Durst; stumpfes Fell; Mattigkeit; Mundgeruch, Zahnfleischentzündung; Erbrechen; Schmerzhaftigkeit im Rücken im Bereich der Nieren, aufgekrümmter Rücken; Ödeme an Gliedmaßen, Bauch, Brust; epileptiforme Anfälle (→ Glossar, Seite 241) oder andere zentralnervöse Symptome wie Kopfschiefhalten oder Lähmungen

Wann zum Tierarzt? Bei Nierenproblemen sollten Sie Ihre Katze immer dem Tierarzt vorstellen. Er wird die Funktion der Nieren über folgende Parameter abklären: Urinmenge und -konzentration, Inhaltsstoffe des Urins (→ Blasenentzündung, Seite 95), pH-Wert des Urins (→ Seite 244), Blutuntersuchung. Die Abklärung der Krankheitsursache und des aktuellen Funktionszustands ist für eine gezielte und effektive Behandlung von Nierenerkrankungen sehr wichtig. Akute Nierenerkrankungen als Folge einer Infektion erfordern in der Regel auch eine antibiotische Behandlung.

Begleitbehandlung: Insbesondere nach Feststellung einer chronischen Nierenerkrankung ist eine Umstellung der Ernährung nötig. Die geeigneten Diäten erhalten Sie von Ihrem Tierarzt. Im Handel angebotenes sogenanntes Diätfutter reicht bei den meisten Nierenerkrankungen nicht aus.

➤ **Homöopathische Behandlung:** Homöopathische Medikamente unterstützen bei akuten und bestimmten chronischen Erkrankungen, bei denen noch ein Regenerationsvermögen des Gewebes vorhanden ist, wie Infektionen, Vergiftungen oder Traumen, die Heilung. Bei den anderen chronischen Erkrankungen wie Degenerationen oder Tumoren können sie das Fortschreiten der Abbauprozesse aufhalten und die Ausscheidung von Harn unterstützen.

Wie auch bei der Leber zeigt sich beim Einsatz von homöopathischen Medikamenten, dass sich das Allgemeinbefinden der Katze bereits bessert, bevor sich positive Veränderungen auch im Blutbild zeigen.

Berberis (→ Seite 96)
Mercurius solubilis Hahnemanni (→ Seite 96)
Solidago (*Solidago virgaurea*, Goldrute)
Ursachen: Entzündung, Vergiftung, altersbedingte Degeneration (→ Glossar, Seite 241)
Symptome: veränderter Urin (ist anders als gewohnt, z.B. Farbe, Trübung, Geruch, Menge); erhöhte Nierenwerte im Blut; keine spezifischen Symptome vorhanden, empirischer Einsatz

➤ **Hinweis:** Das Mittel wird auch eingesetzt als Zwischenmittel, wenn sich Symptome ändern oder neue Symptome auftreten.

➤ Potenz, Dosierung: D2, 3 x 1 Dosis (→ Seite 55)

Lycopodium (*Lycopodium clavatum*, Bärlapp)
Symptome: Katze ist müde, launisch, lustlos; dunkler Urin; sehr wählerisch beim Fressen; manchmal Blasen- oder Nierensteine, Harngrieß möglich
Verschlimmerung: durch Nässe, Kälte, Stress, morgens, zwischen 16 und 20 Uhr

ERKRANKUNGEN DES HARNAPPARATS

Besserung: durch Bewegung, warmes Futter
➤ Potenz, Dosierung: D6, 3 x 1 Dosis; C30, 1 x 1 Dosis
(→ Seite 55) bis zur Besserung; evtl. als Dauertherapie

Arsenicum album (Acidum arsenicosum, Arsenige Säure, weißes Arsenik)
Ursachen: Entzündung, Degeneration
Symptome: Katze ist müde, magert ab und sieht alt aus; großer Durst, trinkt aber immer nur kleine Mengen; schuppige Haut; veränderter Urin; Erbrechen möglich, fauliger Geruch aus dem Maul; manchmal kann auch Durchfall auftreten
Besserung: durch Wärme
➤ Potenz, Dosierung: D6, 2- bis 3-x 1 Dosis; D12, 1 x 1 Dosis (→ Seite 55) bis zur Besserung; evtl. als Dauertherapie (→ Seite 36)

Harngrieß, Steinbildung

Ursachen: Infektion, Stoffwechselstörung
Allgemeine Symptome: Symptome einer Entzündung wie Schmerzhaftigkeit; kein oder mühsamer Urinabsatz; kann zunächst auch symptomlos sein (Zufallsbefund beim Röntgen oder Ultraschall)
Wann zum Tierarzt? Bei den angegebenen Symptomen sollten Sie immer zum Tierarzt gehen.
Begleitbehandlung: Für die erforderliche zusätzliche Therapie mit Diät oder anderen Medikamenten ist eine genaue Analyse des Steins oder Grießes durch den Tierarzt erforderlich. Große Steine müssen meist operativ entfernt werden.
➤ **Homöopathische Behandlung:** Bei der homöopathischen Behandlung von Harngrieß und Harnsteinen geht es um eine »Umstimmung«, das heißt Normalisierung des Blasen- und Nierenmilieus. Daher ist die homöopathische Medikation unabhängig von der Art des Steins. Harnsteine und Harngrieß können oft auch erfolgreich mit dem Konstitutionsmittel der Katze behandelt werden (→ Seite 23).
Lycopodium (→ Seite 98)
Sabal serrulatum (→ Seite 96)

Sarsaparilla (*Smilax utilis,* Stechwinde)
Symptome: Harndrang, Harngrieß mit gleichzeitiger Entzündung von Blase oder/und Nieren; der Urin tröpfelt nach dem Urinabsatz nach; Ekzem der Haut mit nässenden und eitrigen Bläschen
➤ Potenz, Dosierung: D4, 3 x 1 Dosis (→ Seite 55) bis zur Besserung
Silicea (Acidum silicicum, Kieselsäure)
Anwendung aus der Erfahrung bei Nierensteinen; vermindert Kolikanfälle; reduziert die Steinneubildung
➤ Potenz, Dosierung: D6, 2 x 1 Dosis; D12, 1 x 1 Dosis (→ Seite 55) bis zur Besserung; evtl. Dauertherapie

Blasenlähmung

Bei einer Blasenlähmung kann die Katze keinen Urin absetzen, da die Versorgung der Nerven der Blasenmuskulatur und des Schließmuskels beispielsweise als Folge eines Traumas gestört ist.
Allgemeine Symptome: fehlender Urinabsatz; Bauchschmerzen; passiver Urinverlust
➤ **Homöopathische Behandlung:**
Arnica (*Arnica montana*)
Ursachen: Folge von Unfall, Schock, Verletzung, Blutverlust
Symptome: Schmerzhaftigkeit, starke Berührungsempfindlichkeit
Verschlimmerung: durch Bewegung, Berührung
➤ Potenz, Dosierung: C30, 1 x 1 Dosis (→ Seite 55) bis zur Besserung
Plumbum aceticum (*Bleiacetat*)
Ursachen: Störungen der nervalen Versorgung
Symptome: Blasenlähmung mit Harnverhalten (spastisch) oder mit passivem Urinverlust
➤ Potenz, Dosierung: D6, 2- bis 3-x 1 Dosis (→ Seite 55)

Unsauberkeit

Siehe unter »Verhaltensauffälligkeiten«, Seite 151

ERKRANKUNGEN DER GESCHLECHTSORGANE

Erkrankungen der Geschlechtsorgane

Die Europäisch Kurzhaar, die Hauskatze schlechthin in Mitteleuropa, wird im Alter von sechs bis acht Monaten geschlechtsreif. Bei Siamkatzen und Abessiniern kann dies früher sein, bei Persern und Britisch Kurzhaar später. Sie erkennen den Eintritt der Geschlechtsreife bei Katzen am Auftreten der ersten Rolligkeit; diese wiederholt sich bei der Katze meist alle zwei bis vier Wochen, wenn sie nicht gedeckt wird. Eine Rolligkeit dauert mehrere Tage, sie sollte nicht länger als sieben Tage dauern. Bei geschlechtsreifen Katern verändert sich der Geruch ihres Urins, er riecht dann strenger.

Erkrankungen der Kater: Erkrankungen an deren Geschlechtsorganen sind selten, weil die meisten Kater schon relativ früh kastriert werden. Am häufigsten treten Verstopfungen der Harnröhre mit Harngrieß im Bereich des Penis auf (→ Seite 99).

Erkrankungen der Kätzin: Auch ein Großteil der weiblichen Katzen wird kastriert, sodass auch hier Probleme höchstens im Bereich des Gesäuges auftreten. Tumoren dort sind aber sehr selten, und ihre Behandlung erfordert einen erfahrenen Homöopathen. Bei unkastrierten Katzen treten am ehesten Probleme im Rahmen von Trächtigkeit, Geburt und Rolligkeit auf.

INFO

Rolligkeit der Kätzin

➤ Die Katze miaut oft, schreit manchmal auch, vermehrt nachts. Sie rollt auf dem Boden, ist anhänglicher.

➤ In der Hochrolligkeit biegt die Katze beim Kraulen in der Flanke den Schwanz zur Seite.

➤ Bei Freigängerkatzen sind häufiger Kater da, finden häufiger Katerkämpfe statt und treten oft Bissverletzungen auf, insbesondere im Nacken der Katze. Außerdem will die Katze verstärkt nach draußen.

Dauerrolligkeit

Eine Katze, deren Rolligkeit nicht spätestens nach sieben Tagen endet, ist dauerrollig.
Ursachen: Zyste am Eierstock
➤ **Homöopathische Behandlung:**
Apis (*Apis mellifica,* Honigbiene)
Empirisch bei Dauerrolligkeit durch Zysten (→ Glossar, Seite 45) am Eierstock
➤ Potenz, Dosierung: D4, 3 x 1 Dosis (→ Seite 55), bis die Symptome verschwunden sind
Pulsatilla (*Pulsatilla pratensis,* Küchenschelle)
→ Konstitutionsmittel, Seite 184, wenn alle Symptome der Katze, wie Organsymptome und Verhalten, dazupassen

Unterstützung der Trächtigkeit

Die Trächtigkeit dauert bei der Kätzin 64 bis 69 Tage. Zu Beginn der Trächtigkeit brauchen Sie keine besonderen Maßnahmen ergreifen. Im letzten Drittel der Trächtigkeit wird Ihre Katze an Gewicht und Umfang zunehmen, das Gesäuge wird allmählich an Größe zunehmen. In dieser Zeit sollten Sie die Futtermenge erhöhen und die Fütterung auf ein Welpenfutter umstellen. Geben Sie der Katze während der Trächtigkeit so viel Futter, wie sie will, außer sie neigt dazu, dick zu werden. Das Welpenfutter enthält mehr Eiweiß, Fett und Mineralien, was für die Kätzchen zum Wachsen und die Mutter zur Milchbildung nötig ist. Sie sollten noch einmal eine Wurmkur, die für trächtige Katzen zugelassen ist, durchführen.
➤ **Homöopathische Behandlung:** Mit folgendem Mittel können Sie zusätzlich die Geburt ab dem 55. Tag vorbereiten.
Pulsatilla (*Pulsatilla pratensis,* Küchenschelle)
Empirische Erfahrung; unterstützt die Hormonumstellung zur Geburtseinleitung; die Öffnung der Gebärmutter erfolgt leichter; die Geburt wird leichter.
➤ Potenz, Dosierung: D4, 1 x 1 Dosis ab dem 55. Tag (→ Seite 55) bis zur Geburt der Jungen

ERKRANKUNGEN DER GESCHLECHTSORGANE

Unterstützung der Geburt

Während der Geburt kann es zu folgenden Komplikationen kommen: Die Geburt kommt nicht in Gang, die Geburt stockt, es kommen tote Kätzchen zur Welt, Wehenschwäche.

Ursachen der Geburtsstörungen: Wehenschwäche, zu große Junge, Verengungen des Geburtskanals nach Unfällen als Folge einer Beckenfraktur; tote Kätzchen beispielsweise nach einer Infektion

> *Mutterkatzen putzen ihre Babys regelmäßig am Bauch und am After, um deren Verdauung und Kotabsatz anzuregen.*

Wann zum Tierarzt? Die meisten Kätzinnen zeigen den Eintritt der Geburt an, indem sie 24 bis 48 Stunden vorher nicht mehr fressen. Findet die Geburt dann nicht statt, sollten Sie den Tierarzt aufsuchen. Die Kätzchen werden normalerweise in Abständen unter einer Stunde geboren. Die Würfe bestehen in der Regel aus zwei bis fünf Jungen. Sind die Abstände größer oder zeigt die Katze ständiges Pressen, sollten Sie ebenfalls den Tierarzt aufsuchen.

➤ **Homöopathische Behandlung:** Behandelbar ist nur die Wehenschwäche.

Caulophyllum (*Caulophyllum thalictroides*, Frauenwurzel)

Ursachen: schwache Wehen ohne sonstige Geburtsprobleme

➤ **Potenz, Dosierung:** D4, maximal 3 x 1 Dosis (→ Seite 55) im Abstand von einer halben Stunde

➤ **Wichtig:** Wenn nach Gabe des Mittels keine Geburt eintritt, müssen Sie schnellstens zum Tierarzt gehen. Unterstützend sollten Sie schon geborene Kätzchen an die Zitzen anlegen, da Saugen weitere Wehen auslöst. Nach oder mit jedem Jungen kommt üblicherweise eine

Nachgeburt. Bitte überprüfen Sie den Abgang, da nicht abgestoßene Nachgeburten Infektionen der Gebärmutter auslösen. Kätzinnen fressen die Nachgeburt oft auf.

Probleme nach der Geburt

Bei Katzen kommt es selten zu Problemen nach der Geburt. Wenn dennoch Probleme auftreten, stehen sie oft im Zusammenhang mit noch verbliebenen Jungen oder Nachgeburten in der Gebärmutter. Dies kann Ursache einer Gebärmutterentzündung sein.
Allgemeine Symptome: Mattigkeit, evtl. Fieber, Scheidenausfluss oder harter Bauch
Wann zum Tierarzt? Sie müssen unbedingt einen Tierarzt aufsuchen.
➤ **Homöopathische Behandlung:** Handelt es sich um eine Gebärmutterentzündung und man entscheidet sich nicht zur Kastration, können folgende Homöopathika in Kombination mit Antibiotika hilfreich sein:
Lachesis (*Lachesis muta*, Buschmeisterschlange)
Wie alle Schlangengifte zersetzt Lachesis das Blut, daher ist im Symptomenbild (→ Seite 176) eine Neigung zu Blutungen vorhanden.
Ursachen: Infektion durch nicht abgegangene Nachgeburten oder tote Junge in der Gebärmutter oder auch durch sonstige Infektionen
Symptome: sich langsam entwickelndes Fieber, oft nicht über 39,8 °C; wenig Durst; evtl. stinkender und dunkler Ausfluss
Verschlimmerung: durch Wärme, Druck, nach dem Schlafen
➤ Potenz, Dosierung: D8 oder D12, 2- bis 3-x täglich 1 Dosis (→ Seite 55)
➤ **Besonderheit:** Kombination mit Sabina gut möglich.
Sabina (*Juniperus sabina*, Sadebaum)
Empirische Erfahrung; das Mittel fördert die Ausscheidung von Nachgeburten, Teilen davon oder von sonstigen auszuscheidenden Gewebeteilen.
➤ Potenz, Dosierung: D6, 2 x 1 Dosis über 1 bis 3 Wochen (→ Seite 55)

Milchmangel

Allgemeine Symptome: Milchmangel äußert sich zunächst darin, dass die Kätzchen weinen, da sie hungrig sind. Bei der Untersuchung des Gesäuges der Mutterkatze lässt sich feststellen, dass es wenig angebildet, also kaum zu sehen ist und kaum Milch enthält.
Begleitbehandlung: Messen Sie bei Ihrer Kätzin Fieber und überprüfen Sie ihr Gesäuge.
Wann zum Tierarzt? Lassen Sie grundsätzlich überprüfen, ob sonst eine Erkrankung vorliegt, da kranke Katzen keine Milch produzieren können.
➤ **Homöopathische Behandlung:** Liegt keine sonstige Erkrankung vor, können Sie folgendes Mittel geben, um den Milchfluss zu stimulieren:
Phytolacca (*Phytolacca decandra*, Kermesbeere)
Ursachen: Milchmangel
➤ **Potenz, Dosierung:** D3, D4, 3 x 1 Dosis (→ Seite 55) bis zur Besserung

➤ **Wichtig:** Bitte beachten Sie die Potenz, Phytolacca wirkt je nach Potenz unterschiedlich!

Milchstau

Ursachen: Die Jungen trinken nicht genug Milch, weil Sie zu viele Kätzchen auf einmal abgegeben haben oder weil Junge gestorben oder krank sind.
Allgemeine Symptome: Das Gesäuge ist prall gefüllt, meist etwas heiß und schmerzempfindlich; es sind weder Entzündungszeichen noch Fieber vorhanden.

INFO

Mutterlose Aufzucht
Wenn die Kätzin ihre Jungen nicht oder nur unzureichend ernähren kann, müssen sie mit der Flasche gefüttert werden. Anfänglich werden die Jungen 8 x täglich, später 6- bis 4-x täglich gefüttert. Die Gesamtfuttermenge sollte etwa 20 Prozent ihres Gewichts betragen. Wiegen Sie daher die Kätzchen regelmäßig; sie sollten ca. 12–20 Gramm pro Tag zunehmen.

▶ **Homöopathische Behandlung:**
Phytolacca (*Phytolacca decandra,* Kermesbeere)
Ursachen: Milchstau
▶ Potenz, Dosierung: D1, D2, 3 x 1 Dosis (→ Seite 55)
▶ **Wichtig:** Bitte beachten Sie unbedingt die Potenz, Phytolacca wirkt je nach Potenz unterschiedlich!

Gesäugeentzündung (Mastitis)

Ursachen: Eine Mastitis entwickelt sich sehr leicht aus einem Milchstau.
Allgemeine Symptome: Das Gesäuge ist hart, sehr schmerzempfindlich und heiß, rot oder bläulich gefärbt.
Wann zum Tierarzt? Wenn die Katze Fieber hat oder Störungen des Allgemeinbefindens zeigt, suchen Sie bitte den Tierarzt auf. Es sind meist Antibiotika nötig.
Begleitbehandlung: Um die Entzündung zu lindern, können Sie einen Quarkwickel machen (→ Seite 141).
▶ **Homöopathische Behandlung:**
Phytolacca (*Phytolacca decandra,* Kermesbeere)
Ursachen: Gesäugeentzündung
▶ Potenz, Dosierung: D6, 3 x 1 Dosis (→ Seite 55) bis zur Besserung
▶ **Wichtig:** Bitte beachten Sie unbedingt die Potenz, Phytolacca wirkt je nach Potenz unterschiedlich!
Apis (*Apis mellifica*, Honigbiene)
Symptome: Nur ein oder zwei Gesäugekomplexe sind betroffen, diese sind weich, leicht gerötet und berührungsempfindlich »wie nach einem Bienenstich«.
▶ Potenz, Dosierung: D4, D6, 3 x 1 Dosis (→ Seite 55)

Unterstützung der Entwicklung von Kätzchen

Junge Katzen können die gleichen Erkrankungen wie erwachsene Katzen bekommen, sehen Sie daher in den entsprechenden Kapiteln nach. Besonders leiden sie unter den Folgen von Wurmbefall (→ Seite 84), Durchfällen (→ Seite 81), Fieber (→ Seite 144), Katzenschnupfen (→ Seite 125) und beim Zahnen (→ Seite 65).

ERKRANKUNGEN DER GESCHLECHTSORGANE

▶ **Homöopathische Behandlung:** Einige Mittel sind bei jungen Tieren besonders oft hilfreich.

Calcium carbonicum Hahnemanni (Austernschalenkalk)

Im Alter bis zu vier bis sechs Wochen brauchen die meisten Kätzchen Calcium carbonicum als Konstitutionsmittel (→ Seite 169). Es unterstützt den Einbau der Nährstoffe, besonders der Mineralstoffe, in das Gewebe. Symptome: Die Kätzchen sind rundlich, tapsig, das Gewebe ist schlaff; außerdem sind sie ruhig und wirken etwas phlegmatisch. Der Appetit ist gut.

▶ Potenz, Dosierung: D12, 1 x täglich 1/4 Dosis über 3 bis 4 Tage nach der Geburt für alle Kätzchen; ansonsten 1 x täglich 1/2 Dosis nach Bedarf bis zu 6 Wochen sowie für ältere Kätzchen, die ab 6 Wochen immer noch dem Calcium-carbonicum-Bild entsprechen

Calcium phosphoricum (Calciumphosphat)

Dies ist wie Calcium carbonicum ebenfalls ein Konstitutionsmittel für Jungtiere (→ Seite 171). Es kann Folgemittel sein nach der Calcium-carbonicum-Phase, wenn die Kätzchen nicht Calcium carbonicum bleiben. Es entwickelt sich das »normale« Durchschnittskätzchen.

▶ Potenz, Dosierung: D12, 1 x 1/2 Dosis (→ Seite 55)

Silicea (Acidum silicicum, Kieselsäure)

Entwickeln sich Kätzchen nicht gut und sind sie im Alter von sechs bis acht Wochen immer noch sehr zierlich im Vergleich zu gleichaltrigen Kätzchen, sollten Sie an Silicea denken (→ Konstitutionsmittel, Seite 185). Symptome: Sie haben meist einen wechselnden Appetit, sind anfällig für Durchfall und Katzenschnupfen; sie sind etwas ängstlich und liegen gern im Warmen.

▶ Potenz, Dosierung: D12, 1 x 1/2 Dosis (→ Seite 55)

Ignatia (*Strychnos ignatii*, Ignatiusbohne)

Ursachen: Kummer, Heimweh, Trauer

Symptome: Die Kätzchen haben Probleme nach der Abgabe zum neuen Besitzer, sie fressen nicht, wirken traurig. Hilft auch der Mutterkatze, die nach der Abgabe nach ihren Jungen sucht.

▶ Potenz, Dosierung: D30, 1 x 1/2 Dosis nach Bedarf (→ Seite 55); Mutterkatze 1 x 1 Dosis nach Bedarf

Behandlung mit Homöopathie

Erkrankungen des Stütz- und Bewegungsapparats

Zum Stützapparat des Körpers gehören die Wirbelsäule einschließlich Schwanz, der Brustkorb mit den tragenden Rippen und das Becken. Den Bewegungsapparat bilden die Vorder- und Hintergliedmaßen.

Ursachen für Störungen am Stütz- und Bewegungsapparat: Betroffen sind Bänder und Sehnen, Knochen, Gelenke, Muskulatur, Wirbelsäule sowie die dazugehörigen Nerven.

➤ Verletzungen (Biss, Unfall, Fremdkörper, Schnitte)
➤ akute Entzündungen (als Folge von stumpfen oder spitzen Traumen)
➤ Knochenbruch (Frakturen), etwa nach Unfall, Biss
➤ Tumoren
➤ Stoffwechselstörungen des Gewebes (Knochen-, Knorpelgewebe)
➤ andere innere Erkrankungen, wie z. B. Nierenerkrankungen
➤ degenerative Erkrankungen wie Arthrose
➤ Übergewicht
➤ bakterielle Infektionen
➤ Toxine, etwa von Pflanzen (→ Glossar, Seite 245)

Allgemeine Symptome:
➤ Lahmheit
➤ Lähmung
➤ Nichtbenutzen von Gliedmaßen
➤ schweres Aufstehen, Steifigkeit
➤ Unlust oder Unvermögen zu springen
➤ Schmerzäußerungen bei Berührung oder bei bestimmten Bewegungen
➤ allgemeine Aggression

Wann zum Tierarzt? Einige Erkrankungen sind nur chirurgisch zu behandeln oder bedürfen einer zusätzlichen Therapie, etwa Antibiotika. Bei anderen Symptomen ist zunächst abzuklären, woher sie kommen. Daher sollte eine Katze mit Bewegungsstörungen unbekannter Ursache immer einem Tierarzt vorgestellt werden.

ERKRANKUNGEN DES BEWEGUNGSAPPARATS

DAS HILFT BEI BEWEGUNGSSTÖRUNGEN

Mit den unten genannten Methoden können Sie den Heilungsprozess Ihrer Katze unterstützen. Darüber hinaus gibt es weitere Maßnahmen, etwa Magnetfeldtherapie (→ Glossar, Seite 243), Nahrungsergänzung mit Mineralstoffen, Chondroitinsulfat und GAGs (Glykosaminoglycane) sowie TTouch. Sprechen Sie diese Maßnahmen im Einzelfall mit Ihrem Tierarzt ab.

Wärme	Erhitzen Sie ein kleines Körnerkissen im Backofen oder in der Mikrowelle und legen es auf die entsprechende Region. Oder Sie decken die Katze zu. Kühlende Maßnahmen, → Info, Seite 141.
Physiotherapie	Bei Katzen sind Massagen und Bewegungstherapien möglich. Es sind sehr gute unterstützende Maßnahmen, sofern die Katze es sich gefallen lässt. Das feste Anfassen beim Massieren tolerieren viele Katzen nicht. Bewegungsübungen sind meist nur über gezieltes Spielen möglich.
Osteopathie	Sehr gute unterstützende Behandlungsmethode, die von vielen Katzen eher toleriert wird als Massage oder Akupunktur. Sie wird für Tiere noch sehr wenig angeboten, da sie noch in Entwicklung ist.
Akupunktur/ Akupressur	Die Akupunktur wirkt sehr gut, wenn die Katze das Nadeln akzeptiert. Akupressur ist sehr gut unterstützend möglich, oft sogar besser als Akupunktur mit Nadeln. Manche Katzen akzeptieren aber auch den Druck bei dieser Methode nicht.
Achtung!	Äußere Einreibungen sind bei Katzen nicht sinnvoll, da das Einreibemittel im Haarkleid bleibt und nicht auf die Haut und in die Tiefe gelangen kann. Außerdem lecken Katzen Einreibungen sofort wieder ab, was ihnen meist nicht bekommt (→ Vergiftungen, Seite 147).

Behandlung mit Homöopathie

Begleitbehandlung: Leidet Ihre Katze unter Bewegungseinschränkungen, dann sollten Sie sie möglichst im Haus behalten. Verhindern Sie, dass sich die Katze je nach Erkrankung zu viel bewegen kann, indem Sie sie beispielsweise in einen Laufstall einsperren oder nur in einem Raum lassen, in dem nichts steht, worauf die Katze springen kann.

➤ **Hinweis:** Katzen zeigen Schmerzen sehr viel weniger deutlich als Hunde. Achten Sie daher auch auf kleine Hinweise wie z. B. Steifigkeiten, hoch stehende Haare und Berührungsempfindlichkeit, Appetitmangel oder Verhaltensänderungen.

Knochenbruch

Die häufigste Gesundheitsstörung der Knochen ist der Knochenbruch, auch Fraktur genannt, der zumeist Folge eines Unfalls ist.

Wann zum Tierarzt? Viele Knochenbrüche im Bereich der Gliedmaßen werden heute am besten chirurgisch versorgt, während Frakturen im Bereich des Stützapparats, beispielsweise Beckenfrakturen, oft auch gut konservativ (→ Glossar, Seite 243) durch Ruhe heilen. Lassen Sie daher bei Frakturverdacht immer eine Röntgenaufnahme machen.

➤ **Homöopathische Behandlung:** Die folgenden homöopathischen Medikamente können sowohl unterstützend nach einer Operation oder auch bei konservativer Behandlung (→ Glossar, Seite 243) eingesetzt werden.

Symphytum (*Symphytum officinale*, Beinwell)
Symphytum fördert die Knochenheilung und kräftigt Bänder und Sehnen im Bereich der Fraktur.
Ursachen: Fraktur, Verletzungen und Prellungen der Knochenhaut und daraus folgende Überbeine (Exostosen)

➤ Potenz, Dosierung: D8, 2 x 1 Dosis (→ Seite 55)
➤ **Wichtig:** Bitte keine andere Potenz nehmen!
Für weitere Mittel → auch im Kapitel »Erste Hilfe« unter Unfall mit akuten Blutungen (→ Seite 130), Schock (→ Seite 133), Operationen (→ Seite 139).

Erkrankungen des Bandapparats, der Sehnen und Gelenke

Zu den Erkrankungen gehören:

➤ Distorsion (Zerrung/Verstauchung, Quetschung, Überdehnung einer Sehne, eines Bandes oder eines Gelenks): Sie sind meist die Folge eines sogenannten stumpfen Traumas (→ Glossar, Seite 245) oder einer Überlastung im Bereich der Bänder und Sehnen.

➤ Tendinitis (Sehnenentzündung), Tendovaginitis (Sehnenscheidenentzündung): Ursachen dafür sind meist sogenannte stumpfe Traumen oder eine Überlastung im Bereich der Sehnen und Sehnenscheiden.

➤ Arthritis (Gelenkentzündung): Gelenkentzündungen können durch ein Trauma oder durch Überlastung verursacht werden, aber auch durch Infektionen.

➤ Arthrose (chronische, degenerative Gelenkerkrankung): Die Arthrose ist häufig ein Prozess im Bereich der Gelenke, der sich an eine akute Erkrankung anschließt. Sie kann aber auch eine eigene Ursache haben, beispielsweise eine mechanische, stoffwechselbedingte (metabolische), neurologische oder erbliche Ursache. Bei einem Großteil der Arthrosen ist die Ursache unbekannt.

Wann zum Tierarzt?
Um die genaue Ursache einer Lahmheit feststellen zu können, sollten Sie bei unveränderter Lahmheit nach spätestens drei Tagen den Tierarzt aufsuchen. In manchen Fällen muss operiert werden oder es sind Antibiotika nötig.

> **INFO**
>
> **Richtig ruhig stellen**
> Wird ein verletztes Gewebe zu stark belastet, kann es nicht heilen. Chronische Veränderungen werden die Folge sein. Daher sollten Sie Ihrer Katze nicht zu häufig und zu hoch dosierte Schmerzmittel geben, denn Sie können einer schmerzfreien Katze nicht klarmachen, dass sie ruhig liegen bleiben soll. Ein »leichter« Schmerz reduziert jedoch ihre Bewegungslust.

Behandlung mit Homöopathie

➤ **Wichtig:** Achten Sie auf folgende Symptomatik, wenn Ihre Katze lahmt und Sie einen Verdacht auf Distorsion, Tendinitis, Arthritis oder Arthrose haben: Steht die Katze schwer auf und läuft allmählich besser? Oder fällt ihr das Laufen erst leichter und wird dann schlechter? Wird das Bein dick? Will die Katze überhaupt nicht laufen? Sie erleichtern damit sich selbst das Auffinden des richtigen Mittels bzw. dem Tierarzt die Diagnose.

Begleitbehandlung: Unterstützend zur homöopathischen Therapie helfen oft Kühlung bei Entzündung (→ Info Seite 141), Wärme bei Arthrose und Ruhe (→ Info Seite 111).

➤ **Homöopathische Behandlung:** Mit den folgenden homöopathischen Medikamenten lässt sich die Heilung des betroffenen Gewebes unterstützen.

Arnica (*Arnica montana*)
Ursachen: Folge von Unfall, Schock, Verletzung; frische Zerrung
Symptome: Schmerzhaftigkeit der betroffenen Gliedmaße, starke Berührungsempfindlichkeit, evtl. Verdickung im Bereich der Verletzung; die Katze hält das Bein meist hoch oder belastet es kaum
Verschlimmerung: durch Bewegung, Berührung
➤ Potenz, Dosierung: D4, D6, 3 x 1 Dosis; C30, 1 x 1 Dosis (→ Seite 55)
➤ **Besonderheit:** Geben Sie Arnica in den ersten zwei bis vier Tagen nach der Verletzung. Entweder ist die Verletzung dann ausgeheilt, oder es folgen andere Mittel wie Rhus toxicodendron.

Rhus toxicodendron (Giftsumach)
Ursachen: Zerrungen an Bändern und Sehnen, meist einige Tage alt oder chronisch wiederkehrend; Überanstrengung, Durchnässung
Symptome: Lahmheit, die beim Aufstehen am schlimmsten ist und sich bei längerem Laufen bessert; nach zu langem Laufen wieder Verschlechterung
➤ **Besonderheit:** Geben Sie das Mittel immer etwas länger, als die Symptome vorhanden sind, bei chronischen Lahmheiten mindestens drei Wochen.
Verschlimmerung: durch Nässe und Kälte, Ruhe

Besserung: durch Wärme
➤ Potenz, Dosierung: D6, 2 x 1 Dosis; D12, 1 x 1 Dosis (→ Seite 55) bis zur Besserung

Ruta (*Ruta graveolens*, Weinraute)
Ursachen: Quetschung, Verletzung von Knochenhaut, Knorpel, Band- und Sehnenansatz, Überanstrengung
Symptome: Lahmheit, die beim Aufstehen am schlimmsten ist und sich bei längerem Laufen bessert; wird nach zu langem Laufen wieder schlechter; Schmerzpunkte an den Bandansätzen am Gelenk

> *Beobachten Sie Ihre Katze, wenn sie nach Hause kommt, ob sie verstört ist. Gerät sie in Panik, kann sie sich verletzen.*

Verschlimmerung: durch Kälte, durch Nässe
Besserung: durch Wärme
➤ Potenz, Dosierung: D4, 3 x 1 Dosis (→ Seite 55)
➤ **Besonderheit:** Da sich Ruta und Rhus toxicodendron in ihrer Symptomatik wenig unterscheiden, ist es ratsam, Ruta zu geben, wenn Rhus toxicodendron nicht hilft, oder beide Mittel zu kombinieren. Dann dosieren Sie jedes Mittel, als würden Sie es einzeln geben.

Bryonia (*Bryonia dioica*, Zaunrübe)
Ursachen: akute Entzündung im Bereich des Gelenks; sekundär bei akuten Entzündungen bei Arthrosen
Symptome: dickes, heißes Gelenk; die Katze hält evtl. das betroffene Bein hoch; da Druck bessert, liegt sie oft auf dem betroffenen Gelenk
Verschlimmerung: durch leichten Druck, Bewegung
Besserung: durch festen Druck, Ruhe
➤ Potenz, Dosierung: D4, 3 x 1 Dosis (→ Seite 55)

Harpagophytum (*Harpagophytum procumbens*, Teufelskralle)
Ursachen: Arthrose großer Gelenke wie Knie, Hüfte, Ellenbogen

Symptome: Aufstehen fällt schwer, steifer Gang, nach etwas längerem Laufen wird es besser
Verschlimmerung: durch Nässe, Kälte
Besserung: durch Ruhe, Liegen
➤ Potenz, Dosierung: D2, 3 x 1 Dosis (→ Seite 55) bis zur Besserung; meist Dauertherapie (→ Seite 36)

Erkrankungen der Wirbelsäule

Da auch die Wirbelsäule aus Knochen, Gelenken, Bändern, Sehnen und Muskeln besteht, sind die Symptome an der Wirbelsäule ähnlich denen an den Gliedmaßen.
➤ **Homöopathische Behandlung:**
Arnica (*Arnica montana*)
Ursachen: Folge von Unfall, Schock, Verletzung; frische Zerrung, Prellung, nach Kampf
Symptome: Schmerzhaftigkeit, starke Berührungsempfindlichkeit, evtl. Verdickung im Bereich der Verletzung; die Katze mag sich nicht bewegen
Verschlimmerung: durch Bewegung, Berührung
➤ Potenz, Dosierung: D4, D6, 3 x 1 Dosis; C30, 1 x 1 Dosis (→ Seite 55)
Rhus toxicodendron (Giftsumach)
Ursachen: Zerrungen an Bändern und Sehnen, meist einige Tage alt oder chronisch wiederkehrend; Verspannungen der Rückenmuskulatur

INFO

Fensterstürze vermeiden
Sie können sich nicht darauf verlassen, dass Ihre Katze nicht springt, wenn sie draußen etwas Interessantes sieht, denn Katzen wissen nicht, dass es unter dem Fenster oder dem Balkon in die Tiefe geht. Versehen Sie Ihren Balkon mit Katzenschutznetzen und Ihre Fenster mit Schutzgittern. Lassen Sie Fenster nie auf Kipp, wenn Sie nicht zu Hause sind. Ihre Katze wird versuchen, durch das Fenster zu kommen. Dabei kann sie hängen bleiben. Die Verletzungen können zum Tod führen.

ERKRANKUNGEN DES BEWEGUNGSAPPARATS

Symptome: Lahmheit, die beim Aufstehen am schlimmsten ist und sich bei längerem Laufen bessert; wird nach zu langem Laufen wieder schlechter; die Katze versucht, den Rücken gegen etwas Hartes zu drücken
➤ **Besonderheit:** Geben Sie das Mittel immer etwas länger, als die Symptome vorhanden sind, bei chronischen Lahmheiten mindestens drei Wochen.
Verschlimmerung: durch Nässe und Kälte, Ruhe
Besserung: durch Wärme
➤ Potenz, Dosierung: D6, 2 x 1 Dosis; D12, 1 x 1 Dosis (→ Seite 55)

Bryonia (*Bryonia dioica*, Zaunrübe)
Ursachen: akute Entzündung im Bereich des betroffenen Wirbelgelenks, akute Schübe bei chronischen Arthrosen
Symptome: betroffene Region im Rücken ist dick und warm; die Katze will nicht aufstehen
Verschlimmerung: durch leichten Druck, Bewegung
Besserung: durch festen Druck, Ruhe
➤ Potenz, Dosierung: D4, 3 x 1 Dosis (→ Seite 55)

Harpagophytum (*Harpagophytum procumbens*, Teufelskralle)
Ursachen: Arthrose an den Wirbelgelenken, Spondylosen (im Röntgenbild sichtbare knöcherne Zubildungen an und zwischen den Wirbelkörpern)
Symptome: Aufstehen fällt schwer, steifer Gang, nach etwas längerem Laufen wird es besser; Verspannung im entsprechenden Rückenbereich
Verschlimmerung: durch Nässe, Kälte
Besserung: durch Ruhe, Liegen
➤ Potenz, Dosierung: D2, 3 x 1 Dosis (→ Seite 55)
➤ **Besonderheit:** Meist ist eine Dauertherapie nötig.

Nux vomica (*Strychnos nux-vomica*, Brechnuss)
Ursachen: Verspannungen im Rückenbereich, Erkrankung des Rückenmarks
Symptome: aufgekrümmter Rücken, stark verspannte Muskulatur; verspannter und harter Bauch
Verschlimmerung: durch Berührung
➤ Potenz, Dosierung: D6, alle 2 Stunden 1 Dosis am ersten Tag, dann sollte eine Besserung eingetreten sein; danach 3 x 1 Dosis bis zur Besserung (→ Seite 55)

Behandlung mit Homöopathie

Erkrankungen des Nervensystems

Das Nervensystem umfasst zwei große Bereiche: einen zentralen Teil mit Gehirn und Rückenmark (Zentralnervensystem, ZNS) und einen peripheren (= am Rand liegenden) Anteil mit den großen und kleinen Nerven zur Versorgung der verschiedenen Körperorgane. Erkrankungen können – sowohl lokal als auch mehr oder weniger umfassend – beide Anteile betreffen. Betroffen sind das Rückenmark, der Austritt eines Nervs aus dem Wirbelkanal und damit die entsprechende Gliedmaße (z.B. der Ischiasnerv), Organe, die vom entsprechend gestörten Nerv versorgt werden (beispielsweise die Blase), der oder die Nerven im Bereich einer Gliedmaße. Nach Krankheitsform und klinischem Bild werden folgende Erkrankungen unterschieden:
➤ Nervenentzündung (Neuritis)
➤ Störungen im Nervenbereich, die zu Ausfällen führen, jedoch keine komplette Lähmung zur Folge haben
➤ krampfhafte Lähmung (spastische Paralyse)
➤ schlaffe Lähmung (lytische Paralyse)
Die Prognose dieser Erkrankungen ist in der angegebenen Reihenfolge von oben nach unten immer schlechter, da das betroffene Nervengewebe zunehmend stark geschädigt ist.
Wann zum Tierarzt? Bei Verdacht einer Nervenerkrankung sollten Sie so schnell wie möglich einen Tierarzt aufsuchen, da sich einmal zerstörtes Nervengewebe, wenn überhaupt, nur sehr langsam regeneriert. Für die Behandlung von Infektionen im Nervenbereich ist immer ein Antibiotikum erforderlich.
➤ **Homöopathische Behandlung:** Neben den folgenden Mitteln sehen Sie bitte auch unter »Ältere Wunden« (→ Seite 118) und »Abszess« (→ Seite 119) nach, da manche Lähmungen Folgen von Bissverletzungen sind.
Arnica (*Arnica montana*)
Ursachen: Folge von Unfall, Schock, Verletzung; frische Zerrung, Prellung; nach Kampf; Überbeanspruchung; Bluterguss (Hämatom) am Rückenmark oder im Nervengewebe, wodurch der Nerv gequetscht wird

ERKRANKUNGEN DES NERVENSYSTEMS

Symptome: Schmerzhaftigkeit, starke Berührungsempfindlichkeit, Lähmungserscheinungen
Verschlimmerung: durch Bewegung, Berührung
➤ Potenz, Dosierung: D4, D6, 3 x 1 Dosis; C30, 1 x 1 Dosis (→ Seite 55)

Hypericum (*Hypericum perforatum,* Johanniskraut)
Ursachen: Nervenquetschung nach Verletzung (deshalb heißt das Mittel auch »Arnica der Nerven«)
Symptome: schmerzhafte Lahmheit, eher an den Vorderbeinen, z. B. Radialislähmung (Lähmung des Nervs, der die Muskulatur des Vorderbeins versorgt); es kommt zu unterschiedlichen Lähmungen in diesem Bereich
➤ Potenz, Dosierung: D6, 3 x 1 Dosis (→ Seite 55)

Nux vomica (*Strychnos nux-vomica,* Brechnuss)
Ursachen: Verspannungen mit Nerveneinengung, Erkrankung des Rückenmarks
Symptome: aufgekrümmter Rücken, stark verspannte Muskulatur; verspannter und harter Bauch; spastische Lähmung der Hinterbeine, die Beine werden nach vorn unter den Bauch geschoben und sind steif
➤ **Achtung:** Bei dieser Symptomatik können auch Darm und Blase gelähmt sein. Dann müssen Sie unbedingt einen Tierarzt aufsuchen.
Verschlimmerung: durch Berührung
➤ Potenz, Dosierung: D6, am ersten Tag alle 2 Stunden 1 Dosis, dann sollte eine Besserung eingetreten sein; danach 3 x 1 Dosis (→ Seite 55)

Plumbum metallicum (metallisches Blei)
Ursachen: Folge eines Traumas oder degenerativ (→ Seite 241) bedingt, z. B. Bandscheibenverschleiß
Symptome: schlaffe Lähmung, wobei die Hinterbeine hinterhergezogen werden; oder die Katze kann nur noch wackelig laufen
Verschlimmerung: nachts, durch Kälte, Bewegung
Besserung: durch Strecken der Gliedmaße, festen Druck
➤ Potenz, Dosierung: D8, 2 x 1 Dosis (→ Seite 55)
➤ **Besonderheit:** Das Mittel wirkt langsam, geben Sie es daher mehrere Wochen lang; auf Blasen- und Darmlähmung achten, die Katze setzt dann keinen Kot und Urin ab; Sie müssen die Katze dem Tierarzt vorstellen.

Behandlung mit Homöopathie

Erkrankungen der Haut

Hauterkrankungen können primär oder sekundär sein. Bei primären Hauterkrankungen handelt es sich um Folgen von Verletzungen, Insektenstichen oder Reaktionen auf lokale Reize. Sekundäre Hauterkrankungen sind Folge innerer Erkrankungen wie Nieren- oder Lebererkrankungen, Allergien, Autoimmunerkrankungen usw. Intensives Kratzen oder Lecken kann auch durch Schmerzen beispielsweise aus dem orthopädischen Bereich bedingt sein, also z. B. durch Arthrose, Arthritis oder Verspannungen. Bei diesen sekundären Erkrankungen muss die Grunderkrankung behandelt werden, oder es ist ein Konstitutionsmittel (→ Seite 23, 164) erforderlich. Häufig treten Hautprobleme bei Calcium-carbonicum-, Lycopodium-, Natrium-chloratum-, Sulfur- und Arsenicum-album-Konstitutionen auf.
Die folgenden Beschwerden zählen zu den primären Hauterkrankungen. Sie kann man allein oder unterstützend zur Schulmedizin mit Homöopathika behandeln.
→ auch »Unfall mit frischen Wunden«, Seite 130

Ältere Wunden

Begleitbehandlung: Ältere Wunden sollten Sie zunächst reinigen. Dazu müssen Sie zuerst die Haare wegschneiden. Zur eigentlichen Wundreinigung nehmen Sie Calendula-Tinktur (5 bis 10 Tropfen mit 1 bis 2 EL Wasser verdünnen, auf einen Stofftupfer geben) oder eine Desinfektionslösung vom Tierarzt. Jod oder Alkohol sollten Sie möglichst nicht verwenden, da dies die meisten Katzen nicht vertragen. Wichtig ist außerdem, die Katze daran zu hindern, dass sie an der Wunde leckt, etwa mithilfe einer Halskrause.
▶ **Homöopathische Behandlung:**
Calendula (*Calendula officinalis*, Ringelblume)
Symptome: ältere, schlecht heilende Wunde, evtl. gelbliche Haut, wenig grünlicher Eiter
Verschlimmerung: bei feuchtem Wetter, durch Kälte
▶ Potenz, Dosierung: D2, 3 x 1 Dosis (→ Seite 55)

ERKRANKUNGEN DER HAUT

Hepar sulfuris (Kalkschwefelleber, Hahnemanns Calciumsulfid)
Symptome: akute Eiterung; starke Schmerzhaftigkeit, große Berührungsempfindlichkeit; Geruch nach altem Käse; eitrig-grünliches oder wässriges Sekret
Verschlimmerung: durch trockene Kälte, Berührung, morgens
Besserung: durch Wärme, feuchtes Wetter
➤ Potenz, Dosierung: D8, 2- bis 3-x 1 Dosis (→ Seite 55)
➤ **Besonderheit:** Das Mittel ist meist nur zwei bis drei Tage nötig; entweder ist die Wunde dann abgeheilt, oder Sie müssen ein Folgemittel wählen.

Mercurius solubilis Hahnemanni (Quecksilber nach Hahnemann)
Symptome: gerötete Haut; Geschwüre, helle, dünnflüssige, wund machende Beläge mit unangenehmem Geruch; die Veränderungen sind schmerzhaft
Verschlimmerung: durch Wärme, durch Berührung
➤ Potenz, Dosierung: D8, 2 x 1 Dosis (→ Seite 55)

TIPP

Die Wundheilung unterstützen
Tragen Sie auf nässende Wunden und Abszesse nie Puder auf, da die Wunden verkrusten und sich die Entzündung unter der Kruste weiter ausbreitet. Daher sollten Sie auch verklebende Haare abschneiden. Viele Salben dichten die Wunden ebenfalls so sehr ab, dass die Wundheilung behindert wird. Am besten sind wässrige Lösungen geeignet.

Abszess

Ein Abszess ist eine lokale Reaktion des Körpers. Dieser kapselt in der Regel einen eitrigen Entzündungsprozess, beispielsweise nach einer Bissverletzung, ab und grenzt ihn damit vom Körper ab. Am Entzündungsherd bildet sich zunächst eine Schwellung, die dann prall elastisch wird. Wenn der Abszess »reif« geworden ist, öffnet er sich und

entlässt den darin gebildeten Eiter. Löst sich die den Eiter umschließende Bindegewebskapsel nicht auf, besteht die Gefahr eines Rückfalls (= Rezidivgefahr).
Wann zum Tierarzt? Abszesse, die zu Beschwerden führen, weil sie zu dick sind oder an Stellen liegen, wo sie hinderlich sind oder starke Schmerzen verursachen, müssen, bevor sie reif geworden sind, geöffnet werden. Suchen Sie in jedem Fall einen Tierarzt auf, da manche Abszesse auch mit Sepsis (= Blutvergiftung) und Fieber einhergehen.

➤ **Homöopathische Behandlung:** Neben den genannten Mitteln können Sie auch bei den Mitteln unter »Fieber« (→ Seite 144) nachsehen.

Myristica (*Myristica sebifera*, Rindensaft eines südamerikanischen Baums)
Dieses Arzneimittel wird aus Erfahrung angewandt bei Abszessen. Befindet sich der Abszess im Anfangsstadium (leichte Schwellung, nur leichte Schmerzhaftigkeit), kann Myristica die Rückbildung und den Abtransport (Resorption) des entzündeten Gewebes und des sich bildenden Sekrets fördern. Ist der Abszess zu weit fortgeschritten, fördert das Mittel die Eröffnung des Abszesses (homöopathisches Messer).

➤ Potenz, Dosierung: D6, 3 x 1 Dosis, meist 1 Woche lang (→ Seite 55)

Silicea (Acidum silicicum, Kieselsäure)
Die Erfahrung hat gezeigt, dass Silicea die Auflösung von bindegewebigen Stukturen (→ Glossar, Seite 120) bewirkt, bei Abszessen die Auflösung der Abszesskapsel. Es fördert auch die Abheilung von schlecht heilenden Wunden mit Fistelneigung (→ Glossar, Seite 242).

> *Die gelenkigen Katzen können sich fast überall kratzen. Hindern Sie sie daran, um die Wundheilung nicht zu stören.*

ERKRANKUNGEN DER HAUT

Symptome: dünnflüssiges, wund machendes Sekret
Verschlimmerung: durch Kälte und Nässe
➤ Potenz, Dosierung: D6 oder D12, 2 x 1 Dosis (→ Seite 55) bis zur vollständigen Resorption, was Wochen dauern kann

Allergische Reaktionen, örtlich begrenzt

Begleitbehandlung: Unterstützend können Sie Ihrer Katze bei allergischen Reaktionen Kalzium geben, entweder als Präparat von Ihrem Tierarzt oder in Form von Quark verfüttern.
➤ **Homöopathische Behandlung:** Für die Behandlung allergischer Reaktionen sehen Sie bitte auch im Kapitel »Erste Hilfe« unter Insektenstiche (→ Seite 140) und Verbrennungen (→ Seite 136) bei den Mitteln Apis, Staphisagria und Cantharis nach. Ansonsten kommen noch folgende Mittel infrage:
Cardiospermum (*Cardiospermum halicacabum*, Herzsame)
Aus Erfahrung reduziert das Mittel Juckreiz bei Flohstichallergie und kann statt Cortison eingesetzt werden.
➤ Potenz, Dosierung: D3, 3 x 1 Dosis (→ Seite 55), meist 1 bis 2 Wochen lang; zusätzlich muss natürlich der Flohbefall bekämpft werden
Urtica urens (Brennnessel)
Ursachen: Kontaktallergie
Symptome: Rötungen der Haut und kleine, stark juckende, leicht schmerzhafte Bläschen, »wie von Brennnesseln«
➤ Potenz, Dosierung: D4, 3 x 1 Dosis (→ Seite 55), heilt meist nach 1 bis 3 Tagen wieder ab
Rhus toxicodendron (Giftsumach)
Ursache: Kontaktallergie
Symptome: starker Juckreiz, Rötung; Bläschen, die auch nässen oder eitern können
Verschlimmerung: durch Kälte und Nässe
➤ Potenz, Dosierung: D6, 2 x 1 Dosis; D12, 1 x 1 Dosis (→ Seite 55); das Mittel braucht je nach Katze länger bis zur Abheilung, mindestens aber eine Woche

Ausleitungsmittel

Ausleitungsmittel, auch Dränagemittel genannt, werden zur Entlastung von Leber, Nieren und Haut eingesetzt. Man wendet sie an bei Futterumstellungen und Futterunverträglichkeiten, vor allem wenn die Katze Hautveränderungen zeigt, sowie nach Antibiotika- oder Cortisongaben.

▶ **Homöopathische Behandlung:**
▶ bei Belastung der Nieren: Berberis (→ Seite 96, 194) und Solidago (→ Seite 98, 203)
▶ bei Leberbelastung: Solidago (→ Seite 98, 203) und Carduus marianus (→ Seite 91)
▶ nach Vergiftungen, Chemotherapie, Futterunverträglichkeiten oder Problemen nach dem Auftragen von Floh- und Zeckenmitteln: Okoubaka (→ Seite 201)
▶ bei Erkrankungen, die trotz gut gewählter homöopathischer Medikamente nicht besser werden, oder wenn eine Heilung ins Stocken gerät: Sulfur

Sulfur (Schwefel)
Ursachen: Futtermittelbelastung durch Fertigfutter; Medikamentenbelastung
Symptome: Haut- und Haarveränderungen wie Haarausfall, Schuppen, fettige Haare; Juckreiz; Durchfall
▶ **Achtung:** Sulfur nicht bei akuten oder stark juckenden Hauterkrankungen anwenden; setzen Sie das Mittel ab, wenn eine Verschlimmerung der Symptome eintritt.
▶ Potenz, Dosierung: D12, 1- bis 2-x 1 Dosis für 1 bis 2 Wochen (→ Seite 55)

> **INFO**
>
> **Cortison**
> Cortison hat bei bestimmten Erkrankungen wie Allergien seine Berechtigung. Wollen Sie es durch eine homöopathische Therapie ersetzen, wenden Sie sich bitte an einen Homöopathen. Falls Ihre Katze länger als 2 Wochen Cortison bekommt oder mit Depot-Cortison behandelt wird, darf es nicht plötzlich abgesetzt werden! Die Dosis muss schrittweise reduziert werden!

Katzenspezifische Allgemeinerkrankungen

Darunter versteht man Krankheiten, die ausschließlich bei Katzen vorkommen.

Katzenleukämie und Katzenaids

Katzenleukämie wird auch Katzenleukose oder FeLV genannt, Katzenaids heißt noch Feline Immunschwäche oder FIV. An diesen beiden Krankheiten kann sich Ihre Katze durch Blut- oder Speichelkontakt mit anderen Katzen anstecken, etwa beim Deckakt, durch gemeinsame Futternäpfe oder Beißereien. Auch die Übertragung von einem erkrankten Muttertier auf die Jungen ist möglich. Beide Erkrankungen sind nicht auf andere Tierarten und den Menschen übertragbar.
Bei allen Erkrankungen, die mit gut gewählten Arzneimitteln, seien sie homöopathisch oder auch schulmedizinisch, nicht abheilen oder immer wieder aufflammen, sollte man an Katzenaids oder Katzenleukose denken.
Ursachen: zwei verschiedene Retroviren (→ Glossar, Seite 244)
Allgemeine Symptome: Wie bei HIV beim Menschen können beide Infektionen lange keine Symptome verursachen; manche Tiere sind dann zwar bei einer Blutuntersuchung positiv getestet, die Erkrankung ist bis zu diesem Zeitpunkt aber noch nicht ausgebrochen.
Wann zum Tierarzt? Diese beiden Erkrankungen lassen sich nur über eine Blutuntersuchung feststellen. Vorbeugend als Schutz wird bei Leukose die Impfung empfohlen. Gegen Katzenaids gibt es zurzeit keine Impfung.
Begleitbehandlung: Ist Ihre Katze infiziert oder an Katzenleukose bzw. Katzenaids erkrankt, sollte sie keinen Kontakt mehr mit anderen nicht erkrankten Katzen haben, damit sich diese nicht anstecken.
Die homöopathische Behandlung können Sie unterstützen, indem Sie Ihre Katze optimal füttern und halten.
➤ **Homöopathische Behandlung:** Bei einem positiven Befund werden die zur beobachteten Allgemein- oder

Organerkrankung passenden homöopathischen Mittel angewandt. Häufige Erkrankungen sind Zahnfleischentzündungen (→ Seite 67), schlecht heilende Wunden (→ Seite 118), Ohrenentzündungen (→ Seite 62), Nierenerkrankungen (→ Seite 97) und Atemwegserkrankungen (→ ab Seite 69).

Der Krankheitsprozess selbst lässt sich jedoch nur mit dem Konstitutionsmittel der erkrankten Katze (→ Seite 164) aufhalten. Dazu ist eine gründliche Anamnese seitens des homöopathisch arbeitenden Tierarztes nötig.

Feline infektiöse Peritonitis (FIP, ansteckende Bauchfellentzündung)

Im Allgemeinen sind von dieser Krankheit jüngere Katzen bis vier Jahre oder alte Katzen betroffen. Kommt es zu einem Ausbruch der Erkrankung, ist die Prognose ungünstig bis aussichtslos.

Ursachen: FIP wird durch ein Coronavirus (→ Glossar, Seite 241) hervorgerufen. Meist entsteht sie durch eine Mutation eines häufig vorhandenen Coronavirus, welches leichten Durchfall oder Schnupfensymptome hervorruft. Die Katzen werden schon als Jungtiere infiziert. Wenn das aufgenommene Virus nicht mutiert, bleibt die Infektion ohne weitere Folgen. Bei etwa zehn Prozent aller Jungkatzen bis zum Alter von zwölf Monaten entwickelt sich jedoch FIP – meist unter dem Einfluss von anderen Faktoren, die das Immunsystem schwächen.

Allgemeine Symptome: therapieresistentes Fieber (= Fieber spricht auf keine Therapie an), Apathie; Abmagerung; Austrocknung; Anämie; verdickter Bauch; Gelbsucht; neurologische Symptome wie Lähmungen, Schiefhalten des Kopfes oder Epilepsie; Augenveränderungen wie Sekrete in der vorderen Augenkammer

Wann zum Tierarzt? Bei dieser Krankheit müssen Sie Ihre Katze immer zum Tierarzt bringen. Die Diagnose kann nur er anhand der Symptome und einer Blutuntersuchung stellen.

Tiere, die neu in eine Katzengruppe kommen, sollten erst vom Tierarzt untersucht und in Quarantäne gehal-

ten werden. Impfungen gegen FIP sind möglich, es muss jedoch vom Tierarzt zunächst die Immunsituation der Katzengruppe sowie der Einzelkatze abgeklärt werden.
Begleitbehandlung: Damit das Coronavirus nicht zum FIP-Virus mutiert, sollten Sie vorbeugend für Ihre Katze Stress reduzieren, Hygiene einhalten und das Immunsystem mit dem Konstitutionsmittel unterstützen.
➤ **Homöopathische Behandlung:** In leichteren Fällen ist die Therapie versuchsweise möglich mit den entsprechenden Mitteln gegen die Symptome bzw. dem Konstitutionsmittel (→ Seite 164). Sie sollten die homöopathische Therapie von einem erfahrenen homöopathisch arbeitenden Tierarzt durchführen lassen.

Katzenschnupfen (Rhinotracheitis)

Von dieser Krankheit sind Augen, Nase, Mund sowie die Atemwege in unterschiedlichen Ausprägungen betroffen. Besonders gefährdet sind Katzen bis zu zwei Jahren, vor allem aber Katzenbabys, insbesondere von ungeimpften Müttern. Gefährdet sind auch Katzen mit anderen Grunderkrankungen wie Leukose oder Katzenaids.
Ursachen: Katzenschnupfen wird durch verschiedene Erreger hervorgerufen, die zum Teil auch gemeinsam vorkommen und sich gegenseitig begünstigen. Es handelt sich um Herpes- und Calici-Viren (→ Glossar, Seite

INFO

Fieber messen
Die Körperinnentemperatur misst man am besten im After. Thermometer zum Messen der Körperinnentemperatur im Ohr oder an anderem Ort haben sich nicht bewährt.
Machen Sie das Thermometer gut gleitfähig (Butter, Speiseöl) und führen Sie es mit sanftem Druck in den After ein. Am schnellsten zeigen digitale Thermometer die Temperatur an. Zur Unterstützung lassen Sie eine Person die Katze am Kopf kraulen, wodurch sie abgelenkt wird.

241, 242) und Bakterien (Bordetellen, Chlamydien und Mycoplasmen, → Glossar, Seite 241, 243). Die Übertragung erfolgt durch die ausgeschiedenen Sekrete – sowohl direkt durch Kontakt der Katzen untereinander als auch indirekt durch Sekrete an Futternäpfen oder an sonstigen Gegenständen oder Kleidung.

Allgemeine Symptome: Da die Erkrankung von so vielen verschiedenen Erregern ausgehen kann, sind die Symptome unterschiedlich.

Wann zum Tierarzt? In schweren Fällen oder bei einem Verlauf ohne Besserung innerhalb von drei Tagen suchen Sie einen Tierarzt auf. Katzenschnupfen kann zum Tod, zur Erblindung und Taubheit oder zu einer chronischen Schnupfenerkrankung führen.

▶ **Homöopathische Behandlung:** Da die Erkrankung von vielen Erregern ausgehen kann, sind die Symptome unterschiedlich. Sehen Sie nach bei Fiebermitteln (→ Seite 144), Erkrankungen der Augen (→ ab Seite 56), der Atemwege (→ ab Seite 69), der Mundhöhle (→ Seite 65). Es kommen hauptsächlich folgende Mittel infrage: Allium cepa (→ Seite 190), Apis (→ Seite 191), Drosera (→ Seite 73), Echinacea (→ Info, Seite 145), Euphrasia (→ Seite 198), Hepar sulfuris (→ Seite 198), Lachesis (→ Seite 175), Mercurius solubilis Hahnemanni (→ Seite 200), Pulsatilla (→ Seite 184), Silicea (→ Seite 185), Spongia (→ Seite 74).

Zusätzlich zu den oben genannten Mitteln können noch folgende Arzneien infrage kommen:

Kalium bichromicum (Kaliumdichromat)
Symptome: subakute oder chronische oder wiederkehrende Erkrankung; zähes, schleimiges, fadenziehendes, sehr klebriges, weißlich-gelbliches Sekret mit unangenehmem Geruch; wie ausgestanzte Geschwüre in der Nase oder in der Mundhöhle und auf der Zunge
Verschlimmerung: durch Nässe, Kälte, morgens
▶ Potenz, Dosierung: D4, 3 x 1 Dosis (→ Seite 55)

Luffa (*Luffa operculata*, Luffaschwamm)
Symptome: subakute Erkrankung, weißlich-gelbliches Nasensekret, das wechselnd mal festsitzend, mal fließend ist

Verschlimmerung: morgens
Besserung: im Freien
➤ Potenz, Dosierung: D4, 3 x 1 Dosis (→ Seite 55)
Hydrastis (*Hydrastis canadensis*, Kanadische Gelbwurz)
Symptome: bei akuter Erkrankung wässriges, wund machendes Sekret aus der Nase, mit Blutbeimengungen; bei subakuter bis chronischer Erkrankung gelbliches, fadenziehendes Sekret mit Blut
Verschlimmerung: durch Kälte
➤ Potenz, Dosierung: D4, 3 x 1 Dosis (→ Seite 55)
Cinnabaris (Hydrargyrum sulfuratum rubrum, rotes Quecksilbersulfid)
Symptome: subakute und chronische Erkrankung; eitriges, gelbliches, wund machendes, oft einseitiges Sekret aus der Nase, das wechselnd mal festsitzend, mal fließend ist
Besserung: draußen, bei Sonne, durch Ruhe
➤ Potenz, Dosierung: D4, D6, 3 x 1 Dosis (→ Seite 55)

Katzenseuche (Panleukopenie)

Die Krankheit ist hauptsächlich für Jungtiere und Katzen mit geschwächtem Immunsystem gefährlich. Auf Hunde und Menschen ist sie nicht übertragbar.
Ursachen: Felines Parvovirus; das Virus wird über Maul und Nase aufgenommen. Die Übertragung erfolgt wie beim Katzenschnupfen direkt durch Kontakt und indirekt (→ Seite 125).
Allgemeine Symptome: Die Erkrankung äußert sich üblicherweise in Erbrechen und Durchfall sowie Fieber. Im Blutbild ist eine starke Verminderung der weißen Blutkörperchen zu erkennen, was eine Schwächung des Immunsystems zur Folge hat.
Wann zum Tierarzt? Die Viruserkrankung kann schulmedizinisch nicht ursächlich behandelt werden. Wichtig sind Infusionen, um den gefährlichen Flüssigkeitsverlust mit Austrocknung zu verhindern. Es werden Antibiotika gegeben, um die durch das geschwächte Immunsystem möglichen Sekundärinfektionen zu verhindern. Suchen Sie daher in jedem Fall Ihren Tierarzt auf.

➤ **Homöopathische Behandlung:** Homöopathisch können Sie Ihre Katze mit den passenden Arzneien aus dem Kapitel »Erbrechen, Durchfall« (→ Seite 81) unterstützen. Zusätzlich kommen eventuell infrage:
Baptisia (*Baptisia tinctora*, Wilder Indigo)
Ursachen: Infektion
Symptome: heftiges Erbrechen; Koliken, schmerzhafter Bauch; dünner, stinkender, dunkler, blutiger Kot; Symptome des Erbrechens sind schlimmer als der Durchfall
Verschlimmerung: durch Wärme
➤ Potenz, Dosierung: D3, alle 2 Stunden 1 Dosis bis zur Besserung, dann 3 x 1 Dosis (→ Seite 55)
Mercurius sublimatus corrosivus (Quecksilberchlorid)
Symptome: wie Mercurius solubilis Hahnemanni (→ Durchfall, Seite 82), aber verstärkt, d. h. heftiger, wund machender, schleimiger, stinkender, blutiger Durchfall; Koliken; im Gegensatz zu Baptisia (→ oben) stehen die Symptome am Darm im Vordergrund
Verschlimmerung: abends, nachts
➤ Potenz, Dosierung: D8, 2- bis 3-x 1 Dosis (→ Seite 55)

Katzenasthma (Felines Asthma Syndrom, FAS)

Ursachen: Sie sind unklar; möglich sind allergische Reaktionen.
Allgemeine Symptome: pfeifendes oder schnelles, angestrengtes Atmen; hartnäckiger Husten mit starkem Würgereiz, die Katze sitzt mit abgespreizten Ellbogen und nahe am Boden ausgestrecktem Hals, Schleimauswurf beim Husten; Apathie; Atmen mit offenem Maul, angestrengtes Atmen nach körperlicher Anstrengung, hochgestreckter Hals und keuchendes Luftschnappen
➤ **Wichtig:** Da diese Symptome auch auf andere Erkrankungen hinweisen können, sollten Sie auch dort nachsehen: Herzerkrankungen (→ Seite 76), Wurmbefall (→ Seite 84), Atemwegsinfektionen (→ Seite 69), andere chronische Erkrankungen wie Katzenschnupfen (→ Seite 125), chronische Bronchitis (→ Seite 73).

Wann zum Tierarzt? Bei Atemwegsbeschwerden sollten Sie Ihre Katze untersuchen lassen, ob eine der links genannten Erkrankungen feststellbar ist. Die Diagnose wird im Ausschlussverfahren gestellt. Falls die Diagnose auf FAS lautet, ist je nach Schwere der Erkrankung eine schulmedizinische Behandlung (Inhalation, Cortison) nötig.

➤ **Homöopathische Behandlung:** Unterstützend können Sie Homöopathika aus dem Bereich Atemwege geben. Üblicherweise ist aber eine Konstitutionsbehandlung erforderlich. Bei Allergien müssen zusätzlich die Allergieauslöser (Hausstaub, Futter, Pollen usw.) festgestellt und möglichst eliminiert werden. Überlegenswert sind folgende Mittel:

Hat Ihre Katze eine Hausstauballergie, sollten Sie die Liegedecken regelmäßig bei 95° waschen, um die Milben zu töten.

Pollens (Pollantinum, Süßgräserpollen von *Dactylis glomerata*)
Empirische Erfahrung, kann bei Allergien auf Gräserpollen mit heuschnupfenähnlichen Symptomen angewandt werden. Die Symptome treten eher saisonal auf.
➤ Potenz, Dosierung: D12, 1 x 1 Dosis (→ Seite 55)

Grindelia (*Grindelia robusta*, Grindelie)
Symptome: chronischer Husten mit festsitzendem, weißlichem Schleim, der sich schlecht löst; Asthma (empirische Erfahrung, wirkt wahrscheinlich auf den Parasympathikus, → Glossar, Seite 244)
Verschlimmerung: beim und nach dem Hinlegen, durch Anstrengung, Kälte, Nässe
➤ Potenz, Dosierung: D3, D4, 3 x 1 Dosis (→ Seite 55)

Galphimia glauca (*Thyrallis glauca*, Galphimia)
Empirische Erfahrung bei Asthma
➤ Potenz, Dosierung: D12, 1 x 1 Dosis; D4, 3 x 1 Dosis (→ Seite 55)

Behandlung mit Homöopathie

Erste Hilfe bei akuten Notfällen

Im Folgenden finden Sie akute Notfälle, bei denen Sie erste Hilfe leisten können, die aber dann vom Tierarzt weiterversorgt werden müssen. Rufen Sie in allen Fällen Ihren Tierarzt an, damit sich dieser schon auf Ihr Kommen einstellen und bei Bedarf Vorbereitungen treffen kann, beispielsweise eine Infusion vorbereiten. Gleichzeitig wissen Sie dann auch, ob er überhaupt anwesend ist. Sollte dies nicht der Fall sein, rufen Sie einen anderen Tierarzt an! Neben Ihren persönlichen Notfall-Telefonnummern sollten Sie auch immer die Ihres Tierarztes greifbar haben.

➤ **Achtung:** Bei Schmerzen kann auch die liebste Katze beißen! Fassen Sie sie im Zweifelsfall dann nur mit Handschuhen an!

Unfall mit Bewusstlosigkeit

Finden Sie Ihre Katze bewusstlos, kontrollieren Sie zunächst die Atmung. Sollten sich Fremdkörper wie Knochen im Maul befinden, entfernen Sie diese; dazu ziehen Sie die Zunge heraus. Wenn Ihre Katze nicht mehr atmet, müssen Sie sie künstlich beatmen (→ Info rechts). Starke Blutungen verbinden Sie mit einem Druckverband (→ rechts).
Legen Sie Ihre Katze wenn möglich in einen geschlossenen Korb. Falls Sie befürchten, dass die Wirbelsäule verletzt ist, transportieren Sie die Katze auf einer festen Unterlage, z. B. einem Brett. Wenn Sie noch Zeit haben, geben Sie ihr 1 Dosis Arnica C30 (→ Seite 55). Dann fahren Sie zum Tierarzt.

Unfall mit akuten Blutungen und frischen Wunden

Kommt Ihre Katze stark blutend nach Hause, müssen Sie Ruhe bewahren. Ihre Hektik würde sich auf das Tier übertragen, es lässt sich dann nicht untersuchen. Dazu setzen Sie die Katze auf einen hellen Platz und versor-

ERSTE HILFE BEI AKUTEN NOTFÄLLEN

gen die Blutung. Blutet die Wunde sehr stark, müssen Sie einen Druckverband anlegen. Legen Sie dazu auf die Wunde zunächst einen Mulltupfer, auf keinen Fall Papier oder Watte! Dann wickeln Sie einen Verband (alternativ ein Tuch, eine Socke) fest darum. Auch weniger stark blutende Wunden sollten Sie verbinden, den Verband aber nicht zu fest anziehen, weil Sie sonst die Durchblutung behindern. Dann ziehen Sie die Oberlippe hoch und betrachten das Zahnfleisch. Je nach Farbe der Schleimhaut gehen Sie wie folgt vor:

➤ **Das Zahnfleisch ist blass:** Überprüfen Sie die sogenannte Rekapillarisation (→ Glossar, Seite 244). Drücken Sie dazu mit einem Finger kurz auf das Zahnfleisch und bestimmen Sie die Zeit, innerhalb der die inzwischen blutleere Druckstelle wieder die Ausgangsfarbe angenommen hat. Dauert dies zwei Sekunden oder länger, geben Sie Ihrer Katze 1 Dosis Arnica C30 (→ Schock, Seite 133) und fahren sofort zum Tierarzt.

➤ **Das Zahnfleisch ist hellrosa,** aber nicht dunkelrot: Überprüfen Sie die Rekapillarisation (→ oben). Dauert sie weniger als zwei Sekunden, braucht die Katze kein homöopathisches Mittel gegen Schock. Inspizieren Sie möglichst genau die blutende Wunde. Verklebte Haare entfernen Sie vorsichtig mit einer Schere. Reinigen Sie die Wunde mit Arnica-Tinktur (5 bis 10 Tropfen in einem Glas mit 1 bis 2 EL Wasser verdünnen, mit einem

TIPP

Eine bewusstlose Katze künstlich beatmen

➤ **Druckmassage:** Die Katze auf die Seite legen, die Zunge herausziehen, den Hals strecken, dann mit der flachen Hand die Rippen leicht drücken, damit die Luft entweicht. Loslassen, damit neue Luft einströmt. Dies im Abstand von zwei bis vier Sekunden wiederholen, bis die Katze wieder atmet.

➤ **Mund-zu-Mund-Beatmung:** Sie atmen selbst tief ein, nehmen die Nase des Tieres in den Mund und blasen Luft hinein. Wiederholen Sie dies, bis die Katze spontan atmet.

Behandlung mit Homöopathie

Stofftupfer auftragen) oder mit einem alkohol- und jodfreien Desinfektionsmittel (Tierarzt). Hindern Sie die Katze z. B. mit einer Halskrause am Lecken und legen Sie bei Bedarf einen Verband an (→ Seite 131). Fahren Sie dann mit Ihrer Katze zum Tierarzt.

Verletzungen, die größer als 1 cm sind, müssen Sie auf jeden Fall Ihrem Tierarzt zeigen, denn sie sollten möglichst genäht oder geklammert werden.

➤ **Tipp:** Prägen Sie sich die Farbe der Schleimhäute Ihrer Katze in gesundem Zustand ein. Vor allem rothaarige und hellfarbige Katzen können auch in gesundem Zustand recht helle Schleimhäute haben.

➤ **Homöopathische Behandlung bei Unfällen:**
Arnica (*Arnica montana*)
Ursachen: Folge von Unfall, Schock, Verletzung, Blutverlust
Symptome: Schmerzhaftigkeit, starke Berührungsempfindlichkeit, Schwäche, Blässe
Verschlimmerung: durch Bewegung, Berührung
➤ Potenz, Dosierung: im akuten Notfall C30, 1 Dosis, dann 1 x 1 Dosis täglich; ansonsten D4, D6, am ersten Tag alle 2 Stunden 1 Dosis, am nächsten Tag dann 3 x 1 Dosis bis zur Heilung (→ Seite 55)

Staphisagria (*Delphinium staphisagria*, Stephanskraut)
Ursachen: Schnittverletzungen
Symptome: starke, unverhältnismäßig erscheinende Schmerzempfindlichkeit, die Katze wehrt sich und/oder schreit beim bloßen Annähern an die Wunde
Verschlimmerung: durch Aufregung, Kälte
➤ Potenz, Dosierung: D6, 2 x 1 Dosis (→ Seite 55) bis zur Besserung der Symptome

Spielende Katzen können mit den Krallen hängen bleiben. Verletzungen des Krallenapparats muss der Tierarzt versorgen.

ERSTE HILFE BEI AKUTEN NOTFÄLLEN

Schock

Beim Schock handelt es sich um ein Kreislaufversagen.
Ursachen: Es sind verschiedene Ursachen möglich.
- Schock durch Trauma (Unfall, Verletzung)
- Schock durch Mangel (etwa an Flüssigkeit bei Durchfall, Blutungen, weil die Katze nicht trinkt; durch Hitze)
- allergischer Schock
- Schock durch Herzversagen
- Schock durch Erschrecken (psychogener Schock)
- Schock bei hohem Fieber oder Blutvergiftung

Allgemeine Symptome: Ein sicheres Symptom sind blasse Schleimhäute mit einer Rekapillarisation (→ Glossar, Seite 244), die länger als zwei Sekunden dauert. Weitere Symptome sind oft noch Bewusstlosigkeit, kalte Füße, Apathie, Unruhe, schneller Herzschlag, flache oder unregelmäßige Atmung. Auch hochrote Schleimhäute deuten auf einen beginnenden Schock hin.

Wann zum Tierarzt? Ein Schock kommt immer plötzlich. Suchen Sie dann sofort Ihren Tierarzt auf, bevor der Schock unumkehrbar wird und zum Tod führt!

- **Homöopathische Behandlung:**

Die folgenden Mittel werden unterstützend gegeben.

Arnica (*Arnica montana*)
Ursachen: Folge von Unfall, Schock, Erschrecken, Verletzung, Blutverlust
Symptome: Schmerzhaftigkeit, starke Berührungsempfindlichkeit, Schwäche, Blässe, Bewusstlosigkeit
Verschlimmerung: durch Bewegung, Berührung
- Potenz, Dosierung: C30, 1 x 1 Dosis (→ Seite 55) einmalig

Belladonna (*Atropa belladonna*, Tollkirsche)
Ursachen: Hirntrauma; Infektion; Hitze
Symptome: Die Katze ist benommen, die Pupillen sind geweitet, können auch unterschiedlich weit sein; möglicherweise Krämpfe, Augenzittern
Verschlimmerung: durch Berührung, Geräusche
- Potenz, Dosierung: D6, im Abstand von 30 Minuten 1 Dosis bis zur Besserung; alternativ C30, 1 x 1 Dosis (→ Seite 55) bis zur Besserung, meist einmalig

Veratrum album (Weiße Nieswurz)
Ursachen: Flüssigkeitsverlust durch Durchfall; Herz-Kreislauf-Probleme
Symptome: blasse oder blassblaue Schleimhäute; schwacher, schneller Puls und Herzschlag; Körper kalt, Untertemperatur (→ Glossar, Seite 245)
Verschlimmerung: durch Wetterwechsel, Hitze
Besserung: durch Wärme, Ruhe
➤ Potenz, Dosierung: D4, 3 x 1 Dosis; C30, 1 x 1 Dosis (→ Seite 55) bis zur Besserung

Carbo vegetabilis (Holzkohle)
Ursachen: Erkrankung, die schon einige Tage besteht, vor allem Durchfall
Symptome: blassbläuliche Schleimhäute, kalter Körper, große Schwäche
Verschlimmerung: durch Wärme nach Zudecken, abends, nachts
Besserung: an frischer Luft
➤ Potenz, Dosierung: D8, alle 2 Stunden 1 Dosis, bei Besserung 3 x 1 Dosis; C30, 1 x 1 Dosis (→ Seite 55)
Für weitere Mittel sehen Sie nach bei Herzerkrankungen (→ Seite 75), allergische Hautreaktionen (→ Seite 140), Vergiftungen (→ Seite 147), Fieber (→ Seite 144).

Bissverletzungen

Bissverletzungen sind bei Katzen insofern besonders heimtückisch, da man sie sehr oft zuerst nicht bemerkt. Meistens werden sie durch die spitzen, schmalen Eckzähne verursacht. Nach dem Biss schließt sich die Wunde in der Regel schnell wieder. Da Zähne jedoch immer stark verunreinigt sind und die Verletzung kaum blutet, bleiben Bakterien, Nahrungsreste oder auch Haare in der Wunde zurück und verursachen eine Entzündung des Gewebes. Diese kann sich als Abszess abkapseln (→ Seite 119), es kann allerdings auch zu einer Blutvergiftung (Sepsis) kommen. Behalten Sie daher auch geringfügige Verletzungen, insbesondere am Ohr, immer im Auge. Infektionen führen am Ohr wegen der Anatomie leicht zum Verlust von Teilen der Ohrmuschel.

Für den Einsatz homöopathischer Mittel sehen Sie bitte unter Fieber (→ Seite 144), Abszess (→ Seite 119) oder Ältere Wunden (→ Seite 118) nach.
Wie Sie Verletzungen versorgen, erfahren Sie auf Seite 130 (Unfall mit akuten Blutungen).

Blutergüsse, Prellungen

Blutergüsse (Hämatome) erkennt man an einer rötlichen oder bläulichen Verfärbung der Haut. Sie sind weich oder hart und schmerzhaft. Ursache ist in der Regel ein stumpfes Trauma (Schlag, Tritt, Sturz, Quetschung etc.), was zum Zerreißen eines Gefäßes und als Folge zu einer Blutung ins umliegende Gewebe führt.

➤ **Homöopathische Behandlung:** Mit den folgenden Mitteln können Sie den Bluterguss auflösen und die Schmerzen reduzieren.

Arnica (*Arnica montana*)
Ursachen: Folge von Unfall, Schock, Verletzung
Symptome: Schmerzhaftigkeit, starke Berührungsempfindlichkeit; Schwäche, Blässe; rötliche oder bläuliche Verfärbung; weiches Hämatom
Verschlimmerung: durch Bewegung, Berührung
➤ Potenz, Dosierung: D4, D6, 3 x 1 Dosis; C30, 1 x 1 Dosis (→ Seite 55) bis zur Besserung

Hamamelis virginiana (Virginische Zaubernuss)
Symptome: ein bis zwei Tage alter Erguss, dunkelrote oder bläuliche Haut; Schmerzhaftigkeit, Berührungsempfindlich-

> **TIPP**
>
> **Die kranke Katze transportieren**
> Packen Sie die Katze warm ein. Legen Sie sie am besten flach auf die rechte Seite, halten Sie die Atemwege frei, indem Sie bei Bedarf die Zunge herausziehen, außerdem Fremdkörper, Schleim und Blut entfernen. Transportieren Sie die Katze in einem geschlossenen Korb, damit sie nicht plötzlich im Auto umherspringt. Zur Wirbelsäule → Seite 130.

keit, aber weniger als bei einer Katze, die Arnica braucht
Verschlimmerung: durch Wärme, Feuchtigkeit
➤ Potenz, Dosierung: D3 oder D4, 3 x 1 Dosis (→ Seite 55) bis zur Besserung

Bellis perennis (Gänseblümchen)
Ursachen: nach Verletzung, Quetschung
Symptome: Katze ist sehr berührungsempfindlich; hartes Hämatom, einige Tage bis Wochen alt, das nicht abheilen will
Verschlimmerung: durch Anstrengung, feuchte Kälte
Besserung: durch Bewegung
➤ Potenz, Dosierung: D4, 3 x 1 Dosis (→ Seite 55) bis zur Besserung

Verbrennungen

Bei Verbrennungen werden in Abhängigkeit vom Ausmaß der Gewebsschädigungen verschiedene Grade unterschieden:
➤ Verbrennung Grad 1: gerötete Haut (wie Sonnenbrand), Schmerzen, keine Blasenbildung
➤ Verbrennung Grad 2a: gerötete Haut, Blasenbildung (Blasengrund rot), Berührungsschmerzen
➤ Verbrennung Grad 2b: Verbrennung bis tief in die Haut, was eine chirurgische Behandlung erfordert, weißer Blasengrund, Haarausfall
➤ Verbrennung Grad 3: schwerste Hautschäden (weiße, trockene Hautfetzen), keine Schmerzempfindung mehr, keine Haare mehr, eventuell Schockzeichen (wie vermehrte Schweißneigung, Übelkeit, Schwindel, Blässe)
Sofortmaßnahme: Übergießen Sie verbrannte Stellen mit kaltem Wasser, um sie zu kühlen und dadurch eine Organschädigung zu vermeiden. Dazu halten Sie die betroffenen Körperteile für längstens zehn Minuten entweder unter fließendes kaltes Wasser oder Sie tauchen sie in kaltes Wasser. Nach der Kaltwasserbehandlung müssen Sie die Wunden mit einem sterilen Verband abdecken, um eine Infektion zu vermeiden. Dabei dürfen Sie auf keinen Fall Salben, Gels, Öl oder Puder auf offene Wunden geben.

ERSTE HILFE BEI AKUTEN NOTFÄLLEN

Wann zum Tierarzt? Bei Verbrennungen ab Grad 2 sollten Sie immer Ihren Tierarzt aufsuchen.
Begleitbehandlung: Bei Grad 1 können Sie Panthenolsalbe (Apotheke) auf die Haut auftragen.
▶ **Homöopathische Behandlung:** Die Mittel unterstützen die Behandlung.

Arnica (*Arnica montana*)
Ursachen: Folge von Unfall, Schock, Verletzung
Symptome: Schmerzhaftigkeit, starke Berührungsempfindlichkeit; Schwäche, Blässe; rötlich verfärbte, weiche Haut
Verschlimmerung: durch Bewegung, Berührung
▶ Potenz, Dosierung: D4, D6, 3 x 1 Dosis; C30, 1 x 1 Dosis (→ Seite 55) bis zur Besserung

Hamamelis virginiana (Virginische Zaubernuss)
Symptome: dunkelrote oder bläuliche Haut; Schmerzhaftigkeit, Berührungsempfindlichkeit, aber weniger als bei einer Katze, die Arnica braucht
Verschlimmerung: durch Wärme, Feuchtigkeit
▶ Potenz, Dosierung: D4 oder D6, 3 x 1 Dosis (→ Seite 55) bis zur Besserung

Cantharis (*Lytta vesicatoria*, Spanische Fliege)
Symptome: großblasiger Bläschenausschlag, Bläschen brennen, sind schmerzhaft, jucken (später)
▶ Potenz, Dosierung: D4, alle 2 Stunden 1 Dosis, bis Besserung eintritt (meist am ersten Tag), dann 3 x 1 Dosis (→ Seite 55)

Apis (*Apis mellifica*, Honigbiene)
Ursachen: Stich, auch Insektenstich; allergische oder entzündliche Hautreaktion
Symptome: hellrote, weiche Schwellung »wie von einem Bienenstich«, Blasenbildung (klein, blass, rot); Schmerzhaftigkeit, Berührungsempfindlichkeit
Verschlimmerung: durch Wärme
Besserung: durch Kälte
▶ Potenz, Dosierung: D4 oder D6, direkt nach der Verbrennung alle 30 Minuten 1 Dosis über 1 bis 2 Stunden, danach 3 x 1 Dosis; D30, direkt nach der Verbrennung 2-x im Abstand von 1 Stunde 1 Dosis, sonst 1 x 1 Dosis für 2 bis 3 Tage (→ Seite 55)

Gehirnerschütterung

Ursachen: Die Gehirnerschütterung (Commotio cerebri) ist die Folge einer stumpfen Gewalteinwirkung auf den Kopf, hervorgerufen z. B. durch einen Sturz, Schlag oder Zusammenprall. Sie ist die leichteste Form eines Schädel-Hirn-Traumas und heilt normalerweise folgenlos aus. Bei einer Gehirnerschütterung können äußerliche Wunden oder Schwellungen zu sehen sein, häufig jedoch nicht. Fehlen äußerliche Verletzungen, sollte dies aber nicht darüber hinwegtäuschen, dass eine Gehirnerschütterung oder eine schwerwiegendere Verletzung des Gehirns vorliegen kann.

Allgemeine Symptome: Die stumpfe Gewalteinwirkung kann zur Bewusstlosigkeit führen. Diese hält jedoch oft nur wenige Sekunden bis maximal fünf Stunden an. Die Dauer der Bewusstlosigkeit kann als ein Gradmesser für die Schwere der Gehirnerschütterung gesehen werden. Je länger die Katze bewusstlos ist, desto schwerer ist die Gehirnerschütterung.

Wann zum Tierarzt? Sollte Ihre Katze als Folge eines Traumas bewusstlos sein, erbrechen oder taumeln, suchen Sie einen Tierarzt auf.

Begleitbehandlung: Ihre Katze sollte sich nach jeder Gehirnerschütterung in jedem Fall möglichst wenig bewegen, nicht springen und im Haus bleiben.

▶ **Homöopathische Behandlung:**

Arnica (*Arnica montana*)
Ursachen: Folge von Unfall, Schock, Verletzung, Blutverlust
Symptome: Schmerzhaftigkeit, starke Berührungsempfindlichkeit; Schwäche, Blässe
Verschlimmerung: durch Bewegung, Berührung
▶ Potenz, Dosierung: C30, 1 x 1 Dosis (→ Seite 55) meist über 3 bis 4 Tage bis zu 1 Woche

Hypericum (*Hypericum perforatum*, Johanniskraut)
Ursachen: Nervenverletzung
Symptome: hochgradige Schmerzhaftigkeit, Erbrechen
Verschlimmerung: durch Kälte, Bewegung
▶ Potenz, Dosierung: D6, alle Stunde 1 Dosis bis

zur Besserung (meist 1 Tag), danach 3 x 1 Dosis (→ Seite 55)

Operationen

➤ **Homöopathische Behandlung:** Nach operativen Eingriffen helfen die nachfolgend genannten Arzneimittel, den Wundschmerz zu verringern und die Wundheilung zu fördern.
Staphisagria (*Delphinium staphisagria*, Stephanskraut)
Ursachen: Schnittverletzung
Symptome: gerötete, geschwollene Stelle; starke, unverhältnismäßig erscheinende Schmerzempfindlichkeit, beim bloßen Annähern an die Wunde wehrt sich und/oder beißt die Katze
Verschlimmerung: durch Aufregung, Kälte, Kratzen
➤ Potenz, Dosierung: D6, 2 x 1 Dosis (→ Seite 55)
Arnica (*Arnica montana*)
Ursachen: Folge von Unfall, Schock, Verletzung
Symptome: Schmerzhaftigkeit, starke Berührungsempfindlichkeit; Schwäche, Blässe; eher rötliche, weiche Haut
Verschlimmerung: durch Bewegung, Berührung
➤ Potenz, Dosierung: D4, D6, 3 x 1 Dosis; C30, 1 x 1 Dosis (→ Seite 55)
Ledum (*Ledum pallustre*, Sumpfporst)
Ursachen: Stichverletzung, auch Insektenstich, Zeckenbiss, Katzenbiss
Symptome: kleine Hautveränderung, die eher bläulich, fest, nicht sehr schmerzhaft ist; keine erhöhte lokale Wärme
Besserung: durch Kälte
➤ Potenz, Dosierung: D4, 2- bis 3-x 1 Dosis (→ Seite 55)

 Damit die Katze die Box nicht nur mit dem unangenehmen Tierarztbesuch verbindet, sollten Sie sie ab und zu darin füttern.

Insektenstiche

Bei Insektenstichen handelt es sich meist um Wespen- oder Bienenstiche; auch Zeckenbisse zählen dazu.

Wann zum Tierarzt? Erfolgte der Bienen- oder Wespenstich im Maul- und Halsbereich, geben Sie das entsprechende Arzneimittel und suchen sofort Ihren Tierarzt auf, da die Atemwege zuschwellen können und die Katze dadurch ersticken kann. Sollte die Schwellung an anderer Stelle zu stark werden oder Symptome eines Schocks (Zittern, Blässe der Schleimhäute, Taumeln, Bewusstlosigkeit) oder Fieber, Mattigkeit oder Erbrechen auftreten, fahren Sie ebenfalls zum Tierarzt.

▶ **Homöopathische Behandlung:** Befinden sich die Stiche nicht im Maul- und Halsbereich, sondern an anderen Stellen, geben Sie das zur Symptomatik passende Mittel und kühlen die Stichstelle (→ Info rechts).

▶ **Wichtig:** Zeckenbisse können mit den folgenden Arzneimitteln nur im Anfangsstadium behandelt werden. Entwickeln sich Abszesse (→ Seite 119) oder eiternde Prozesse (→ Seite 118), dann sehen Sie bitte in den entsprechenden Kapiteln nach. Treten Fieber oder Störungen des Allgemeinbefindens, wie Müdigkeit oder Appetitlosigkeit, ein, suchen Sie Ihren Tierarzt auf.

Ledum (*Ledum pallustre*, Sumpfporst)
Ursachen: Stichverletzung, auch Insektenstich, Zeckenbiss, Katzenbiss
Symptome: kleine Hautveränderung, die eher bläulich, fest, nicht sehr schmerzhaft, nicht eitrig ist; keine erhöhte lokale Wärme
Besserung: durch Kälte
▶ Potenz, Dosierung: D4, 2- bis 3-x 1 Dosis (→ Seite 55) bis zur Besserung

Apis (*Apis mellifica*, Honigbiene)
Ursachen: Stich, auch Insektenstich; allergische oder entzündliche Hautreaktion
Symptome: hellrote, weiche Schwellung »wie von einem Bienenstich«, Blasenbildung; Schmerzhaftigkeit, Berührungsempfindlichkeit
Besserung: durch kühle Umschläge

➤ Potenz, Dosierung: D4 oder D6, direkt nach dem Stich alle 30 Minuten 1 bis 2 Stunden lang 1 Dosis (→ Seite 55), dann 3 x 1 Dosis täglich bis zum Verschwinden der Symptome

Staphisagria (*Delphinium staphisagria*, Stephanskraut)
Ursachen: Stichverletzung, auch Insektenstich
Symptome: gerötete, geschwollene, stark juckende Stelle; starke, unverhältnismäßig erscheinende Schmerzempfindlichkeit, die Katze wehrt sich und/oder beißt beim bloßen Annähern an die Wunde
Verschlimmerung: durch Aufregung, Kälte, Kratzen
➤ Potenz, Dosierung: D6, 2 x 1 Dosis (→ Seite 55) bis zur Besserung

Epilepsie

Üblicherweise dauern epileptische Anfälle eine bis fünf Minuten. Das Zuschauen ist für Sie als Besitzer oft schlimmer als der Anfall für die Katze selbst. Bewahren Sie daher Ruhe. Achten Sie darauf, dass Ihre Katze während des Anfalls nirgendwo herunterfallen kann. Falls sie sich dennoch irgendwo angestoßen oder verletzt hat, lesen Sie im Kapitel »Unfall mit frischen Wunden« (→ Seite 130) nach.
Nach dem Anfall erholen sich die Tiere meistens recht schnell, sind aber noch etwas müde.

TIPP

Kühlen von Entzündungen oder Insektenstichen
Entzündungen, Insektenstiche oder Blutergüsse kühlen Sie nicht zu stark, da dann die Blutzirkulation stark vermindert wird und das gekühlte Gewebe absterben kann:
➤ Kühlpack, Kühlakku oder Eiswürfel aus dem Gefrierfach; vor dem Auflegen in ein Handtuch einwickeln
➤ Umschlag mit sehr kaltem Wasser
➤ Quarkwickel: Quark aus dem Kühlschrank zwischen zwei Tücher packen und auflegen, bis der Quark warm geworden ist

Behandlung mit Homöopathie

Ursachen: Nur ein Teil der sogenannten epileptischen Anfälle sind »echte« Anfälle (→ Glossar, Seite 241). Weitere Ursachen für epileptiforme (epilepsieähnliche) Anfälle (→ Glossar, Seite 241) sind Kreislauf- oder Herzprobleme, Lebererkrankungen, Nierenerkrankungen, Unterzuckerung/Diabetes, Störungen im Elektrolythaushalt, Schilddrüsenerkrankungen, Veränderungen im Gehirn (z.B. Tumoren, Zysten, Durchblutungsstörungen), Allergien (→ Glossar, Seite 240), Vergiftungen.

Allgemeine Symptome: Epileptische Anfälle äußern sich in Krämpfen und Zuckungen sowohl der ganzen Katze als auch einzelner Körperteile. Die Katze kann ansprechbar oder auch bewusstlos sein. Weiterhin kann sie schreien, Schaum vor dem Maul haben sowie Kot und Urin absetzen.

Wann zum Tierarzt? Suchen Sie in jedem Fall Ihren Tierarzt auf, um die Ursache abklären zu lassen. Achten Sie darauf, wie lange der Anfall dauert. Sind es länger als fünf Minuten, fahren Sie sofort zum Tierarzt, um der Katze ein Mittel gegen die Krämpfe geben zu lassen. Hören diese nämlich nicht auf, kann Ihre Katze durch Herz- und Kreislaufüberlastung sterben.

Bei Katzen treten epileptische Anfälle seltener auf als bei Hunden. Falls Ihre Katze jedoch Epilepsie hat, muss im Einzelfall mit dem Tierarzt abgesprochen werden, ob und welche Therapie eingeleitet wird. Bei einer Anfallshäufigkeit von seltener als einmal pro Woche wird man wegen der Nebenwirkungen eher kein schulmedizinisches Mittel geben.

➤ **Homöopathische Behandlung:** Homöopathika wird man einsetzen, wenn die Anfälle selten auftreten; sie sind auch sinnvoll, wenn Ihre Katze schulmedizinische Medikamente nicht verträgt. Die ergänzende Gabe von homöopathischen Mitteln kann manchmal auch die Dosis des erforderlichen schulmedizinischen Mittels reduzieren. Am besten wirken dabei Konstitutionsmittel (→ Seite 164), die jedoch von einem erfahrenen Homöopathen nach einer Anamnese verordnet werden sollten. Im akuten Notfall oder für seltene Einzelanfälle können Sie eines der folgenden Mittel einsetzen. Die Reihenfolge entspricht der Häufigkeit der Anwendung aufgrund eigener Erfahrung:

Belladonna (*Atropa belladonna*, Tollkirsche)
Symptome: Katze liegt auf der Seite, Zuckungen der ganzen Katze oder einzelner Körperteile, Beine zum Teil auch steif; Schaum vor dem Maul, Kot- und Harnabsatz, Augen geweitet
Verschlimmerung: durch Berührung, Geräusche
▶ Potenz, Dosierung: Während des Anfalls D6 im Abstand von 30 Minuten, wenn Sie nicht schnell genug zum Tierarzt kommen bzw. unterstützend zur schulmedizinischen Medikation; vorbeugend D6, 3 x 1 Dosis, zunächst nicht länger als 14 Tage; alternativ zu D6 nach dem Anfall D30 oder C30, 1 x 1 Dosis (→ Seite 55)

Cuprum aceticum, Cuprum metallicum (Kupferacetat, metallisches Kupfer)
Symptome: zu Beginn der Krämpfe schreit die Katze; die Krämpfe fangen an den Füßen an, von da aus breiten sie sich aus; Anfälle aus dem Schlaf heraus; Schaum vor dem Maul; Anfälle treten oft in regelmäßigen Abständen auf; Füße sind kalt
Verschlimmerung: bei Neumond
▶ Potenz, Dosierung: D6, 2- bis 3-x 1 Dosis (→ Seite 55)

Hyoscyamus (*Hyoscyamus niger*, Bilsenkraut)
Ursachen: oft Schreck
Symptome: plötzlich, oft mehrmals hintereinander auftretende, kurze Krämpfe, zu Beginn der Krämpfe schreit die Katze oft; Schaum vor dem Maul; Kot- und Harnabsatz
▶ Potenz, Dosierung: D30, 1 x 1 Dosis über 2 bis 3 Tage (→ Seite 55)

Elektrischer Schlag

Strom abstellen; Katze nur mit Gummihandschuhen anfassen, damit Sie isoliert sind und nicht selbst einen Schlag bekommen; dann künstliche Beatmung (→ Info, Seite 131) oder Herzmassage, falls erforderlich
Siehe Mittel für Schock, Seite 133

Ertrinken

Wasser aus der Lunge entfernen, indem Sie die Katze an den Oberschenkeln der Hinterbeine nehmen und 2- bis 3-mal im Kreis schleudern; evtl. künstlich beatmen
Siehe Mittel für Schock, Seite 133

Erfrierungen/Unterkühlung

Gefährdet sind äußere Körperteile wie Füße, Ohren oder Schwanz. Hüllen Sie das ganze Tier in warme Tücher, tauchen Sie die Füße vorsichtig in körperwarmes Wasser, den Rest der Extremitäten behandeln Sie mit warmen Umschlägen, bis alles wieder erwärmt ist. Wenn das Aussehen wieder normal ist, reiben Sie die betroffenen Körperteile mit fetthaltiger Creme ein. Im Zweifelsfall oder wenn die Durchblutung nicht wiederkommt, fahren Sie zum Tierarzt.
Siehe Mittel für Schock, Seite 133

Fieber bei Infektionen

Bei Fieber handelt es sich um eine natürliche Reaktion des Körpers auf eine Infektion, wie Lungenentzündung oder Sepsis. Fieber ist zusammen mit anderen Allgemeinsymptomen wie Schwäche und Appetitlosigkeit das erste Zeichen einer Erkrankung. Gibt man das genau passende Arzneimittel zum passenden Zeitpunkt, kann es sein, dass die Katze danach geheilt ist und keine weiteren Mittel benötigt. Andernfalls wird sich die Symptomatik ändern, und es muss ein neues Arzneimittel nach der Ähnlichkeitsregel gefunden werden.
Wann zum Tierarzt? bei Fieber über 39,8 °C und/oder Schwäche und/oder Schocksymptomen; wenn die Katze nichts frisst (→ Seite 91) oder das Fieber nach ein bis zwei Tagen nicht gesunken ist.
▶ **Homöopathische Behandlung:** Homöopathische Fiebermittel werden oft das Fieber nicht auf Normalwerte senken, das Allgemeinbefinden des Tieres sollte sich aber verbessern. Neben der Regulierung der Temperatur

unterstützen sie auch die körpereigene Abwehr. Sie können daher sowohl bei Virus- als auch bakteriellen Infektionen, auch in Kombination mit Antibiotika, gegeben werden. Der Einsatz homöopathischer Mittel ist gerade bei einer Virusinfektion besonders wichtig, da Antibiotika Viren nicht abtöten können. Antibiotika werden in diesem Fall zum Schutz vor bakteriellen Sekundärinfektionen (→ Glossar, Seite 244) gegeben.

Aconitum (*Aconitum napellus,* Blauer Eisenhut)
Erkrankungen, bei denen man Aconitum braucht, sind sehr stürmisch im Verlauf. Die Symptome entsprechen dem Mittelbild von Aconitum nur in den ersten Stunden. Danach wandelt sich das Symptomenbild, und die Katze braucht andere Mittel. Wenn Sie Aconitum rechtzeitig gegeben haben, wird sie einschlafen und am nächsten Tag wieder fast in Ordnung sein.

Ursachen: Infektion; oft Folge von kaltem Wind
Symptome: plötzliches Fieber (innerhalb von Stunden), sehr hoch, über 40 °C; rote Schleimhäute; das Herz klopft stark; trockene Haut und Schleimhäute; die Katze kann großen Durst haben, ist unruhig, es sind noch keine weiteren Symptome zu sehen; Beginn der Erkrankung oft abends oder nachts
Verschlimmerung: durch Berührung
➤ Potenz, Dosierung: D4 oder C30, im Abstand von 30 Minuten 2- bis 3-x 1 Dosis (→ Seite 55)

TIPP

Das Immunsystem unterstützen
Das Homöopathikum Echinacea (*Echinacea angustifolia,* Sonnenhut) unterstützt das Immunsystem bei allen akuten Infektionen. Es wirkt entzündungshemmend und wird eingesetzt bei Infektionen wie Bronchitis oder Katzenschnupfen und bei Immunschwäche. Es ist angezeigt, wenn sich die Symptome bei Anstrengung, Kälte, nach dem Fressen und abends verschlimmern.
Potenz und Dosierung: D6, 3 x 1 Dosis über 1 bis 2 Wochen.

Behandlung mit Homöopathie

➤ **Wichtig:** Das Mittel nicht mehr geben, wenn klar ist, welches Organ betroffen ist!

Belladonna (*Atropa belladonna*, Tollkirsche)
Ursachen: Infektion, Folge von Hitze
Symptome: plötzlicher Beginn, jedoch nicht so schnell wie bei Katzen, die Aconitum brauchen; meist steigt das Fieber innerhalb eines halben bis ganzen Tages bis zu 40 °C; es ist schon feststellbar, welches Organ betroffen ist (z. B. Husten bei Bronchitis), es ist jedoch noch keine Eiterung als Folge der bakteriellen Infektion eingetreten; die Katze ist apathisch und will sich nicht bewegen; rote Schleimhäute; das Herz klopft stark; kalte Füße, Schweiß an den Fußballen; kein Durst

➤ **Wichtig:** Die Katze sollte in jedem Fall dem Tierarzt vorgestellt werden.

Verschlimmerung: durch Berührung, Geräusche, Kälte, Nässe, Licht

➤ Potenz, Dosierung: D6 oder D30, 1 x stündlich 1 Dosis innerhalb von 2 Stunden, dann abwarten, ob Besserung eintritt (dann die Gabe nicht wiederholen); wenn keine Besserung bzw. ein Rückfall eintritt, weiter D6, 3 x 1 Dosis (→ Seite 55), oder ein anderes Mittel auswählen (→ Seite 35)

Lachesis (*Lachesis muta*, Buschmeisterschlange)
Wie alle Schlangengifte zersetzt Lachesis das Blut, daher ist im Symptomenbild eine Neigung zu Blutungen vorhanden.
Ursachen: Infektion, oft durch Viren
Symptome: sich langsam entwickelndes Fieber, oft nicht über 39,8 °C; wenig Durst; es sind bereits Symptome vorhanden, oft im Hals/Bronchienbereich oder an infizierten Wunden; infizierte Stellen sind berührungsempfindlich, nicht jedoch die ganze Katze wie bei Belladonna und Aconitum; rot-bläuliche Schleimhäute; die Entzündungen sind noch nicht eitrig, bluten jedoch leicht

➤ **Besonderheit:** Linksseitigkeit möglich (→ Seite 243)

Verschlimmerung: durch Wärme, Druck, nach dem Schlafen

➤ Potenz, Dosierung: D8 oder D12, 2- bis 3-x täglich 1 Dosis bis zur Besserung (→ Seite 55)

Ferrum phosphoricum (Eisenoxidphosphat, phosphorsaures Eisen)
Ursachen: akuter, aber auch wiederkehrender Infekt
Symptome: Fieber nicht hoch, aber hartnäckig oder immer wiederkommend; keine Eiterung; besonders häufig Atemwegs- und Darminfektionen; häufig junge Tiere, oft etwas zart und nervös; eher blasse Schleimhäute; oft kalte Füße; Katze schwitzt an den Füßen
➤ **Hinweis:** Für Ferrum phosphoricum spricht der erwähnte zarte und nervöse Zustand.
Verschlimmerung: um Mitternacht, bei Geräuschen
➤ **Potenz, Dosierung:** D8, 2 x 1 Dosis; D12, 1 x 1 Dosis (→ Seite 55) bis zur Besserung

Vergiftungen

Vergiftungen treten meist plötzlich auf.
Ursachen: Für Katzen sind giftig: viele Pflanzen (→ Internetadressen, Seite 254); humanmedizinische Medikamente, beispielsweise Paracetamol®, da sie sehr viel empfindlicher als Menschen darauf reagieren; ätherische Öle wie etwa Zitrusöle, die oft als Repellent (→ Glossar, Seite 244) gegen Flöhe und Zecken eingesetzt werden und deshalb bei Katzen nicht angewendet werden sollten; Terpentin, Benzin, Heizöl und andere Kohlenwasserstoffverbindungen; sonstige Gifte (→ Seite 149).
Allgemeine Symptome: Speicheln, Erbrechen, Durchfall, Krämpfe, Zittern, Zuckungen, Taumeln, Apathie, erweiterte Pupillen, veränderte Atmung (schneller, langsamer, flacher). Außer bei Krämpfen ist kein Fieber vorhanden.
Wann zum Tierarzt? Bei Vergiftungsverdacht müssen Sie immer zum Tierarzt gehen. Wenn möglich, muss ein Gegengift (Antidot) gegeben werden. Zusätzlich sind organunterstützende Maßnahmen wie Infusionen erforderlich.
➤ **Richtig handeln:** Wenn Sie wissen, welches Gift, auch Medikament, Ihre Katze aufgenommen hat, nehmen Sie es mit Verpackung und Beipackzettel mit zum Tierarzt. Wenn es sich um eine giftige Pflanze handelt und Sie

kennen deren Namen nicht, nehmen Sie diese (sicherheitshalber gut verpackt) ebenfalls mit.

Bei allen Vergiftungen gilt: Als Erstes sollte, soweit machbar, vorhandenes Gift unter Beachtung der eigenen Sicherheit (beispielsweise Handschuhe anziehen) sofort entfernt werden. Katzen nehmen Gifte meist über den Mund auf, entweder direkt oder durch Ablecken des verschmutzten Fells. Daher sollten Sie bei entsprechendem Vergiftungsverdacht Ihre Katze am Lecken hindern, indem Sie sie festhalten, und Haut und Haare mit Wasser und Seife/Shampoo reinigen.

▶ **Homöopathische Behandlung:** Homöopathika können Heilungs- und Entgiftungsprozesse unterstützen.

Nux vomica (*Strychnos nux-vomica*, Brechnuss)
Ursachen: Aufnahme von Gift, falsche Medikamente
Symptome: aufgekrümmter Rücken; übel riechender Durchfall mit viel Luft, Blähungen, Schmerzen im Bauchbereich; Krämpfe, Erbrechen; das Mittel bei Giften anwenden, die die Leber schädigen
Besserung: durch Wärme
▶ Potenz, Dosierung: D6, 3 x 1 Dosis (→ Seite 55) bis zur Besserung

Okoubaka (*Okoubaka aubrevillei*, Rinde eines westafrikanischen Baums)
Ursachen: Vergiftung, vor allem durch Pestizide und Insektizide, Futtertoxine, etwa durch verdorbenes Futter, oder Aflatoxine aus Schimmelpilzen (→ Glossar, Seite 240)
Symptome: Schwäche, Durchfall und Erbrechen, heftig und hartnäckig
▶ Potenz, Dosierung: D2, 3 x 1 Dosis (→ Seite 55), mindestens 2 Wochen geben; absetzen bei deutlicher Besserung

Ipecacuanha (*Uragoga ipecacuanha*, Brechwurzel)
Symptome: starkes Erbrechen, zum Teil mit Blutschlieren im Erbrochenen; Gabe rein symptomatisch, um das Erbrechen zu beenden
▶ Potenz, Dosierung: C30, 1 x 1 Dosis; D6, 1 x alle Stunde 1 Dosis (→ Seite 55), bis die Katze nicht mehr erbricht, dann noch 1 bis 2 Tage

ERSTE HILFE BEI AKUTEN NOTFÄLLEN

Hitzschlag, Sonnenstich

Bei einem Hitzschlag müssen Sie zuallererst Ihre Katze kühlen. Holen Sie sie dazu ins kühle Haus; dann wickeln Sie die Katze in nasse Tücher oder duschen sie kurz kalt ab.

➤ **Achtung:** Nicht zu schnell und zu stark kühlen!
Wann zum Tierarzt? Da immer die Gefahr eines Schocks besteht, suchen Sie umgehend einen Tierarzt auf.

➤ **Homöopathische Behandlung:** Sie ist als erste Notfallmaßnahme gedacht.

Gelsemium (*Gelsemium sempervirens*, Wilder Jasmin)
Ursache: zu viel Hitze und/oder Sonne
Symptome: Katze ist benommen, schläfrig, Augen bewegen sich hin und her, Pupillen sind stark vergrößert
Besserung: durch Ruhe

➤ Potenz, Dosierung: D6, alle 10 bis 20 Minuten bis zur Normalisierung; D30, 2 x 1 Dosis im Abstand von 1 Stunde (→ Seite 55)

Belladonna (*Atropa belladonna*, Tollkirsche)
Symptome: Die Katze ist müde, apathisch, ihr Herz klopft stark; rote oder bläulich rote, trockene Schleimhäute; die Pupillen sind stark vergrößert

➤ Potenz, Dosierung: D6 oder D30, 2 x 1 Dosis innerhalb von 2 Stunden, dann abwarten; evtl. weiter D6, 3 x 1 Dosis (→ Seite 55). Bei Wirkungseintritt, wenn die Katze wieder munterer wird, erst einmal abwarten, Mittelgabe nicht wiederholen.

> **INFO**
>
> **Cumarinvergiftung durch Rattengift**
> Rattengift kann die Katze über vergiftete Mäuse und Ratten oder direkt aufnehmen. Es setzt die Blutgerinnung herab. Dies ist ein schleichender Prozess, auch abhängig von der Menge des aufgenommenen Giftes. Symptome sind Blutungen (nicht immer) aus Körperöffnungen, z. B. blutiger Urin, Mattigkeit und blasse Schleimhäute. Sofort zum Tierarzt!

Verhaltensauffälligkeiten

Katzen können als Einzeltiere und in der Gruppe mehr oder weniger häufig Verhaltensweisen zeigen, die für ihre Menschen zu Problemen oder erheblichen Störungen des Zusammenlebens führen. Hierbei handelt es sich häufig um übersteigertes Normalverhalten. Manche Verhaltensweisen sind aber auch echte Verhaltensstörungen. Die Übergänge sind oft fließend.

Für die Behandlung des problematischen oder störenden Verhaltens ist es wichtig, seine Ursache zu ermitteln, soweit dies möglich ist. Voraussetzung dafür sind einige grundlegende Kenntnisse zum Verhalten der Katze.

➤ Alle Hauskatzen, ob Wohnungs- oder Freigängerkatzen, markieren ihr Revier unabhängig davon, ob sie kastriert sind oder nicht. Das Markieren erfolgt über Pheromone (→ Glossar, Seite 244), Kratzen und Urinieren.

➤ Einzeln gehaltene Wohnungskatzen markieren eher selten. Meist geschieht dies über Absetzen von Pheromonen aus den entsprechenden Drüsen, indem sie z. B. ihren Kopf an Ihrem Bein oder an einem Gegenstand reiben oder mit den Krallen am Sessel kratzen. Durch Markieren mit Urin drücken sie eher ihre Unzufriedenheit mit bestimmten Situationen aus.

➤ Wohnungskatzen, die in einer Gruppe gehalten werden, können in Konfliktsituationen mit den anderen Katzen (z. B. Eifersucht) nicht nur mit Pheromonmarkieren und Kratzen reagieren, sondern auch mit Urin- und Kotabsatz sowie mit aggressivem Verhalten. Dabei können auch ängstliche Verhaltensweisen auftreten.

➤ Katzen, die als Jungtiere hauptsächlich zwischen der 2. und 7. Lebenswoche intensiven Kontakt zu anderen Katzen hatten, sind später eher umgänglich mit anderen Katzen, während Katzen, die diesen Kontakt nicht hatten, später zum Einzelgänger tendieren. Sie sollten auch als reine Wohnungskatzen einzeln gehalten werden. Bei ihnen muss dann der Besitzer für eine entsprechende Beschäftigung sorgen.

➤ Es gibt aber auch Katzen, die gut auf andere Katzen, jedoch schlecht auf Menschen geprägt sind. Sie können

VERHALTENSAUFFÄLLIGKEITEN

sich meist recht gut an ihren Besitzer gewöhnen, haben aber Probleme mit Fremden. Für diese Katzen sollten immer Rückzugsmöglichkeiten vorhanden sein.

➤ Bitte denken Sie daran, dass es bei Katzen wie auch bei Menschen persönliche Aversionen gegen Artgenossen geben kann – eine Antipathie auf den ersten oder zweiten Blick. Versuchen Sie daher, bei der Anschaffung einer zweiten Katze ein Rückgaberecht auszuhandeln. Grundsätzlich sollten in einem Haushalt mit reiner Wohnungshaltung nicht mehr Katzen als Wohnräume vorhanden sein, damit die Katzen genügend Möglichkeiten haben, sich aus dem Weg zu gehen, und damit jede Katze ein eigenes Revier etablieren kann.

Wann zum Tierarzt? Uriniert und kotet Ihre Katze plötzlich in die Wohnung oder zeigt sie andere Verhaltensauffälligkeiten, dann sollten Sie sie immer vom Tierarzt auf Erkrankungen und Schmerzen untersuchen lassen. Kann dies ausgeschlossen werden, so sind psychische Ursachen für die Verhaltensauffälligkeit wahrscheinlich. Diese müssen über eine Anamnese sorgfältig ermittelt werden. Die Katze kann dann sowohl mit Verhaltenstherapie, Homöopathie oder mit einer Kombination von beiden behandelt werden.

➤ **Wichtig:** Strafen Sie Ihre Katze bei Verhaltensproblemen niemals. Sie lösen das Problem dadurch nicht, sondern verunsichern Ihre Katze weiter und vermitteln ihr, dass sie Ihnen nicht vertrauen kann.

Unsauberkeit

Darunter versteht man das Markieren mit Urin bzw. Urin- oder Kotabsatz außerhalb der Toilette bei kastrierten Tieren. Urinmarkierungen können in kleinen Mengen im Hocken oder Stehen abgesetzt werden oder in großen Mengen wie auch Kot im Sitzen.

Ursachen können sein:
➤ neue Einrichtungsgegenstände
➤ neue Katzen in der Nachbarschaft oder im eigenen Haushalt
➤ Urinmarken anderer Katzen

Behandlung mit Homöopathie

RAUMGESTALTUNG KATZENGERECHT

Für unsere Hauskatzen sind unsere Wohnungen meistens viel zu aufgeräumt und langweilig. Hier ein paar Tipps, wie Sie Ihre Wohnung katzengerecht gestalten. Bekommt Ihre Katze so immer wieder etwas Neues, wird sie keine Probleme haben, wenn Sie sich dann einmal ein neues Möbel gönnen oder den Weihnachtsbaum aufstellen.

Lose Teppiche	Lose Teppiche wie Fleckerlteppiche sind für Katzen wunderbar, da sie sich durch die Gegend schieben lassen. Die Katze kann sich darunter verstecken, kann hineinbeißen und den Teppich totschütteln, und ab und zu gibt es einen neuen. Auch eine vom Sofa herunterhängende Decke ist ein wunderbares Versteck.
Kartons	Kartons aus dem Supermarkt sind immer wieder ein schönes Mitbringsel für Ihre Katze. Zunächst riechen sie interessant. An verschiedenen Stellen platziert, kann sie sich darin verstecken. Und zu guter Letzt lassen sie sich auch zerreißen. Kartons, die auch als Schlafkiste geeignet sein sollen, sollten etwa doppelt so groß wie Ihre Katze sein.
Kratzbäume	Sie sollten so aufgestellt werden, dass die Katze von dort alles gut beobachten kann, aber nicht mitten auf dem Präsentierteller sitzt. Die Abstände der einzelnen Etagen sollten nicht zu eng beieinander sein, damit sie gut hochspringen, aber auch bequem absteigen kann. Dies ist vor allem bei älteren Katzen wichtig. Höhlen im unteren Teil sind nutzlos und werden meist nicht bezogen.
Kratzstellen	Sie sollten am Kratzbaum, aber auch an anderen, der Katze passenden, strategisch wichtigen Stellen eingerichtet sein. Die meisten Katzen mögen Sisal, ein Teppichstück (kurze Schlinge), Maisstrohmatten, Kokos oder Sackleinen, das Sie auf ein Brett spannen können. Auch sägeraues Holz ist möglich.

VERHALTENSAUFFÄLLIGKEITEN

➤ Veränderungen der Beziehungen zu den anderen Katzen des Haushalts, zumeist Rangordnungsänderungen
➤ Änderungen in der Familie des Halters (z. B. Baby)
➤ Auszug von Bezugspersonen
➤ Katzentoilette (→ Info, Seite 155)
➤ Gelerntes Fehlverhalten, nachdem bei einer Erkrankung Kot und Urin unbeabsichtigt woanders abgesetzt wurden. Durch das sofortige Entfernen hatte die Katze immer saubere Stellen für Kot- und Urinabsatz, während ihr Klo vermutlich nicht prompt gesäubert wurde.
➤ Angst auslösendes Ereignis, etwa ein lauter Knall, während die Katze auf der Toilette war; sie verknüpft dieses Ereignis mit der Toilette und meidet sie fortan.
➤ Mobbing von einer anderen Katze, während sie auf der Toilette ist
➤ **Wichtig:** Entfernen Sie Urin nicht mit gängigen Haushaltsreinigern. Diese riechen wie Katzenurin nach Ammoniak und werden deshalb von der Katze wieder übermarkiert. Nehmen Sie Neutral- oder Schmierseife.
Wann zum Tierarzt? In einer Anamnese sollte immer versucht werden, die Ursache der Unsauberkeit herauszufinden.
➤ **Homöopathische Behandlung:** Sie muss meist mit dem Konstitutionsmittel (→ Seite 164) erfolgen. Häufige Mittel für Katzen, die aus psychischen Gründen unsauber sind:

Argentum nitricum (Silbernitrat)
Ursachen: neue Einrichtungsgegenstände, Umräumen von Möbeln
➤ Potenz, Dosierung: D12, 1 x 1 Dosis (→ Seite 55) bis zur Besserung

Calcium carbonicum Hahnemanni (Austernschalenkalk)
Ursachen: Dominanzproblem mit Halter/anderer Katze
➤ Potenz, Dosierung: D12, 1 x 1 Dosis; D30, D200, 1 x 1 Dosis nach Bedarf (→ Seite 55, 165) bis zur Besserung

Chamomilla (*Matricaria chamomilla*, Echte Kamille)
Ursachen: Rivalität mit anderer Katze, Ärger, Eifersucht
➤ Potenz, Dosierung: D200, 1 x 1 Dosis einmalig (→ Seite 55), dann Erfolg abwarten

Hyoscyamus (*Hyoscyamus niger*, Bilsenkraut)
Ursachen: Eifersucht, demonstratives Markieren mit Harn und Kot
➤ Potenz, Dosierung: D200, 1 x 1 Dosis einmalig
(→ Seite 55), dann Erfolg abwarten

Ignatia (*Strychnos ignatii*, Ignatiusbohne)
Ursachen: Kummer, Heimweh, Schreck, Trauer
➤ Potenz, Dosierung: D30, 1 x wöchentlich 1 Dosis
(→ Seite 55) bis zur Besserung

Lachesis (*Lachesis muta*, Buschmeisterschlange)
Ursachen: Eifersucht
➤ Potenz, Dosierung: D12, 1 x 1 Dosis; D30, 1 x 1 Dosis; D200, 1 x 1 Dosis nach Bedarf (→ Seite 55, 165)

Lycopodium (*Lycopodium clavatum*, Bärlapp)
Ursachen: je nach Besitzer Dominanzproblem oder Angst; die Katze verunreinigt demonstrativ
➤ Potenz, Dosierung: C30, 1 x 1 Dosis (→ Seite 55, 165) bis zur Besserung

Natrium chloratum (Natriumchlorid, auch Natrium muriaticum, Kochsalz)
Ursachen: Stress, Kummer
➤ Potenz, Dosierung: D12, 1 x 1 Dosis (→ Seite 55, 165) bis zur Besserung
➤ **Hinweis:** Es kann jede Katze unabhängig vom Konstitutionsmittel unsauber werden.

Unsauberkeit bei organischen Problemen

➤ **Homöopathische Behandlung:**
➤ bei Erkrankungen von Blase oder Nieren: Dulcamara (→ Seite 96), Cantharis (→ Seite 95)
➤ bei Folgen von Unfall oder psychischem Schock: Arnica (→ Seite 132)
Als sonstige Mittel können bei organisch bedingter Unsauberkeit helfen:

Causticum Hahnemanni (Hahnemanns Ätzstoff)
Ursachen: Inkontinenz infolge von Störungen im Nervensystem, auch altersbedingt; Folge von zu langem Urineinhalten
Verschlimmerung: durch trockenes Wetter

VERHALTENSAUFFÄLLIGKEITEN

▶ Potenz, Dosierung: D4, D6, 3 x 1 Dosis; D12, 1 x 1 Dosis (→ Seite 55, 165) bis zur Besserung

Petroselinum (*Petroselinum crispum*, Krause Blattpetersilie)
Ursachen: Inkontinenz infolge Blasenentzündung, verursacht durch Funktionsstörungen; eher jüngere Tiere
Symptome: Juckreiz in der Harnröhre
Verschlimmerung: nachts
▶ Potenz, Dosierung: D3, D6, 3 x 1 Dosis (→ Seite 55, 165) bis zur Besserung

Aloe (*Aloe perryi*)
Symptome: Kot- und Urininkontinenz alter Tiere
▶ Potenz, Dosierung: D12, 1 x 1 Dosis; D3, 3 x 1 Dosis (→ Seite 55) bis zur Besserung; evtl. Dauertherapie nötig

Barium carbonicum (Bariumcarbonat)
Ursachen: Senilität, die Katze ist unsauber, weil sie vergessen hat, wo ihre Toilette ist
▶ Potenz, Dosierung: D4, 2- bis 3-x 1 Dosis (→ Seite 55, 165) bis zur Besserung; evtl. ist Dauertherapie nötig

Harnverhalten

Harnverhalten kann eine Folge von organischen Problemen sein, wie Harngrieß, Steinbildung (→ Seite 99) oder Blasenlähmung (→ Seite 100). Es kann jedoch auch psychische Ursachen haben.

INFO

Katzentoilette als Ursache für Unsauberkeit
▶ richtige Anzahl: so viele Toiletten wie Katzen plus eine; auf jeder Etage sollte aber mindestens eine Toilette stehen
▶ falsche Streu: verschiedene Sorten testen
▶ richtige Größe: oft zu klein, zu niedrig
▶ Bauart: offene Toilette ist oft besser als geschlossene
▶ Standort: geschützt (mit Rücken zur Wand, nicht an belebten Stellen); nicht in der Nähe von Fress- und Trinknapf
▶ Sauberkeit: Jede Katze hat eine andere Toleranzgrenze.

Behandlung mit Homöopathie

➤ **Homöopathische Behandlung:**
Causticum Hahnemanni (Hahnemanns Ätzstoff)
Ursachen: Die Katze konnte nicht auf ihre Toilette und musste den Urin zu lange einhalten (zurückhalten), mit der Folge einer überdehnten Blase.
➤ Potenz, Dosierung: D4, D6, 3 x 1 Dosis; D12, 1 x 1 Dosis (→ Seite 55, 165) bis zur Besserung
Folgende Konstitutionsmittel können Sie probieren:
Arsenicum album (Acidum arsenicosum, weißes Arsenik)
Ursachen: Angst, aber auch Folge von Blasenlähmung bei alten Tieren
➤ Potenz, Dosierung: D6, 2 x 1 Dosis (→ Seite 55, 165) bis zur Besserung
Natrium chloratum (Natriumchlorid, auch Natrium muriaticum, Kochsalz)
Ursachen: kann nicht urinieren, d.h., sie verhält, wenn jemand zusieht, bzw. sie verhält nicht, sondern uriniert woanders hin
➤ Potenz, Dosierung: D12, 1 x 1 Dosis (→ Seite 55, 165) bis zur Besserung

Eifersucht

➤ **Homöopathische Behandlung:** Auch bei Eifersuchtsproblemen erfolgt die Behandlung mit Konstitutionsmitteln. Die folgenden Mittel helfen erfahrungsgemäß am ehesten:
Hyoscyamus (*Hyoscyamus niger*, Bilsenkraut)
Ursachen: Eifersucht, demonstratives Markieren
➤ Potenz, Dosierung: D200, 1 x 1 Dosis einmalig (→ Seite 55, 165) nach Bedarf
Lachesis (*Lachesis muta*, Buschmeisterschlange)
Ursachen: Eifersucht
Symptome: Gesamtbild der Katze muss dem Konstitutionsmittel entsprechen (→ Seite 175); meist weibliche Tiere; Eifersucht mit Aggression gegen bestimmte Tiere
➤ Potenz, Dosierung: D12, 1 x 1 Dosis; D30, 1 x 1 Dosis; D200, 1 x 1 Dosis nach Bedarf (→ Seite 55, 165) bis zur Besserung

VERHALTENSAUFFÄLLIGKEITEN

Nux vomica (*Strychnos nux-vomica*, Brechnuss)
Symptome: Eifersucht vor allem, wenn neue Mitbewohner (Mensch oder Tier) ins Haus kommen und man sich nicht genug um die Katze kümmert; sie setzt gezielt Urin- oder Kotmarken, damit diese nicht übersehen werden.
➤ Potenz, Dosierung: D30, 1 x 1 Dosis nach Bedarf (→ Seite 55, 165) bis zur Besserung

> *Aggressionen zwischen Katzen sind normal. Behandelt werden müssen übersteigerte Aggressionen und deren Folgen.*

Pulsatilla (*Pulsatilla pratensis*, Küchenschelle)
Symptome: liebe, ängstliche, anhängliche, liebebedürftige Katze; Eifersucht gegenüber fremden Tieren und Menschen, wenn ihr Mensch sich nicht genug um sie kümmert; fordert Zuwendung ein
➤ Potenz, Dosierung: D30, 1 x 1 Dosis; D200, 1 x 1 Dosis nach Bedarf (→ Seite 55, 165) bis zur Besserung

Übersteigerte Aggression

Aggression ist an sich ein normales Verhalten von Katzen und dient zur Erhaltung der eigenen Lebensgrundlage und zur Sicherstellung der dafür erforderlichen Ressourcen, beispielsweise Revier, Futter, Rangordnung oder Fortpflanzung.
Eine übersteigert ausgeprägte Aggression kann neben Erkrankungen verschiedene andere Ursachen haben und gegen Menschen und/oder andere Katzen und/oder andere Tiere gerichtet sein. Diese Form der Aggression kann jede Katze entwickeln, da sie auch aus Angst aggressiv reagieren kann.
Ursachen für übersteigerte Aggression:
➤ Angst, wenn die Katze nicht fliehen kann (→ Seite 159)

➤ Spielaggression, weil die Katze unausgelastet ist und deshalb wild und sehr viel spielt; dabei geht viel kaputt.
➤ Jagdaggression, weil die Katze ihren Jagdinstinkt nicht ausleben kann; sie nimmt ihren Besitzer als Ersatz, d. h., sie springt ihn plötzlich an und beißt z. B. in die Beine
➤ Schmerz
➤ Folge von Erkrankungen
➤ Die Katze ist überfordert.
➤ Sie lebt in der falschen Umgebung.
➤ Die Katze möchte ihren Willen durchsetzen.
➤ Langeweile, weil der Besitzer nicht richtig mit der Katze spielt bzw. sich nicht mit ihr beschäftigt; daher fällt der Katze meist Unfug aus dem Bereich falsches Jagd- und Spielverhalten ein
➤ Erlerntes Fehlverhalten; als Jungtier hatten Sie Ihrer Katze nachgesehen, wenn sie beim Spielen ein bisschen kratzte und biss; das hat sie beibehalten.
➤ Bei der umgerichteten Aggression ist die Ursache der Aggression etwas anderes als das, was die Katze jetzt angreift; die Zusammenhänge sind schwer festzustellen.

Wann zum Tierarzt?
Wenn die Aggression das katzentypische Maß übersteigt oder krankheitsbedingt ist, sollten Sie zum Tierarzt gehen.
➤ **Homöopathische Behandlung:**
Dafür muss immer das Konstitutionsmittel gesucht werden. Viel Aggression ist in den Arzneibildern folgender Mittel vorhanden. Sie können aber auch unter Eifersucht (→ Seite 156) oder Unsauberkeit (→ Seite 151) nachsehen.

INFO

Der »böse Blick«
Dies ist eine besonders subtile Form der Aggression unter Katzen. Dabei sitzt eine Katze oft an zentraler Stelle und starrt eine andere unverwandt an. Es sieht für uns harmlos aus, aber für viele Katzen reicht dies oft schon, dass sie sich beispielsweise nicht trauen, an der böse blickenden Katze vorbeizugehen, zum Beispiel auf die Toilette. Sie können dann unsauber werden.

VERHALTENSAUFFÄLLIGKEITEN

Chamomilla (*Matricaria chamomilla*, Echte Kamille)
Symptome: Die Katze ist reizbar und ungeduldig, eifersüchtig, egoistisch; aus diesen Charakterzügen heraus kann sie aggressiv reagieren, wenn nicht alles nach ihrem Kopf geht.
➤ Potenz, Dosierung: D200, 1 x 1 Dosis nach Bedarf (→ Seite 55, 165) bis zur Besserung

Hyoscyamus (*Hyoscyamus niger,* Bilsenkraut)
Symptome: Aggression aus Eifersucht, Katze muss Stärke demonstrieren
➤ Potenz, Dosierung: D200, 1 x 1 Dosis nach Bedarf (→ Seite 55, 165) bis zur Besserung

Lachesis (*Lachesis muta*, Buschmeisterschlange)
Ursachen: Eifersucht
Symptome: Gesamtbild der Katze muss der Beschreibung des Konstitutionsmittels entsprechen (→ Seite 175); meist weibliche Tiere; Eifersucht mit Aggression gegen bestimmte Tiere
➤ Potenz, Dosierung: D12, 1 x 1 Dosis; D30, 1 x 1 Dosis; D200, 1 x 1 Dosis nach Bedarf (→ Seite 55, 165) bis zur Besserung

Lycopodium (*Lycopodium clavatum,* Bärlapp)
Symptome: eigentlich schwache Tiere, denen keine Grenzen gesetzt wurden und die sich jetzt als Diktatoren gebärden; beißen gern aus dem Hinterhalt, haben oft schlechte Laune
➤ Potenz, Dosierung: C30, 1 x 1 Dosis nach Bedarf (→ Seite 55, 165) bis zur Besserung

Nux vomica (*Strychnos nux-vomica,* Brechnuss)
Symptome: plötzliche Aggression, ausgelöst oft durch Kleinigkeiten, gegen Menschen und Katzen gerichtet
➤ Potenz, Dosierung: D30, 1 x 1 Dosis nach Bedarf (→ Seite 55, 165) bis zur Besserung

Angst

Ursachen für ängstliches Verhalten:
➤ schlechte Erfahrung
➤ schlechte Sozialisierung im Welpenalter
➤ Angst ist angeboren

Behandlung mit Homöopathie

- Unterdrückung durch andere
- Erkrankungen
- falsche Haltungsbedingungen

Symptome für ängstliches Verhalten:
- Die Katze flieht.
- Sie versteckt sich.
- Sie reagiert aggressiv, wenn sie nicht fliehen kann.
- Sie erstarrt, wenn sie nicht fliehen kann.
- Haltung und Mimik sind verändert.
- Sie zeigt körperliche Symptome wie Schwitzen, Hecheln, Urin- und Kotabsatz, Erbrechen.

Wann zum Tierarzt? Er muss bestehende Krankheiten behandeln; eventuell sind verhaltenstherapeutische Maßnahmen nötig.

Begleitbehandlung: Sind Fehler in der Haltung, wie z. B. mangelnde Rückzugsmöglichkeiten, für die Angst verantwortlich, müssen Sie diese abstellen.

- **Homöopathische Behandlung:** Dafür muss nach dem Konstitutionsmittel gesucht werden. Ausnahmen hiervon sind die Anwendung folgender Mittel:

Aconitum (*Aconitum napellus,* Blauer Eisenhut)
Ursachen: Angst und große Schreckhaftigkeit als Folge von Schreck
- Potenz, Dosierung: D30 oder D200, 1 x 1 Dosis einmalig (→ Seite 55)

Arnica (*Arnica montana*)
Ursachen: Folge von Unfall, Schock, Verletzung, Blutverlust
Symptome: psychischer Schock, Tiere verstecken sich, wollen nicht angefasst werden
- Potenz, Dosierung: C30, 1 x 1 Dosis nach Bedarf (→ Seite 55, 165) bis zur Besserung

Folgende Konstitutionsmittel kommen häufig bei Ängsten infrage:

Argentum nitricum (Silbernitrat)
Ursachen: Angst vor Neuem, z. B. vor neuen Möbeln; kann unsauber werden (→ Seite 151/153); kann auch Durchfall bekommen vor Angst
- Potenz, Dosierung: D30, 1 x 1 Dosis nach Bedarf (→ Seite 55, 165) bis zur Besserung

VERHALTENSAUFFÄLLIGKEITEN

Arsenicum album (Acidum arsenicosum, weißes Arsenik)
Ursachen: Angst vor dem Alleinsein, ist oft nachts unruhig; sucht die Wärme; hat Probleme, wenn der geregelte Tagesablauf gestört ist
▶ Potenz, Dosierung: D30, D200, 1 x 1 Dosis nach Bedarf (→ Seite 55, 165) bis zur Besserung

Natrium chloratum (Natriumchlorid, auch Natrium muriaticum, Kochsalz)
Ursachen: Kummer, Verlust von Bezugspersonen oder -tieren; kann bei Anwesenheit anderer nicht urinieren
▶ Potenz, Dosierung: D30, D200, 1 x 1 Dosis nach Bedarf (→ Seite 55, 165) bis zur Besserung

Nux vomica (*Strychnos nux-vomica*, Brechnuss)
Ursachen: Angst vor Geräuschen, Lichtblitzen
Symptome: reagiert aus Angst aggressiv; lässt sich nicht gern festhalten
▶ Potenz, Dosierung: D30, D200, 1 x 1 Dosis nach Bedarf (→ Seite 55, 165) bis zur Besserung

Phosphorus (gelber Phosphor)
Ursachen: Angst vor Geräuschen
Symptome: erschrickt leicht, kann aus Angst auch aggressiv reagieren, wenn keine Fluchtmöglichkeit besteht; eher unruhig, nervös, schlank; zerstört viel
▶ Potenz, Dosierung: C30, 1 x 1 Dosis nach Bedarf (→ Seite 55, 165) bis zur Besserung

Pulsatilla (*Pulsatilla pratensis*, Küchenschelle)
Ursachen: Angst aufgrund Umgebung, z. B. wegen anderer Katze
Symptome: grundsätzlich ängstlich, lieb; mangelndes Selbstbewusstsein, oft weibliche Tiere
▶ Potenz, Dosierung: D30, D200, 1 x 1 Dosis nach Bedarf (→ Seite 55, 165) bis zur Besserung

Silicea (Acidum silicicum, Kieselsäure)
Symptome: allgemein unsicher, ängstlich, meist eher zierlich; Katzen, die Silicea brauchen, haben Probleme, wenn der regelmäßige Ablauf gestört ist, aber nicht so stark wie Tiere, die Arsenicum album brauchen
▶ Potenz, Dosierung: D30, 1 x 1 Dosis nach Bedarf (→ Seite 55, 165) bis zur Besserung

Die homöopathischen Mittel

In diesem Kapitel sind die wichtigsten Konstitutionsmittel und häufig gebrauchte Mittel für die Katze beschrieben. Zum besseren Verständnis einer Anamnese und Behandlung habe ich Fallbeispiele aus meiner Praxis beigefügt.

Die wichtigsten Konstitutionsmittel für Katzen

Konstitutionsmittel sind Homöopathika mit einem weiten Wirkungsbereich, d.h., sie können bei einer Vielzahl von Beschwerden helfen. Das erklärt sich dadurch, dass Konstitutionsmittel das ganze System des Körpers beeinflussen, also auf der körperlichen, geistigen und seelischen Ebene wirken und auch Verhaltensprobleme beheben können. Meist sind nur sie in der Lage, chronische, tief greifende Veränderungen zu heilen.

Zur Bestimmung des Konstitutionsmittels ist eine Anamnese durch den homöopathisch arbeitenden Tierarzt zwingend erforderlich. Im Rahmen dieser Anamnese werden die konstitutionellen Symptome Ihrer Katze erfasst, die sie von ihren Ahnen ererbt hat und die durch die Umwelt geprägt wurden. Anschließend bringt der Therapeut die festgestellten Symptome der Katze entsprechend der Ähnlichkeitsregel in Deckung mit den Symptomen des homöopathischen Mittels (→ Seite 17). Bei Konstitutionsmitteln sind die unterschiedlichen Ausprägungen bei gesunden und kranken Katzen zu beachten. Als Beispiel sei Nux vomica angeführt: Eine gesunde Katze des Nux-vomica-Typs ist charmant und liebenswürdig, bei Erkrankungen oder Störungen aber kann sie aggressiv sein.

Konstitutionsmittel für Laien: Falls Sie durch eine Anamnese wissen, welcher Konstitutionstyp Ihre Katze ist, können Sie ihr »ihr« Mittel immer dann geben, wenn die ursprünglichen Symptome wieder auftreten, oder bei chronischen Krankheiten oder Unpässlichkeiten ohne spezifische Symptome.

Im Folgenden beschreibe ich Konstitutionsmittel, die bei Katzen erfahrungsgemäß häufiger in Anamnesen bestimmt werden; die Beschreibung erfolgt in alphabetischer Reihenfolge. Dabei ist hier der Idealtyp der Katze genannt, das heißt, es sind alle Symptome aufgelistet, die für dieses Konstitutionsmittel zutreffen. In Wirklichkeit wird eine Katze in den seltensten Fällen alle genannten Symptome zeigen.

»Jungtiermittel«: Das sind Calcium carbonicum, Calcium phosphoricum und Silicea. Katzen, die diese Mittel als Jungtiere brauchen, benötigen später erfahrungsgemäß in den meisten Fällen ein anderes Konstitutionsmittel. Der Wechsel zum anderen Mittel erfolgt meist mit dem Erwachsenwerden im Alter von einem Jahr.

➤ **Hinweis zu den Mittelbeschreibungen:** Mit »Essenz« sind die Hauptcharakteristika einer Katze gemeint, die dieses Mittel braucht. Unter »Hauptangriffspunkte« sind die Hauptschwachpunkte der Katze bzw. die Hauptwirkorte des Mittels genannt. Wenn es das Mittel zulässt, habe ich bei »Verhalten« unterschieden zwischen gesunden und kranken Katzen.

Argentum nitricum
(Silbernitrat)

Essenz: unberechenbar, impulsiv, Katzen haben Phobien
Hauptangriffspunkte: Nervensystem, Schleimhäute

Verhalten: Unsauberkeit durch neue Einrichtungsgegenstände, Umräumen von Möbeln; bekommt Durchfall vor Angst, z. B. vor Geräuschen; Erwartungsangst (beim Menschen Prüfungsangst), Angst vor engen Räumen (Klaustrophobie) oder vor weiten Räumen (Katze geht nur an der Wand entlang), Trennungsangst
Allgemeine Symptome: entgegenkommend, intelligent, unberechenbar, verspielt, impulsiv, immer in Eile, hartnäckig; sind ungern allein; trinken viel

> **INFO**
>
> **Dosierung »nach Bedarf«**
> Bei den Dosierungen finden Sie hin und wieder den Hinweis »nach Bedarf«. Das bedeutet, dass in den höheren Potenzen die Abstände, nach denen die Medikamentengabe wiederholt wird, individuell sind. Sie müssen daher Ihre Katze während der Behandlung gut beobachten. Kommen Symptome wieder, ist eine Wiederholung der Mittelgabe nötig.

Körperliche Symptome: Verdauungsapparat: Blähungen; schleimiger, gelblich-grünlicher Durchfall, wund machend, übel riechend; fressen hastig und erbrechen dann kurze Zeit später. Atemwege: schleimig eitriger, gelblich grüner Nasenausfluss, Husten. Blase, Nieren: können Blasensteine entwickeln mit Koliken.
Typ: eher schlank, drahtig
Verschlimmerung: durch Stress, nachts, morgens, nach dem Fressen
Besserung: durch Druck, im Freien, leichte Bewegung
➤ **Potenz, Dosierung:** D12, 1 x 1 Dosis; ab D30 nach Bedarf (→ Seite 55, 165)
Selbstbehandlung: Angst (→ Seite 159); Unsauberkeit (→ Seite 151)

ARGENTUM NITRICUM

Fallbeispiel aus meiner Praxis
Katze Pussy (Europäisch Kurzhaar, getigert, kastriert)
Grund des Besuchs: Unsauberkeit. Pussy war zu diesem Zeitpunkt ca. 12 Jahre alt.

Vorgeschichte: Als etwa einjährige Katze war sie zugelaufen und hatte beim ersten Betreten des Hauses sofort in einen Sessel uriniert. Nachdem die Besitzerin beschlossen hatte, sie zu behalten, wurde sie kastriert und geimpft. Ihr Hauptwohnraum war zwei Jahre lang ein sehr unordentlicher Hobbykeller, wo sie sich hauptsächlich nachts aufhielt. Ansonsten bewegte sie sich ohne Probleme im ganzen Haus oder draußen. Nach einem Jahr wurde ihr ein zugelaufener Kater zugesellt, vor dem sie Angst hatte und flüchtete. Der Kater lauerte ihr regelmäßig auf und verprügelte sie. Als nach zwei Jahren der Hobbykeller zur Sauna umgebaut wurde, musste Pussy in den Heizungskeller umziehen. Danach begann sie mit Urinieren und Unsauberkeit: Zunächst urinierte sie regelmäßig in den Heizungskeller (Wand, Schrank, Heizung), danach urinierte sie im ganzen Keller (Schrank, Matten). Selbst ihre eigenen Schlafplätze markierte sie. Draußen markierte sie ebenfalls. Sie spritzte im Stehen, machte es aber eher heimlich. Im Alter von 10 Jahren holte sie die Tochter der

Besitzerin in ihre Wohnung. Dort pinkelte sie alles an (Sofa, Musikboxen, Pflanzen usw.). Sie pinkelte am Tag und nachts, auch in Anwesenheit der Besitzerin.

Untersuchung: Sie wurde tierärztlich untersucht, körperlich war alles in Ordnung. Nach zehn Monaten kam sie wieder in das alte Haus zurück. Dort wollte sie nicht mehr im Heizungskeller schlafen. Seither schläft sie im alten Zimmer der Tochter und markiert dort alles. Wenn sich etwas ändert, wie z. B. der Weihnachtsbaum oder neue Möbel, pinkelt sie im Keller und in diesem Zimmer oder markiert das geänderte Objekt. Geschlossene Katzentoiletten mag sie nicht und markiert sie.

Verhalten: Sie verträgt sich nicht mit anderen Katzen und lässt sich von Menschen ungern anfassen; allerdings hat sich dies bei den Besitzern mit den Jahren geändert. Wenn sie sich streicheln lässt, dann gern am Bauch. Männer mag sie nicht. Beim Tierarzt wird sie aggressiv; sie kratzt, beißt aber nicht. Seit sie die zehn Monate bei der Tochter lebte, ist sie zutraulicher und kommt von selbst zum Streicheln. Sie schnurrt dann auch, was vorher nicht der Fall war.

Typ: Schlanke Katze, die ihr Gewicht von selbst hält. Sie trinkt viel und uriniert viel und setzt 3 x täglich Kot ab. Sie frisst Feucht- und Trockenfutter. Sie liegt gern warm und in der Sonne. Sie hat Angst vor Gewitter, aber nicht vor anderen Geräuschen. Sie kann mutig sein, so hat sie einen großen Hund in die Flucht geschlagen.

Krankheiten: Mit 7 bzw. 8 Jahren hatte sie zweimal eine Allgemeininfektion mit Mattigkeit und etwas Fieber. Im Alter neigt sie zu etwas Zahnstein. Sie wurde regelmäßig entwurmt und gegen Katzenseuche und Schnupfen geimpft. Die Blutuntersuchung auf Leukose, FIP oder FIV ist negativ. Sonst war sie nie krank gewesen. Seit Kurzem hat sie einen pflaumengroßen Tumor seitlich an der Brustwand. Seit zwei Jahren möchte sie nicht mehr aus dem Haus. Die Besitzer glauben, dass sie vor etwas Angst hat (eventuell vor einer anderen Katze).

Diagnose: Verhaltensproblem mit dem Grundtenor Angst. Es handelt sich um Angstaggression. Zusätzlich liegen Prägungsdefizite vor. Verstärkung der Verhaltensprobleme durch den dominanten Kater. Auslöser für die Angst ist/war vermutlich der neue Schlafplatz.

> **Therapie:** Argentum nitricum D12, 1 x 1 Dosis.
>
> **Ergebnis:** Die Katze stellte das Urinieren außer im Zimmer der Tochter ein. Nach einiger Zeit urinierte sie dort nur noch an zwei Stellen, die entsprechend präpariert wurden, um sie leicht säubern zu können. Sie erhielt Argentum nitricum weiter in höheren Potenzen (D200, D1000) nach Bedarf. Bis zu ihrem Tod mit 15 Jahren urinierte sie immer seltener und nur noch an die zwei präparierten Stellen.

Arsenicum album
(Acidum arsenicosum, weißes Arsenik)

Essenz: körperliche Unsicherheit, Angst
Verhalten kranker Katzen: Angst vor dem Alleinsein, oft nachts unruhig; haben Probleme, wenn der geregelte Tagesablauf gestört ist – stärker als bei Silicea-Katzen (→ Seite 185); sind pingelig in Bezug auf ihre Gewohnheiten und Sauberkeit; unspezifische Ängste, auf die sie panisch reagieren; eher intelligent; eifersüchtig, verstecken sich gern; beißen, wenn sie losgelassen werden wollen
Verhalten gesunder Katzen: selbstständig, eigensinnig
Allgemeine Symptome: sind müde, erschöpft, magern ab; sie haben viel Durst, trinken aber immer nur in kleinen Mengen; sind eher älter oder sehen alt aus; suchen die Wärme; sind sehr sauber (putzen sich viel); sind unruhig trotz Schwäche
Körperliche Symptome: Verdauungsapparat: verdorbenes Futter, Vergiftung, Virusinfekt als Ursache; Erbrechen möglich; faulig riechender Durchfall, wird häufig in kleinen Mengen abgesetzt, ist eher dunkel, manchmal blutig; trinken viel in kleinen Mengen, erbrechen dieses wieder; fauliger Geruch aus dem Maul. Schleimhäute: trocken. Atemwege: oft Asthma. Ausfluss erst wässrig, später dickflüssiger und wund machend. Husten verschlimmert sich nach Trinken. Blase/Nieren: Entzündung, Degeneration (→ Glossar, Seite 241); Urin verändert mit Blut; Inkontinenz (→ Glossar, Seite 242) möglich. Haut: schuppig, Haarausfall, Haarbruch; Juckreiz.

▶ **Besonderheiten:** Alle Sekrete sind wund machend; Beschwerden kommen in regelmäßigen Abständen wieder; Katzen reagieren auf Stress mit Erkrankung.
Typ: schlank, fast dünn
Verschlimmerung: nachts, durch Kälte, Nässe, Fett
Besserung: bei Wärme (die Arsen-Katze sitzt im Ofen)
▶ **Potenz, Dosierung:** D6, 2 x 1 Dosis; ab D30 nach Bedarf (→ Seite 55, 165)
Selbstbehandlung: Angst (→ Seite 159); Erbrechen, Durchfall (→ Seite 81); Erkrankungen der Nieren und Harnleiter (→ Seite 97); Harnverhalten (→ Seite 155)

Calcium carbonicum Hahnemanni
(Austernschalenkalk)

Essenz: Trägheit
Hauptangriffspunkte: können Calcium aus der Nahrung nicht richtig verwerten; Störung des Mineralstoffwechsels und die Folgen daraus
Verhalten: Unsauberkeit bei Dominanzproblem mit Besitzer oder anderer Katze; brauchen feste Regeln
Körperliche Symptome von Kätzchen und Jungtieren: Kräftige Tiere, etwas schlaff, ruhig, phlegmatisch; haben Probleme mit Wurmbefall, Unverträglichkeit der Muttermilch. Verdauungsapparat: Kot wie geronnene Milch, gelblich, säuerlich riechend, dicker Bauch. Haut: Ekzem wie Milchschorf. Bewegungsapparat: Störungen im Mineralhaushalt und Knochenstoffwechsel.
Körperliche Symptome von erwachsenen Katzen: kräftig, gutmütig, ausgeglichen, anhänglich, lieb, phlegmatisch, selbstbewusst (wenn sie gesund sind); in der Entwicklung langsam, Geschlechtsreife oft später, denken langsam; fressen gern Süßes; Neigung zu Verdauungs-, Atemwegsproblemen, zu Verfettung; Neigung zu Senkrücken (→ Glossar, Seite 244) und Hängebauch
Typ: kräftig wie Kartäuser, Britisch Kurzhaar
Verschlimmerung: morgens, durch Kälte, Nässe, Anstrengung (geistig und körperlich)
Besserung: durch Wärme

Die homöopathischen Mittel

➤ **Potenz, Dosierung:** D12, 1 x 1 Dosis; D30 und höher nach Bedarf (→ Seite 55, 165)
Selbstbehandlung: Erbrechen und Durchfall als Folge eines Wurmbefalls (→ Seite 87); Unsauberkeit (→ Seite 151); Unterstützung der Entwicklung von Kätzchen (→ Seite 106)

CALCIUM CARBONICUM

Fallbeispiel aus meiner Praxis
Kater Eliot (Europäisch Kurzhaar, rot getigert, kastriert, Wohnungskatze)
Grund des Besuchs: Unsauberkeit. Vor allem urinierte der Kater ins Bett des Lebensgefährten.

Vorgeschichte: Zum Zeitpunkt der Vorstellung war Eliot 2 Jahre und lebte nur in der Wohnung. Er kam mit 14 Wochen ins Haus. Er hatte einen Nabelbruch, der operiert wurde. Mit 10 Monaten wurde er kastriert, obwohl er noch nicht geschlechtsreif war, er aber auf das Bett und das Sofa uriniert hatte. Er urinierte jedoch weiter. Bevor Frauchens Freund einzog, durfte er in ihrem Bett schlafen.

Untersuchung: Bei der Urinuntersuchung wurden Struvitkristalle (→ Glossar, Seite 245) festgestellt, sonst war alles in Ordnung. Trotz Behandlung der Kristalle mit Diät setzte Eliot weiter Urin außerhalb der Toilette ab.

Anamnese: Unsauberkeit: Er uriniert nur auf das Bett des Lebensgefährten. Wenn dieser weg ist, uriniert er dort zuerst nicht und dann wieder, wenn er wieder da ist. Das Urinieren geschieht heimlich.

Verhalten: Eliot wohnt mit einem anderen Kater – Eddi – zusammen, den er dominiert. Er frisst zuerst, lässt aber Eddi genug übrig. Eine vorübergehend aufgenommene weibliche Katze wurde wieder abgegeben, da sie von beiden Katern unterdrückt wurde. Menschen, die Eliot sympathisch sind, erlaubt er, ihn anzufassen. Menschen, die er nicht mag, meidet er. Er kratzt und beißt nicht. Er lässt sich gern hochwerfen und den Bauch kraulen. Er kann gut allein sein. Manchmal ist er schlecht gelaunt. Er ist gern mitten im Geschehen und lässt sich gern bewundern. In der Tierarztpraxis ist er sehr aufgeschlossen und selbstbewusst, lässt sich auch untersuchen. Den Lebensgefährten der Besitzerin mag er gern, brauchte aber einige Zeit, um sich an ihn zu gewöhnen. Er weiß zwar, dass er bestimmte Dinge nicht darf, tut es aber trotzdem. Gleichzeitig ist er stur und dickfellig und hat vor nichts Angst. Frisch gesäuberte Katzentoiletten werden sofort wieder benutzt.

Körperliche Symptome: Er ist sehr verfressen und nimmt auch zu, außerdem trinkt er viel in großen Schlucken. Er liegt gern bequem und warm und lässt sich gern zudecken. Er ist behäbig und wird schnell müde, hat eine Neigung zu Verstopfung und wird nicht gern nass.

Typ: kräftiger, zum Fettwerden neigender Kater

Diagnose: Verhaltensproblem aus Eifersucht und/oder Dominanz

Therapie: Eliot erhielt Calcium carbonicum zunächst in D12, 1 x täglich 1 Dosis, wegen der Struvitkristalle, später dann nach Bedarf höhere Potenzen. Er stellte das Urinieren außerhalb der Toilette ein, und seine Kristalle verschwanden.

Calcium phosphoricum
(Calciumphosphat)

Calcium phosphoricum ist wie Calcium carbonicum auch ein Jungtiermittel, die Katzen sind aber zierlicher als die Calcium-carbonicum-Typen (sozusagen die normalen Durchschnittskätzchen). Das Mittel ist richtig, wenn die Kätzchen nach der Calcium-carbonicum-Phase nicht Calcium carbonicum bleiben.
Essenz: Probleme in der Wachstumsphase
Körperliche Symptome von Kätzchen und Jungtieren: Sie schießen beim Wachsen oft schubweise in die Höhe, die Beine sind im Verhältnis zu lang; lebhafte Tiere, die auch einiges zerstören können (klettern die Gardine hoch, zwischen den Blumen durch, das Regal hoch …); lernen schnell; vertragen evtl. Muttermilch nicht, dann schleimiger, säuerlicher, wund machender Durchfall; Durchfall auch beim Zahnwechsel; etwas ängstlich; Neigung zu Knochenwachstumsstörungen.

Körperliche Symptome von erwachsenen Katzen: schlanke Tiere trotz gutem Appetit; kräftig; gute, aber nicht übermäßige Ausdauer; unruhig, neugierig, möchten öfter mal etwas Neues; kontaktfreudig, freundlich, viel unterwegs; schmusen gern, möchten aber nicht festgehalten werden; sehr ähnlich dem Phosphorus-Typ (→ Seite 183), aber alles etwas reduzierter; Unterscheidung von diesem Typ ist teilweise schwierig

Allgemeine Symptome: Schlafen gern auf dem Bauch. Verdauungsapparat: haben schnell schlechte Zähne, Neigung zu wiederkehrender Mandelentzündung, Neigung zu Erbrechen und Durchfall. Bewegungsapparat: Knochenbrüche heilen schlecht.

Verschlimmerung: durch Nässe, Kälte, Trost, vor und nach der Rolligkeit

Besserung: durch Wärme, Ruhe, Fressen

➤ **Potenz, Dosierung:** D12, 1 x 1 Dosis (→ Seite 55)

Selbstbehandlung: Unterstützung der Entwicklung von Kätzchen (→ Seite 106)

CALCIUM PHOSPHORICUM

Fallbeispiel aus meiner Praxis
Katze Susi (Britisch Kurzhaar, cremefarben, Wohnungskatze)
Grund des Besuchs: Die Katze ging nicht auf die Katzentoilette, sondern urinierte daneben.

Vorgeschichte: Zum Zeitpunkt der Vorstellung war Susi 10 Monate alt. Sie wurde im Alter von 5 Monaten vom Züchter gekauft, wobei sie eventuell schon einen Vorbesitzer hatte. Sie war bisher noch nicht rollig.

Anamnese: Die Urinuntersuchung erbrachte nichts. Problem der Unsauberkeit: Die Toilette stand im Bad unter dem Waschbecken. Die Katze urinierte daneben. Es stellte sich heraus, dass sie die Toilette benutzt, wenn sie neben dem Waschbecken steht, also 1 m weiter als vorher. Susi benutzte die Toilette nur einmal; wurde sie danach nicht gesäubert, urinierte sie ebenfalls daneben. Zusätzlich aufgestellte Toiletten akzeptierte sie zunächst nicht.

> **Typ:** Es handelt sich um eine für die Rasse sehr zierliche Katze mit stumpfem Fell. Sie putzte sich wenig. Ihre Rolligkeiten begannen mit 11 Monaten und äußerten sich lediglich mit vermehrter Liebebedürftigkeit alle 4 Wochen.
>
> **Diagnose:** Folge von Wachstumsstörungen, Unsicherheit
>
> **Therapie:** Die Katze erhielt Calcium phosphoricum D12, 1 x 1 Dosis; zunächst bekam sie eine niedrige Potenz wegen der körperlichen Probleme, später dann auch D30. Ihr Körperbau wurde ausgewogener, die Rolligkeiten geringfügig deutlicher. Sie akzeptierte weitere Toiletten, die Toilette im Bad durfte wieder unter das Waschbecken gerückt werden. Sie urinierte nicht mehr daneben.

Chamomilla
(Matricaria chamomilla, Echte Kamille)

Essenz: Überreizung, Egoismus, diktatorisch, Zorn und Ärger

Verhalten: Unsauberkeit durch Rivalität mit anderer Katze oder Mensch, dulden keine Konkurrenz; Unsauberkeit auch, wenn sie ihren Halter für etwas bestrafen wollen; sind ärgerlich und eifersüchtig, reizbar und ungeduldig, lassen sich nicht untersuchen, schreien, sind unruhig, hysterisch; nachts sind sie oft unruhig, kennen keine Regeln und Grenzen; sie fahren gern Auto. Eine Chamomilla-Katze hält man besser als Einzelkatze.

Allgemeine Symptome: Schmerzäußerungen scheinen übertrieben, sie stehen in keinem Verhältnis zur Erkrankung; Angst im Dunkeln; trinken gern kaltes Wasser; Überempfindlichkeit

Körperliche Symptome: Maul: schmerzhafter Zahnwechsel, fressen nicht, Speichelfluss. Atemwege: Husten nach Aufregung oder beim Zahnen. Magen, Darm: Kolik, schleimiger Durchfall mit Geruch nach faulen Eiern als Folge von Ärger oder Zahnen. Nervensystem: epileptiforme Anfälle (→ Glossar, Seite 241).

Verschlimmerung: durch Berührung, nachts, durch Trost, im Freien, durch Ärger, Wärme

Besserung: durch Umhertragen und -fahren, durch lokale Wärme bei Kolik, leichte Bewegung, Trinken von kaltem Wasser

➤ **Potenz, Dosierung:** D3, alle 30 Minuten bis 2 Stunden 1 Dosis (→ Seite 55); C30 und höher, 1 x 1 Dosis nach Bedarf (→ Seite 165)

Selbstbehandlung: Koliken im Bauchbereich (→ Seite 88); übersteigerte Aggression (→ Seite 157); Unsauberkeit (→ Seite 151); Zahnwechsel (→ Seite 65)

Hyoscyamus
(**Hyoscyamus niger, Bilsenkraut**)

Essenz: Übererregbarkeit, Eifersucht, kennt keine Hemmungen

Ursachen: Schreck, Erregung, Eifersucht

Verhalten: sind argwöhnisch und misstrauisch; sie streiten gern; sie können hysterisch reagieren mit Geschrei, dabei können sie Kot und Harn absetzen; schreien schon vor der Berührung; sind eifersüchtig, demonstratives Markieren mit Harn und Kot; Aggression aus Eifersucht, sie müssen Stärke demonstrieren; Wechsel zwischen Angst und Aggression; leicht erregbare Tiere, die nicht gern allein sind

Körperliche Symptome: Nervensystem: plötzlich auftretende, kurze epileptiforme Krämpfe (→ Glossar, Seite 241), die auch mehrmals hintereinander auftreten können; die Katzen schreien oft bei Beginn der Krämpfe, sie haben während der Krämpfe Schaum vor dem Maul sowie Kot- und Harnabsatz. Atemwege: trockener, heiserer Husten, der im Liegen schlimmer wird. Schleimhäute: trocken.

Verschlimmerung: nachts, im Liegen, durch Trinken, durch Kälte

Besserung: durch Wärme

➤ **Potenz, Dosierung:** D30, 1 x 1 Dosis für 2 bis 3 Tage (→ Seite 55)

Selbstbehandlung: Eifersucht (→ Seite 156); Epilepsie (→ Seite 141); übersteigerte Aggression (→ Seite 157); Unsauberkeit (→ Seite 151)

Ignatia
(Strychnos ignatii, Ignatiusbohne)

Essenz: sensibel, wechselhaft, Kummer
Allgemeines: meist weiblich, eher schlank, trinkt wenig
Ursachen: Kummer, Heimweh, Schreck, Trauer (akut, direkter Zusammenhang zur Ursache feststellbar; dagegen liegen bei Natrium chloratum gleiche Ursachen vor, die aber länger zurückliegen und daher nicht mehr unbedingt herauszufinden sind)
Verhalten kranker Katzen: gelegentliche Zornausbrüche, leicht erregbar; wollen auch mal allein sein, leiden aber bei längerer Abwesenheit des Besitzers, nachtragend; sehr geräusch- oder/und geruchsempfindlich, rasche Stimmungswechsel; können depressive Züge zeigen
Verhalten gesunder Katzen: spielen gern; sind beweglich, anhänglich, freundlich; meist Tiere, die nur einen Menschen als Bezugsperson akzeptieren
Körperliche Symptome: Nervensystem: epileptiforme Anfälle (→ Glossar, Seite 241), Neuralgien. Atemwege: nervöser Husten, Asthma. Verdauungsapparat: psychisch bedingte Beschwerden wie Durchfall. Haut: Ekzeme durch nervöses Lecken.
Verschlimmerung: durch Berührung, Trost, Gesellschaft, Fremde, ungewohnte Umgebung, nachts, im Freien
Besserung: durch Ruhe, Harnlassen, Wärme
Periodizität: Die Beschwerden treten meist zur selben Stunde oder in regelmäßigen Abständen auf.
▶ **Potenz, Dosierung:** D30, 1 x 1 Dosis pro Woche (→ Seite 55)
Selbstbehandlung: Unsauberkeit (→ Seite 151); Unterstützung der Entwicklung von Kätzchen (→ Seite 106)

Lachesis
(Lachesis muta, Buschmeisterschlange)

Essenz: erhöhte Spannung
Ursachen: Infektion, oft durch Viren; Unterdrückung von Sekretion; Eifersucht

Verhalten: Unsauberkeit aus Eifersucht; meist weibliche Katzen; Eifersucht mit Aggression gezielt gegen bestimmte Tiere oder Menschen, Wutanfälle; kämpfen gern; Aggression auch durch Erschrecken, da empfindlich gegen Geräusche, Licht oder plötzliche Bewegungen; bleiben gut allein; misstrauisch gegen Fremde, lassen sich nicht anfassen (kratzen, beißen); beißen oder kratzen oft unvermittelt; besser als Einzelkatze zu halten

Allgemeine Symptome: Sich langsam entwickelndes Fieber, oft nicht über 39,8 °C; wenig Durst; es sind bereits Symptome vorhanden, oft im Hals-/Bronchienbereich oder an infizierten Wunden; die infizierten Stellen sind berührungsempfindlich, nicht jedoch die ganze Katze wie bei Belladonna (→ Seite 193) und Aconitum (→ Seite 190); die Entzündungen sind noch nicht eitrig; die Katzen sind im Krankheitsfall sehr unruhig.

Körperliche Symptome: Wie alle Schlangengifte zersetzt Lachesis das Blut, daher ist im Symptombild eine Neigung zu Blutungen vorhanden. Die Lachesis-Katze frisst gern, ist immer hungrig. Blutungen sind dunkel. Schleimhäute: rot-bläulich. Nase, Hals, Rachen: häufiges Niesen, auch anfallweise, aber wenig Ausfluss; Augen gerötet, der Ausfluss ist wässrig; starker Speichelfluss; Hals berührungsempfindlich; drittes Augenlid ist evtl. vorgefallen; das Schlucken von Flüssigem fällt schwerer als das von Festem. Haut: bläuliches, purpurfarbenes Aussehen, schlechte Wundheilung, Berührung schmerzhaft. Gebärmutter: Ausfluss stinkend und dunkel.

Linksseitigkeit: Beginn links, Symptome links stärker, z. B. linker Halslymphknoten ist als erster oder stärker geschwollen. (Auch wenn keine Linksseitigkeit vorhanden ist, sollten Sie Lachesis dennoch anwenden, wenn alle anderen Symptome passen.)

Verschlimmerung: durch Wärme, Druck, nach dem Schlaf (Katzen schlafen gesund ein und stehen krank auf), durch Berührung

Besserung: an frischer Luft, wenn Sekretion eintritt

▶ **Potenz, Dosierung:** D8 oder D12, 2- bis 3-x täglich 1 Dosis; D30 und höher, 1 x 1 Dosis nach Bedarf
(→ Seite 55, 165)

Selbstbehandlung: Eifersucht (→ Seite 156); Erkrankungen von Nase, Hals, Rachen und Nebenhöhlen (→ Seite 69); Fieber bei Infektionen (→ Seite 144); Probleme nach der Geburt (→ Seite 104); übersteigerte Aggression (→ Seite 157); Unsauberkeit (→ Seite 151)

Lycopodium
(**Lycopodium clavatum, Bärlapp**)

Essenz: Mangel an Selbstvertrauen, Insuffizienz (→ Glossar, Seite 242), Ärger

Ursachen: Dominanzproblem, Angst, körperliche Anstrengung, Leber und Nieren

Verhalten: Eigentlich feige, unsichere, ängstliche, schwache Tiere; wenn ihnen aber keine Grenzen gesetzt werden und da sie durchaus auch aggressiv sind, können sich aus ihnen bei entsprechender Umgebung, Veranlagung und Rasse kleine Diktatoren entwickeln; beißen gern aus dem Hinterhalt; oft schlechte Laune; müde, launisch, lustlos; oft Kater. Das Launenhafte zeigt sich aber auch bei ansonsten eher unsicheren Tieren, wenn sie erkrankt sind. Sie können keinen Widerspruch ertragen; werden schnell zornig, drohen aber immer zuerst, bevor sie angreifen; nachtragend, geräuschempfindlich. Da Lycopodium-Katzen immer etwas Angst haben, gehört das Mittel zu den Arzneien bei Angstbeißern. Sie sind misstrauisch bei Fremden; haben gern Rituale, vor allem bei Pflege und Fütterung; pingelig, Toilette muss nach jeder Benutzung gereinigt werden. Sie können eitel sein. Sie sind nicht gern allein, suchen die Nähe, es darf aber nicht zu nahe sein. Die Lycopodium-Katze sollte besser als Einzelkatze gehalten werden.

Allgemeine Symptome: Sehr wählerisch beim Fressen; neigen dazu, sich einseitig zu ernähren; fressen nichts, was sie nicht kennen, oder aber sie fressen plötzlich ein bekanntes Futter nicht mehr und wollen etwas Neues; kranke Tiere gehen zum Futter, riechen, fressen einige Bissen und gehen dann »angewidert« wieder weg.

Körperliche Symptome: Chronisch kranke Tiere sehen alt aus, werden früh grau. Sie sind eher dünn. Alle Erkrankungen sind hartnäckig und kommen gern wieder. Die Katzen sind leicht erschöpft. Atemwege: Neigung zu Erkältung bei Temperaturwechsel, reichlich Nasenausfluss, schleimig, grünlich-gelblich, chronisch. Verdauungsapparat: Kot gelblich braun, Neigung zu Blähungen, Durchfall bei Stress, Neigung zu Verstopfung. Gehen trotz Hunger nach wenigen Bissen wieder. Blase/Nieren: Urin dunkel, Nieren-, Blasensteine, Harngrieß. Leber: manchmal Gallensteine, Lebererkrankungen. Haarkleid: oft schuppig, Haarbruch. Haut: schlechte Heiltendenz. Wenn Sie folgendes Symptom finden, ist es ein deutlicher Hinweis für Lycopodium: Ein Fuß ist warm (meist rechts), ein anderer kalt.

Verschlimmerung: durch Nässe, Kälte, Stress, morgens, zwischen 16 und 20 Uhr, durch Widerspruch

Besserung: durch langsame Bewegung, warmes Futter oder Wasser, Autofahren

➤ **Potenz, Dosierung:** D6, 3 x 1 Dosis; C30, 1 x 1 Dosis; D200, C200, 1 x 1 Dosis nach Bedarf (→ Seite 55, 165)

Selbstbehandlung: Erkrankungen der Nieren und Harnleiter (→ Seite 97); Erkrankungen von Leber und Gallenblase (→ Seite 90); übersteigerte Aggression (→ Seite 157); Unsauberkeit (→ Seite 151)

LYCOPODIUM

Fallbeispiel aus meiner Praxis
Katze Hoppie (Europäisch Kurzhaar, weiß mit getigerten Flecken, kastriert, Wohnungskatze)
Grund des Besuchs: Verdacht auf Diabetes, die Katze ließ sich aber nicht anfassen; eine Narkose war auch nicht möglich. Zum Zeitpunkt der Vorstellung war sie 7 Jahre alt.

Vorgeschichte: Die Urinuntersuchung erbrachte Glucose hoch positiv, sonst war alles unauffällig, Hoppie war sehr fett (13 kg), sie urinierte öfter und trank vermehrt, war dabei eher müde. Da sonstige diagnostische Möglichkeiten nur mit erheblichem Aufwand und Risiko machbar waren, wurde eine homöopathische Anamnese vorgeschlagen.

Anamnese: Allgemeines: Seit der Kastration lässt sich die Katze nicht mehr vom Tierarzt anfassen; seitdem hat sie auch trotz Light-Futter stark zugenommen. Sie fährt gern Auto. Sie ist nachtragend und eifersüchtig. Sie ist gern allein, gern an der frischen Luft und hat es lieber kühl. Sie liegt gern weich. Morgens ist sie am fittesten. Sie lässt sich nicht gern bürsten. Das Eingeben von Medikamenten ist nur über das Futter möglich, da Hoppie sonst kratzt und beißt. Regelmäßige Insulininjektionen wären aus diesem Grund gar nicht möglich. Verhalten: Die Katze lässt sich nicht gern auf den Arm nehmen; sie ruft Frauchen, wenn sie gestreichelt werden möchte, kann aber dann ganz plötzlich beißen. Wenn Frauchen nicht macht, was Hoppie will, wird sie böse und kratzt auf dem Teppich herum. Sie scheucht Frauchen von deren Sitzplatz weg, um sich selbst dort niederzulassen. Sie ist zufrieden, wenn Frauchen etwas tun muss. Wenn die Besitzerin unerwartet außerhalb der normalen Zeiten zurückkommt, beißt Hoppie ihr in die Beine. Sie weckt Frauchen nachts, weil sie spielen möchte. Wenn Besuch da ist, lässt sie sich nicht blicken. Sie besieht sich gern selbst im Spiegel. Wenn ihr etwas nicht passt, »meckert« sie herum. Fressen und Trinken: Sie frisst gern Fettes und Fleisch, Käse und Fisch, nicht so gern jedoch Süßes. Wenn ihr das Futter nicht schmeckt, deckt sie es mit einem Teppich zu. Dabei teilt sie sich ihr Futter ein. Sie möchte pünktlich, also zu einer bestimmten Zeit, ihr Futter haben. Zusätzlich hat sie eine Neigung zur Haarballenbildung mit Erbrechen. Sie trinkt nur Wasser, das sich bewegt, dabei trinkt sie wenig. Haut: schuppig.

Therapie: Lycopodium C30, 1 x 1 Dosis, und Okoubaka D3, 3 x 1 Dosis. Mit Lycopodium C30 kam es zu einer Verschlimmerung der Psyche (Hoppie wurde noch aggressiver, noch diktatorischer), gleichzeitig nahm sie aber ab, wurde munterer und stellte das vermehrte Urinieren ein. Nach einigen Wochen erhielt sie alle vier Wochen eine Gabe Lycopodium D200. Dadurch wurde sie verträglicher und ließ sich nach einem Monat von Frauchen streicheln; nach weiteren zwei Wochen ließ sie sich von fremden Personen streicheln und wollte schmusen. Ihr Gewicht sank auf 7,5 kg. Trinken sowie Allgemeinbefinden besserten sich. Zur Behandlung der Haarballenbildung erhielt sie Paraffin und Ipecacuanha C30 für eine Woche. Okoubaka wurde unterstützend zur Entgiftung und Unterstützung der Ausscheidung für zwei Wochen eingesetzt.

Natrium chloratum
(Natriumchlorid, auch Natrium muriaticum, Kochsalz)

Essenz: zurückhaltend, stiller Kummer
Ursachen: Stress, Kummer, Angst als Folge von Kummer, Verlust von Bezugspersonen oder -tieren (chronisch, d.h., das auslösende Ereignis liegt schon länger zurück, ist nicht mehr unbedingt feststellbar – im Gegensatz zu Ignatia, → Seite 175); Allergie, Infektion; gestörter Flüssigkeits- und Mineralstoffhaushalt
Verhalten: Katzen können in Anwesenheit anderer nicht Urin oder Kot absetzen; stark personenbezogen, meist nur auf eine Person; abweisend gegen Fremde, lassen sich nur selten streicheln; lassen sich ungern bürsten; die Katzentoilette muss nach einmaliger Benutzung gereinigt werden, sie sollte ruhig und abgeschieden stehen, oft gern mit Deckel. Sind heimlich unsauber; eigenwillig, selbstbewusst, oft aber auch still, depressiv; nachtragend; zusammen mit anderen Katzen schwierig, am ehesten mit Geschwistern oder Mutter und »Kind«; können aber mitfühlend sein bei Kummer anderer.
Körperliche Symptome: Augen, Nase, Maul, Hals: reichlich wässriges Sekret oder auch Nase verstopft, trocken – oft im Wechsel. Magen/Darm: Durchfall oder Verstopfung; fressen gern Kaltes, trinken viel; Abmagerung trotz Heißhunger. Haut, Haare: schuppig, trocken, juckend; Haarausfall nach der Geburt; schlecht heilende Wunden. Neigung zu eosinophilem Granulom (→ Glossar, Seite 241), Asthma.
Typ: eher schlank trotz gutem Appetit oder aufgeschwemmt wegen Störungen im Mineralstoffwechsel und Flüssigkeitshaushalt
Verschlimmerung: durch Nässe, Kälte, Sonne, Trost, von 9 bis 11 Uhr
Besserung: an frischer Luft
➤ **Potenz, Dosierung:** D12, 1 x 1 Dosis; D30 und höher nach Bedarf (→ Seite 55, 165)
Selbstbehandlung: Angst (→ Seite 159); Harnverhalten (→ Seite 155); Unsauberkeit (→ Seite 151)

Nux vomica

(Strychnos nux-vomica, Brechnuss)

Essenz: aggressiv, selbstsicher, nervöse Erschöpfung
Ursachen: Aufnahme von Gift, unverträglichen Medikamenten, Fressen von verdorbenem oder falschem Futter, Infektionen; Aufregung; Eifersucht, Verspannung, schlechte Erfahrung, Ärger; nicht artgerechte Haltung
Verhalten: Eifersüchtig vor allem, wenn neue Mitbewohner (Mensch oder Tier) ins Haus kommen und man sich nicht genug um sie kümmert; plötzliche Aggression gegen Menschen und Katzen, oft durch Kleinigkeiten ausgelöst; unwillkürlicher Harn- oder Kotabsatz aus Angst oder Schreck; setzen Urin- und Kotmarken gezielt, damit man ihren Unmut nicht übersieht; reagieren mit Aggression auf Angst; Angst vor Geräuschen, Lichtblitzen, Berührung; lassen sich nicht gern festhalten; selbstbewusst, kämpferisch, charmant, liebenswürdig. Oft Katzen, die schlagen, nachdem man etwas Unangenehmes mit ihnen gemacht hat, oder die auflauern und von hinten beißen oder schlagen.
Allgemeine Symptome: Morgenmuffel; fressen gern und viel, trinken wenig
Körperliche Symptome: Atmungsapparat: trockener Husten. Verdauungsapparat: aufgekrümmter Rücken, übel riechender Durchfall mit viel Luft, Blähungen, Schmerzen im Bauchbereich, Krämpfe, Erbrechen; fressen hastig; Durchfall nach Aufregung; Erbrechen beim Autofahren; Verstopfung, Lähmung: versuchen ständig Kot abzusetzen. Bewegungsapparat: aufgekrümmter Rücken, stark verspannte Muskulatur, der Bauch ist verspannt und hart. Geschlechtsapparat: sehr aktiv; wenn weibliche Katzen während der Rolligkeit nur im Haus gehalten werden, schreien sie ausdauernd; unkastrierte Kater sind ständig an weiblichen Katzen interessiert. Nervensystem: epileptiforme Anfälle (→ Glossar, Seite 241) nach Narkose, Aufregung, Medikamenten; spastische Lähmung der Hinterbeine, die Beine werden nach vorn unter den Bauch geschoben und sind steif.
Typ: schlank, aber auch kräftig

Verschlimmerung: morgens, nach Aufregung, durch Berührung, Geräusche, nach dem Fressen, durch Kälte, trockenes Wetter
Besserung: durch Wärme
➤ **Potenz, Dosierung:** D6, 3 x 1 Dosis; D30 und höher nach Bedarf (→ Seite 55, 165)
Selbstbehandlung: Angst (→ Seite 159); Eifersucht (→ Seite 156); Erbrechen, Durchfall (→ Seite 81); Erkrankungen der Wirbelsäule (→ Seite 114); Erkrankungen des Nervensystems (→ Seite 116); übersteigerte Aggression (→ Seite 157); Vergiftungen (→ Seite 147); Verstopfung, Darmlähmung (→ Seite 89)

NUX VOMICA

Fallbeispiel aus meiner Praxis
Katze Stacey (Europäisch Kurzhaar, schwarz-weiß, kastriert, Freigängerkatze)
Grund des Besuchs: Zahnsteinentfernung und allgemeine Untersuchung, evtl. Impfung

Vorgeschichte: Die Katze war zum Zeitpunkt der Behandlung 8 Jahre alt. Sie wohnte mit einer anderen weiblichen Katze zusammen.

Untersuchung: Da sie sehr scheu und auch aggressiv war, wenn man sie anfasste, erhielt sie ein Beruhigungsmittel in niedriger Dosierung. Das Medikament wirkte zunächst nicht. Nach vier Stunden begann sie zu taumeln und knickte mit den Hinterbeinen weg. Schließlich wurde sie apathisch und ließ sich auch anfassen. Die Allgemeinuntersuchung ergab keinen besonderen Befund. Der geringgradige Zahnstein wurde schnell entfernt, geimpft wurde sie aber nicht. Plötzlich ließ sie sich nur noch von der Besitzerin anfassen. Sie hatte nun Koliken im Bauchbereich. Der Kreislauf und das Herz waren in Ordnung.

Diagnose: Arzneimittelunverträglichkeit

Therapie: Die Katze erhielt eine Gabe Nux vomica D6 auf die Maulschleimhaut. Nach zehn Minuten verschwanden die Koliken. Sie war danach müde und schlief ein. Koliken traten keine mehr auf.

Phosphorus
(gelber Phosphor)

Essenz: schnell entflammt, heftig, aber nicht anhaltend
Ursachen: psychische und physische Überanstrengung, Nervosität
Verhalten: Angst vor Geräuschen, erschrecken leicht, können auf Angst mit Aggression reagieren, wenn keine Fluchtmöglichkeit besteht; eifersüchtig, arrangieren sich aber; schmusen gern, liegen gern in Kontakt, freundlich; zerstören Dinge, schreien, wenn sie allein bleiben müssen; Mangel an Selbstvertrauen; spielen gern und ausdauernd; können beim Streicheln grundlos beißen
Allgemeine Symptome: Überempfindlichkeit gegen Geräusche, Gerüche, Licht; sehr gute Kondition, nach kurzer Pause wieder einsatzbereit; bluten leicht; frühreif; lernen schnell, vergessen auch schnell
Körperliche Symptome: Alle Erkrankungen beginnen plötzlich; fressen gern häufiger in kleinen Mengen, vor allem gegen Abend oder nachts; trinken reichlich, gern fließendes Wasser; bei Fieber trinken sie nicht, fressen aber. Atemwege: gelblich-grünlicher Ausfluss mit Blut, trockener Husten, Husten oder Würgen mit blutigem Schleim. Magen/Darm: kaltes Wasser wird wieder erbrochen, sobald es im Magen warm geworden ist; wässriger Durchfall mit fauligem Geruch, Blutbeimengungen. Leber: Degeneration (→ Seite 241), Entzündung. Nieren: Degeneration, Entzündung. Geschlechtsapparat: überaktiv. Haut: starke Blutungen. Nervensystem: Epilepsie infolge von Übererregung oder Lichtblitzen.
Typ: eher unruhige, nervöse, schlanke, sehr aktive, neugierige Tiere, oft sehr schöne Tiere, oft Katzen mit viel Rotanteil; Rasse: oft Siam, Somali, Heilige Birma
Verschlimmerung: im Freien, durch Alleinsein, geistige oder körperliche Anstrengung, Kälte
Besserung: durch kaltes Futter und Wasser, Wärme, Streicheln, Trost, Ruhe, Schlaf
➤ **Potenz, Dosierung:** C30, 1 x 1 Dosis; D200, C200 und höher nach Bedarf (→ Seite 55, 165)
Selbstbehandlung: Angst (→ Seite 159)

Pulsatilla
(Pulsatilla pratensis, Küchenschelle)

Essenz: »typisch weiblich«, widersprüchlich
Ursachen: Störung im Venensystem, Verlangsamung des Stoffwechsels
Verhalten: Es sind liebe, ängstliche, anhängliche, liebebedürftige Katzen mit mangelndem Selbstbewusstsein, sanft, Schmusekatzen. Sie zeigen Eifersucht gegenüber fremden Tieren und Menschen, wenn ihr Mensch sich nicht genug um sie kümmert (aber nie aggressiv, die Eifersucht äußert sich eher in Dazwischendrängen). Sie fordern Zuwendung ein. Angst aufgrund angstauslösender Umgebung, z. B. andere Katze. Es sind meist weibliche Katzen; sie wollen nicht allein sein.
Allgemeine Symptome: Die Katzen fressen gern, sie sind dadurch mollig und neigen stark zur Verfettung. Sie trinken kaum; sie wollen nicht allein sein.
Körperliche Symptome: Schleimhäute: gelbliches oder gelblich grünes Sekret auf allen Schleimhäuten, cremig, nicht wund machend. Geburt: empirische Erfahrung – unterstützt die Hormonumstellung zur Geburtseinleitung, die Öffnung der Gebärmutter erfolgt leichter, die Geburt wird damit insgesamt erleichtert. Kot: kein Kot gleicht dem anderen.
▶ **Besonderheiten:** Oft widersprüchliche und ständig wechselnde körperliche Symptome; die Katzen frieren leicht, vertragen aber trotzdem keine Wärme.
Typ: rundlich, weiches Fell
Verschlimmerung: durch Fett wie Butter oder süße Sahne, durch Wärme, Feuchtigkeit
Besserung: im Freien, an frischer Luft, durch Trost, abends, durch Bewegung
▶ **Potenz, Dosierung:** D4, D6, 3 x 1 Dosis; D30 und höher nach Bedarf (→ Seite 55, 165)
Selbstbehandlung: Angst (→ Seite 159); Bindehautentzündung (→ Seite 56); Dauerrolligkeit (→ Seite 102); Eifersucht (→ Seite 156); Erkrankungen von Nase, Hals, Rachen und Nebenhöhlen (→ Seite 69); Unterstützung der Trächtigkeit (→ Seite 102)

Silicea
(Acidum silicicum, Kieselsäure)

Essenz: zart, sensibel, mangelnde Lebenskraft
Ursachen: Schreck, Angst, mangelnde Aufnahme und Verwertung von Nährstoffen, Schwäche des Immunsystems, Überanstrengung
Verhalten: Allgemein unsichere, ängstliche, nachgiebige, sensible, empfindliche Katzen, nervös, ungeduldig, vorsichtig, leicht überfordert; haben Probleme, wenn der regelmäßige Ablauf gestört ist, aber nicht so stark wie Arsenicum-album-Katzen (→ Seite 168); brauchen Halt; reagieren auf Stimmungen und Erkrankungen des Besitzers; Heimweh möglich; bei Fremden sind sie zurückhaltend und schüchtern, lassen sich ungern anfassen. Mit anderen Katzen haben sie meist keine Probleme, lassen sich aber leicht unterdrücken und sind die letzten in der Rangfolge.
Impffolgen: Symptome können vielfältig sein, bei Katzen handelt es sich jedoch vor allem um Erkrankungen der Atemwege oder um Durchfall; oft bei Jungtieren.
Allgemeine Symptome: empfindlich auf schulmedizinische Medikamente, empfindlich auf alles Unbekannte; haben leicht Parasiten; sind geräuschempfindlich, intelligent, sauber, trinken viel; schnelle Ermüdbarkeit
Körperliche Symptome: Augen: Verklebung des Tränen-Nasen-Kanals, Augen empfindlich; gelber, dicker Eiter, Nachbehandlung von Hornhautnarben, grauer Star. Ohren: Auflösung von Narbengewebe nach Othämatom, narbig verdickte Gehörgänge. Atemwege: wiederkehrende Erkältungen, heilen schlecht aus. Blase/Nieren: bei Nierensteinen Verminderung von Kolikanfällen, Reduzierung von Steinneubildung. Kätzchen: Sie entwickeln sich nicht gut, sind im Alter von sechs bis acht Wochen immer noch sehr zierlich im Vergleich zu gleichaltrigen Jungkatzen; meist wechselnder Appetit, anfällig für Durchfälle und Katzenschnupfen; etwas ängstlich, liegen gern im Warmen; vertragen oft die Muttermilch nicht und erbrechen sie sofort wieder. Kot: Absatz in Stücken, umständlich; Durchfälle bei Aufre-

gung. Bindegewebe, Gelenke, Bänder: schwach. Neigung zu Brüchen (z. B. Nabelbruch). Abszess: Auflösung von bindegewebigen Strukturen, d. h. der Abszesskapsel (→ Seite 240). Haut: schlecht heilende Wunden mit Fistelneigung, Eiterungen, hartnäckige Ekzeme, oft Pilzbefall; Krallen sind brüchig und splittern. Nervensystem: Epilepsie nach Impfungen, nachts, bei Mondwechsel. Sekrete: alle Sekrete sind wund machend.

Typ: zierlich, feine Haare, nimmt nicht zu
Verschlimmerung: durch Trost, nasse Füße, im Winter, durch Kälte, Berührung, Aufregung, Geräusche
Besserung: durch Wärme, Zudecken, im Sommer, im Dunkeln

➤ **Besonderheit:** Die Beschwerden entwickeln sich langsam, und die Heilung tritt langsam ein.

➤ **Potenz, Dosierung:** D6, 2- bis 3-x 1 Dosis; D30 und höher nach Bedarf (→ Seite 55, 165)

Selbstbehandlung: Abszess (→ Seite 119); Angst (→ Seite 159); Erkrankungen des Tränen-Nasen-Kanals (→ Seite 58); grauer Star (→ Seite 61); Harngrieß, Steinbildung (→ Seite 99); Hornhautentzündung (→ Seite 60); Ohrentzündung (→ Seite 62); Othämatom (→ Seite 64); Unterstützung der Entwicklung von Kätzchen (→ Seite 55)

SILICEA

Fallbeispiel aus meiner Praxis
Katze Lina (Europäisch-Kurzhaar-Mischling, kastriert, weiß mit getigerten Flecken, 8 Jahre alt, Wohnungskatze, könnte aber nach draußen)
Grund des Besuchs: Probleme mit dem gleichzeitig aus dem Tierheim geholten Kater Robbi (4 Jahre alt, kastriert), der Lina regelmäßig auflauert und verprügelt.

Vorgeschichte: Beide Katzen wurden gleichzeitig vor circa einem Jahr aus dem Tierheim geholt. Sie kannten sich vorher nicht. Im Haus wurden sie gleichzeitig aus ihren Käfigen gelassen. Zunächst versteckten sich beide, Robbi kam dann jedoch heraus und ließ sich streicheln. Er eroberte dann relativ schnell das ganze Haus. Lina blieb zwei Tage verschwunden und brauchte zwei Wochen, um immer nur zusammen mit der Besitzerin das Haus zu erkunden. In den Garten traute sie sich kaum. Beide Katzen bekamen eine Spieltherapie und Klickertraining (→ Glossar, Seite 242), das Problem besserte sich dadurch etwas. Robbi erhielt von den Besitzern die Bach-Blüten Beech und Vine ohne Erfolg, dann Vervain und Impatiens ebenfalls ohne Erfolg. Lina bekam Mimulus, Walnut, Star of Bethlehem und Larch. Diese Blüten halfen ihr, reichten jedoch nicht aus. Sie traut sich nicht aus dem Haus und versteckt sich, wenn Robbi im Haus ist.

Anamnese: Allgemeines: Lina lernt langsam und braucht 5- bis 6-mal, bis sie etwas verstanden hat. Sie gibt auch schnell auf. Sie konnte nicht spielen und hat es erst von Robbi gelernt. Jagen kann sie nicht. Sie träumt viel. Sie ist nicht nachtragend. Wenn sie sich erschreckt, putzt sie sich. Sie putzt sich überhaupt sehr viel und ist immer sauber. Sie liegt gern weich und warm, gern in der Sonne.

Verhalten: Lina versteckt sich viel und beobachtet von dort aus alles. Sie hat Angst vor Geräuschen (Rascheln, Mülltüten, Staubsauger, Mixer, Türglocke, Dunstabzug, Föhn, Musik), gewöhnt sich aber langsam daran. Bei Besuch verschwindet sie erst einmal im Keller. Wenn es sehr ruhig ist, kommt sie dann vorsichtig und beobachtet den Besuch vom Schlafzimmer aus. Bei Übernachtungsbesuch versteckt sie sich im Schrank. Bevor sie etwas tut, überlegt sie erst einmal zehn Minuten. Sie liebt die Routine. Alles Neue ist erst einmal schlecht. Streicheln lässt sie sich inzwischen gern, außer am Bauch. Wenn sie gestreichelt werden will, kommt sie und stößt mit dem Kopf oder beißt in irgendetwas hinein. Um Aufmerksamkeit zu erregen, wirft sie auch schon einmal Blumen herunter oder reißt die Tapete ab. Sie tretelt viel, bevor sie sich hinlegt. Durch Reiben markiert sie ständig alles (Tischkanten, Tischbeine usw.). Beim Menschen traut sie sich nicht und legt nur den Schwanz um dessen Beine. Sie läuft viel unter und hinter Möbeln entlang. In die Höhe geht sie selten. Sie kann allein sein, hat aber lieber die Besitzer um sich. Auf dem Schoß liegt sie nie, sie liegt aber gern neben den Besitzern. An sich drücken und hochheben kann man sie nicht. Sie braucht immer etwas Abstand. Sie liegt gern geschützt in etwas Höhlenartigem. Sie ist sehr genau mit den Futterzeiten und weckt dann die Besitzer; auch abends möchte

sie relativ pünktlich ihr Futter haben. Wenn die Besitzer nicht pünktlich sind, wird sie aber nicht penetrant, sie spielt dann in der Wartezeit sogar manchmal mit Robbi. Dann verstehen sich beide Katzen sogar recht gut. Beim Tierarzt ist sie ängstlich und duckt sich weg.
Fressen und Trinken: Sie stiehlt Essen. Fressen ist neben Schlafen ihre Hauptbeschäftigung. Sie frisst gern Fettes, Öl, Margarine, Chips, Erdnüsse, Wurst, Käse, mag nichts Süßes. Bei Katzenfutter frisst sie alles, Feuchtfutter aber lieber. Bei einigem Futter braucht sie eine gewisse Gewöhnungszeit; manches frisst sie nach einiger Zeit nicht mehr. Sie bekommt Futter nach Belieben, nimmt aber nicht zu. Ihr Feuchtfutter frisst sie unsauber, wirft manches daneben. Sie trinkt viel, vor allem abends, in größeren Schlucken. Kot und Urin: Sie möchte eine saubere Toilette haben und setzt immer hinten rechts ihr Geschäft ab. Dabei schnüffelt und scharrt sie viel. War die Toilette sehr dreckig, urinierte sie schon zweimal aus Protest ins Bett der Besitzer. Sie mag nicht, wenn man beim Koten und Urinieren vorbeikommt, stellt ihr Geschäft aber nicht ein.

Diagnose: Angst, Unsicherheit, kein Selbstbewusstsein

Therapie: Lina erhielt Silicea in steigenden Potenzen. Sie wurde mit der Zeit selbstbewusster und geht inzwischen auch mehr nach draußen. Von Robbi wird sie nicht mehr verprügelt.

Anmerkung: Die Katzen wurden vom Tierheim nach ihrem Verhalten im Tierheim beurteilt. Die Besitzer haben sich aus Unerfahrenheit nach diesem Rat gerichtet. Katzen verhalten sich jedoch im Tierheim oft anders (fremde Umgebung, Schock des Abgebens, fremde Katzen und Menschen usw.). Besser wäre es gewesen, erst Lina zu holen und später eine passende weibliche Katze oder eine junge Katze. Linas Probleme waren Angst, Unsicherheit und mangelndes Selbstbewusstsein. Der selbstbewusstere Kater hat dies und seine größeren Körperkräfte ausgenutzt. Er war jedoch nicht wirklich aggressiv, er zeigte nur normales Katerverhalten. Da beide Katzen inzwischen nach draußen gehen, kann ihm Lina mehr ausweichen. Wenn beide jedoch nur im Haus leben müssten, würde Robbi sie aus Langeweile vermutlich immer noch ärgern. In einem solchen Fall sollte Robbi besser abgegeben werden. Die Wirkungslosigkeit der Bach-Blüten bei Robbi lässt sich erklären, da er normales katertypisches Verhalten zeigte, das nicht therapiert werden kann.

Sulfur
(Schwefel)

Essenz: brennend, extrovertiert, kratzbürstig; Stoffwechselstörung, Körpergeruch
Ursachen: Futtermittelbelastung durch Fertigfutter, Medikamentenbelastung; Therapien, die nicht heilen, sondern unterdrücken; wiederkehrende Infektionen
Verhalten kranker Katzen: unruhig, nervös, reizbar, streitsüchtig, jähzornig, widerspenstig, depressiv; Angst vor ganz speziellen Dingen
Verhalten gesunder Katzen: aktiv, dominant, temperamentvoll, freundlich
Allgemeine Symptome: putzen sich wenig, sind unsauber, haben Körpergeruch; liegen eher kühl; viel Durst und Hunger; fressen unsauber
Körperliche Symptome: Haut: Haarausfall, Schuppen, fettige Haare, Juckreiz, verfilzte Haare, Ekzeme mit wund machenden Sekreten; Körperöffnungen gerötet, Haut »brennt«; empfindlich gegen Insektenstiche (Neigung zu Flohstichallergie), Neigung zu Schweißfüßen. Verdauungsapparat: Durchfall vor allem morgens, Erbrechen, Verstopfung; an After und Maul leuchtend rote Schleimhäute. Atemwege: trockene, brennende Schleimhäute oder grünlicher Schleim, vor allem morgens. Bewegungsapparat: sind berührungsempfindlich am Rücken. Haben Neigung zu Pilz- und Parasitenbefall. Häufig: Hautsymptome wechseln mit Atemproblemen oder Durchfall ab.
Typ: eher schlank, aber robust und kräftig
Verschlimmerung: durch Wasser, morgens, durch Fressen, Bettwärme, Kälte, Ruhe
Besserung: durch Bewegung, im Freien, bei trockenem, warmem Wetter
▶ **Achtung:** Nicht bei akuten oder stark juckenden Hauterkrankungen anwenden; sofort absetzen, wenn eine Verschlimmerung der Symptome eintritt.
▶ **Potenz, Dosierung:** D6, 2 x 1 Dosis; D12, 1- bis 2-x 1 Dosis; D30 und höher nach Bedarf (→ Seite 55, 165)
Selbstbehandlung: Ausleitungsmittel (→ Seite 122)

Arzneimittelbilder häufig gebrauchter Arzneien

Im Folgenden finden Sie Mittelbeschreibungen einiger Arzneien, die ich bei den beschriebenen Erkrankungen (→ Seite 56 bis 161) für die Behandlung vorgeschlagen habe. Diese Mittel habe ich mehr als einmal bei der Selbstbehandlung angeführt.

Aconitum
(Aconitum napellus, Blauer Eisenhut)

Ursachen: oft Folge von kaltem Wind, Angst, Schreck
Allgemeine Symptome: Plötzliches Fieber (innerhalb von Stunden), sehr hoch, über 40 °C; rote Schleimhäute, das Herz klopft stark. Trockene Haut und Schleimhäute. Können großen Durst haben. Es sind noch keine weiteren Symptome zu sehen. Die Katzen sind unruhig. Beginn der Erkrankung oft abends oder nachts.
Psychische Symptome: Angst und große Schreckhaftigkeit als Folge von Schreck
Verschlimmerung: durch Berührung
➤ **Potenz, Dosierung:** D4 oder C30, im Abstand von 30 Minuten 2- bis 3-x 1 Dosis; D30 oder D200, 1 x 1 Dosis (→ Seite 55)
Selbstbehandlung: Angst (→ Seite 159); Fieber bei Infektionen (→ Seite 144)

Allium cepa
(Allium cepa, Küchenzwiebel)

Ursachen: Infektion, Zug
Körperliche Symptome: gerötete Bindehäute, wässriger Augenausfluss, nicht wund machend (wie beim Zwiebelschneiden); wund machender, wässriger Nasenausfluss, Katzen niesen viel, oft anfallweise
Verschlimmerung: bei Wärme, beim Hereinkommen in ein warmes Zimmer, abends, nachts
Besserung: im Freien
➤ **Potenz, Dosierung:** D3, 3 x 1 Dosis (→ Seite 55)

Selbstbehandlung: Bindehautentzündung (→ Seite 56); Erkrankungen von Nase, Hals, Rachen und Nebenhöhlen (→ Seite 69)

ALLIUM CEPA

Fallbeispiel aus meiner Praxis
Ein noch namenloses Kätzchen mit 8 Wochen; es ist seit einer Woche bei seinen neuen Besitzern.
Grund des Besuchs: Es niest seit zwei Tagen.

Anamnese: Die Augen sind leicht gerötet und tränen etwas wässrig. Aus der Nase kommt wässriges Sekret, die Nase ist leicht entzündet. Es niest anfallweise. Bei der tierärztlichen Untersuchung sind sonst keine weiteren Veränderungen feststellbar.

Diagnose: Leichter Katzenschnupfen, ausgelöst durch den Stress des Besitzerwechsels.

Behandlung: Allium cepa D3, 3 x 1/2 Tablette für 1 Woche, danach sind die Symptome verschwunden.

Apis
(Apis mellifica, Honigbiene)

Ursachen: Stich, Infektion, Allergie
Körperliche Symptome: Die Bindehäute der Augen sind stark geschwollen, Farbe eher hellrot; Augen können ganz zugeschwollen sein; wässriger Augenausfluss, Lichtscheue, Schmerzhaftigkeit. Hellrote, weiche Schwellung des Zahnfleischs oder der Maulschleimhäute, die Schleimhaut ist schmerzhaft, berührungsempfindlich; Bläschenbildung. Dauerrolligkeit, verursacht durch Zysten (→ Glossar, Seite 245) am Eierstock. Bei Gesäugeentzündung sind ein oder zwei Gesäugekomplexe betroffen, sie sind weich, leicht gerötet und berührungsempfindlich »wie von einem Bienenstich«. Hellrote, weiche Schwellung der Haut, Neigung zu Blasenbildung, Schwellung ist schmerzhaft, berührungsempfindlich

»wie von einem Bienenstich«.
Verschlimmerung: durch lauwarme/warme Umschläge, Berührung, Druck
Besserung: durch kühle Umschläge, Kälte
➤ **Potenz, Dosierung:** D3, D4, 3 x 1 Dosis (→ Seite 55)
Selbstbehandlung: Bindehautentzündung (→ Seite 56); Dauerrolligkeit (→ Seite 102); Gesäugeentzündung (→ Seite 106); Insektenstiche (→ Seite 140); Verbrennungen (→ Seite 136); Zahnfleisch-, Mundschleimhautentzündung (→ Seite 67)

Arnica
(Arnica montana)

Ursachen: Folge von Unfall, Schock, Verletzung, Erschrecken, Blutverlust, Überanstrengung
Psychische Symptome: psychischer Schock, Tiere verstecken sich, wollen nicht angefasst werden
Allgemeine Symptome: Schmerzhaftigkeit, starke Berührungsempfindlichkeit, Schwäche, Blässe, Bewusstlosigkeit, Bewegungsunlust
Körperliche Symptome: Rötlich oder bläulich verfärbte, weiche Haut. Blutungen im Auge oder in den Bindehäuten, nach Augenoperationen. Dicke, warme, weiche Ohrmuschel mit rötlicher Haut, manchmal leicht bläulich, schmerzhaft, die Katzen schütteln den Kopf vorsichtig. Gliedmaße schmerzt, ist sehr berührungsempfindlich, evtl. Verdickung im Bereich der Verletzung, das Bein wird meist hochgehalten oder kaum belastet.
Verschlimmerung: durch Bewegung, Berührung
➤ **Potenz, Dosierung:** D4, D6, 3 x 1 Dosis; C30, 1 x 1 Dosis (→ Seite 55)
Selbstbehandlung: Angst (→ Seite 159); Blasenlähmung (→ Seite 100); Blutergüsse, Prellungen (→ Seite 135); Erkrankungen der Wirbelsäule (→ Seite 114); Erkrankungen des Bandapparats, der Sehnen und Gelenke (→ Seite 111); Gehirnerschütterung (→ Seite 138); Herz-Kreislauf-Versagen (→ Seite 75); Erkrankungen des Nervensystems (→ Seite 116); Operationen (→ Seite 139); Othämatom (→ Seite 64); Schock (→ Seite 133); Unfälle

(→ Seite 130); Verbrennungen (→ Seite 136); Verletzung des Auges (→ Seite 59)

ARNICA

Fallbeispiel aus meiner Praxis
Katze Flecky (6 Monate alt)
Grund des Besuchs: Sturz vom Balkon aus dem 3. Stock, seither ist sie stark verstört und verkriecht sich.

Anamnese: Im Bereich der Lendenwirbelsäule stehen ihre Haare hoch, und sie mag sich dort nicht anfassen lassen. Bei der Untersuchung ist das Gewebe dort schwammig und verdickt. Es sind jedoch keine Brüche oder sonstige Verletzungen festzustellen.

Diagnose: Psychischer Schock, Hämatom der Wirbelsäule

Behandlung: Arnica C30, 1 x 1 Dosis für 7 Tage. Danach ist alles verschwunden.

Belladonna
(Atropa belladonna, Tollkirsche)

Ursachen: Hirntrauma nach Unfall, Epilepsie, Infektion, Folge von Hitze
Allgemeine Symptome: Apathie, kein Appetit, kein Durst bei Fieber, sonst großer Durst. Überempfindlichkeit aller Sinne. Oft Symptome rechts.
Körperliche Symptome: Augen weit, Pupillen unterschiedlich weit, Augenzittern, hochrote und trockene Bindehaut. Kreislauf: müde, apathisch, Herz klopft stark. Rote oder bläulich rote Schleimhäute, trocken, schmerzhaft. Heiserkeit ohne Schmerzen. Kalte Gliedmaßen, Schweiß an den Fußballen. Katzen liegen bei Krämpfen auf der Seite, ganze Katze zuckt oder einzelne Körperteile, Beine zum Teil auch steif, Schaum vor dem Maul, Kot- und Harnabsatz. Fieber beginnt plötzlich, jedoch nicht so schnell wie bei Aconitum. Meist steigt das Fieber in maximal einem Tag auf bis zu 40 °C.

Verschlimmerung: durch Berührung, Geräusche, Kälte, Nässe, Licht
Besserung: im warmen Zimmer, bei Ruhe
➤ **Potenz, Dosierung:** D6, im Abstand von 30 Minuten 1 Dosis; alternativ C30, 1 x 1 Dosis (→ Seite 55). Belladonna wirkt auf dem Höhepunkt der Erkrankung.
Selbstbehandlung: Epilepsie (→ Seite 141); Erkrankungen von Nase, Hals, Rachen und Nebenhöhlen (→ Seite 69); Fieber bei Infektionen (→ Seite 144); Hitzschlag, Sonnenstich (→ Seite 149); Schock (→ Seite 133); Zahnwechsel (→ Seite 65)

Berberis
(Berberis vulgaris, Gewöhnliche Berberitze)

Ursachen: Infektion, Entzündung
Allgemeine Symptome: Das Befinden wechselt, mal sind die Katzen munter, mal matt, mal sind sie durstig oder hungrig, mal wieder nicht – rascher Wechsel der Symptome.
Körperliche Symptome: Die Katze verliert ab und zu Urin, der Urin ist mal hell, mal dunkel. Schmerzen von Blase und Nieren strahlen in Bewegungsapparat aus, daher Verspannungen im Rücken und Lahmheit einer Gliedmaße, meist hinten; juckende Haut.
Verschlimmerung: durch Bewegung, Stehen
➤ **Potenz, Dosierung:** D4, 3 x 1 Dosis (→ Seite 55)
Selbstbehandlung: Blasenentzündung, Harnröhrenentzündung (→ Seite 94); Erkrankungen der Nieren und Harnleiter (→ Seite 97)

Bryonia
(Bryonia dioica, Rotbeerige Zaunrübe)

Ursachen: Infektion, Entzündung
Allgemeine Symptome: Katzen liegen viel, sind schwach, reizbar, haben viel Durst, Fieber
Körperliche Symptome: Trockene Schleimhäute. Trockener, schmerzhafter Reizhusten, Atmung schnell und flach, Schleim kann nicht ausgehustet werden. Dickes,

HÄUFIG GEBRAUCHTE MITTEL

heißes Gelenk, das betroffene Bein wird evtl. hochgehalten; da Druck bessert, liegen die Katzen oft auf dem betroffenen Gelenk.
Verschlimmerung: morgens, bei Berührung, durch Bewegung, durch Fressen, leichten Druck, Wärme
Besserung: durch frische Luft, Ruhe, festen Druck
▶ **Potenz, Dosierung:** D4, D6, 3 x 1 Dosis (→ Seite 55)
Selbstbehandlung: Bronchien- und Lungenentzündung (→ Seite 73); Erkrankungen der Wirbelsäule (→ Seite 114); Erkrankungen des Bandapparats, der Sehnen und Gelenke (→ Seite 111)

Cantharis
(**Lytta vesicatoria**, Spanische Fliege)

Ursachen: Entzündung
Allgemeine Symptome: brennende Schmerzen
Körperliche Symptome: Bläschen an den Schleimhäuten. Ständiger Harndrang, die Katzen versuchen immer wieder Urin abzusetzen, es kommt aber nichts oder nur wenige, meist blutige Tröpfchen; beim Laufen und Liegen verlieren sie evtl. Urintropfen. Bläschenausschlag (großblasig) auf der Haut, brennende, schmerzhafte Haut, später juckend.
Verschlimmerung: durch Berührung, Kälte, Nässe
Besserung: durch Wärme
▶ **Potenz, Dosierung:** D4, anfänglich alle 2 Stunden 1 Dosis, bei Besserung 3 x 1 Dosis (→ Seite 55)
Selbstbehandlung: Blasenentzündung, Harnröhrenentzündung (→ Seite 94); Verbrennungen (→ Seite 136)

CANTHARIS UND SABAL SERRULATUM

Fallbeispiel aus meiner Praxis
Kater Samson (Europäisch Kurzhaar, schwarz-weiß, kastriert, Freigänger, 4 Jahre)
Grund des Besuchs: Samson ging plötzlich sehr häufig auf die Toilette. Das fiel dem Besitzer auf, weil der Kater viel im Haus ist und dort auch gern auf die Toilette geht.

Die homöopathischen Mittel

Anamnese: Samson setzte auf der Toilette nur kleine Mengen Urin ab und schien Schmerzen zu haben. Wegen der geringen Menge konnte kein Urin aufgefangen werden.

Diagnose: Klinisch lag eine akute Blasenentzündung vor, dazu bestand der Verdacht auf Harngrieß oder Steinbildung (zunächst war kein Urin zu gewinnen). Bei der Röntgenuntersuchung wurde nichts Auffälliges festgestellt.

Behandlung: Samson erhielt neben einem Antibiotikum Cantharis D4 und Sabal serrulatum D3, je 3 x 1 Dosis. Nachdem der Urinabsatz wieder normal war, wurden die homöopathischen Mittel abgesetzt. Doch nach einer Woche setzte der Kater trotz Antibiotikum wieder häufig kleine Mengen Urin ab. Da jetzt die Urinmenge reichte, um untersucht werden zu können, wurden dort neben Blut auch Struvitkristalle (→ Glossar, Seite 245) gefunden. Der Kater erhielt erneut Sabal serrulatum, am nächsten Tag ging es ihm besser, nach einigen Tagen setzte er wieder normal Urin ab. Unterstützend bekam er eine Diät, mit deren Hilfe die Kristalle abgebaut wurden.

Carbo vegetabilis
(Holzkohle)

Ursachen: Infektion, Folge einer nicht ausgeheilten Erkrankung
Allgemeine Symptome: Die Katzen sind kalt, zeigen große Schwäche.
Körperliche Symptome: Blassbläuliche Schleimhäute. Übel riechende, wässrig-blutige, wund machende Durchfälle mit Blähungen, Durchfall läuft passiv aus dem After.
Verschlimmerung: bei Wärme, durch Zudecken, nachts, abends
Besserung: an frischer Luft
➤ **Potenz, Dosierung:** D8, alle 2 Stunden 1 Dosis bis zur Besserung, dann 3 x 1 Dosis; C30, 1 x 1 Dosis nach Bedarf (→ Seite 55, 165)
Selbstbehandlung: Erbrechen, Durchfall (→ Seite 81); Herz-Kreislauf-Versagen (→ Seite 75); Schock (→ Seite 133)

Chelidonium
(Chelidonium majus, Schöllkraut)

Ursachen: Infekte, Degeneration (→ Glossar, Seite 241)
Allgemeine Symptome: Einerseits unruhig und gereizt, andererseits schläfrig nach dem Aufwachen und Fressen. Gelbliche Schleimhäute. Blähungen, Kot ist gelblich bis orange, wässrig, schmerzhafter Bauch, Rücken aufgekrümmt. Urin ist wie dunkles Bier gefärbt.
Verschlimmerung: frühmorgens, bei Berührung, an frischer Luft, bei Aufregung, Bewegung, Wetterwechsel
Besserung: nach dem Fressen (vor allem von warmem Futter und Wasser), in Ruhe, durch Wärme
► **Potenz, Dosierung:** D4, D6, 3 x 1 Dosis (→ Seite 55)
Selbstbehandlung: Erbrechen, Durchfall (→ Seite 81); Erkrankungen von Leber und Gallenblase (→ Seite 90)

Cuprum aceticum, Cuprum metallicum
(Kupferacetat, metallisches Kupfer)

Ursachen: Degeneration, Folge von anderen Erkrankungen (Ursache für Epilepsie ist oft unklar)
Leitsymptom (→ Glossar, Seite 243): Krämpfe
Allgemeine Symptome: Zu Beginn der epileptischen Krämpfe schreit die Katze; Krämpfe fangen an den Füßen an und breiten sich von da aus; Anfälle erfolgen aus dem Schlaf heraus; Schaum vor dem Maul, oft in regelmäßigen Abständen; Füße kalt. Trockener, krampfartiger, quälender Husten mit Würgen, ohne Schleim, asthmaähnliche Symptome.
► **Besonderheit:** Kopf und Hals werden nach vorn und unten gestreckt.
Verschlimmerung: bei Neumond, in der Nacht, durch Berührung
Besserung: durch Trinken von kaltem Wasser
► **Potenz, Dosierung:** D6, 2- bis 3-x 1 Dosis (→ Seite 55)
Selbstbehandlung: Cuprum aceticum: Bronchien- und Lungenentzündung (→ Seite 73); Epilepsie (→ Seite 143)
Cuprum metallicum: Epilepsie (→ Seite 143)

Euphrasia
(Euphrasia officinalis, Augentrost)

Ursachen: Infektion
Körperliche Symptome: stark gerötete Bindehäute der Augen, wässriges Augentränen, wund machender (daher evtl. juckender), schmerzhafter Ausfluss; Lichtempfindlichkeit; milder wässriger Nasenausfluss
Verschlimmerung: abends
Besserung: in der Dunkelheit
➤ **Potenz, Dosierung:** D2, D3, 3 x 1 Dosis (→ Seite 55)
Selbstbehandlung: Bindehautentzündung (→ Seite 56); Erkrankungen von Nase, Hals, Rachen und Nebenhöhlen (→ Seite 69); Hornhautentzündung → Seite 60)

Hepar sulfuris
(Kalkschwefelleber, Hahnemanns Calciumsulfid)

Ursachen: Infektion, Entzündung
Allgemeine Symptome: Fieber oder erhöhte Temperatur, große Empfindlichkeit, Eiterungsneigung
Körperliche Symptome: Akute Eiterung der Haut, starke Schmerzhaftigkeit, große Berührungsempfindlichkeit; die Sekret sind gelblich-grünlich oder wässrig. Akute Eiterung der Atemwege, gelbliches oder grünliches, wund machendes Sekret; die Katzen bekommen keine Luft, sie schniefen; alle Sekrete riechen nach altem Käse.
Verschlimmerung: trockene Kälte, Berührung, morgens
Besserung: bei Wärme, feuchtem Wetter
➤ **Potenz, Dosierung:** D8, 2- bis 3-x 1 Dosis (→ Seite 55)
Selbstbehandlung: Ältere Wunden (→ Seite 118); Erkrankungen von Nase, Hals, Rachen und Nebenhöhlen (→ Seite 69); Ohrenentzündung (→ Seite 62)

Hypericum
(Hypericum perforatum, Johanniskraut)

Ursachen: Nervenverletzung
Körperliche Symptome: Kopfschmerzen bei Gehirn-

erschütterung, Erbrechen. Schmerzhafte Gliedmaße, Lahmheit, meist sind die Vorderbeine betroffen (z. B. Radialislähmung, → Seite 117).
Verschlimmerung: bei Kälte, Bewegung
➤ **Potenz, Dosierung:** D6, stündlich 1 Dosis bis zur Besserung, dann 3 x 1 Dosis (→ Seite 55)
Selbstbehandlung: Erkrankungen des Nervensystems (→ Seite 116); Gehirnerschütterung (→ Seite 138)

Ipecacuanha
(Uragoga ipecacuanha, Brechwurzel)

Ursachen: Infektion, Entzündung, Vergiftung
Allgemeine Symptome: Schwäche
Körperliche Symptome: Erkrankung der Atemwege beginnt mit anfallartigem Würgen, was sich später zu krampfhaftem Husten entwickelt; der Husten kann zum Erbrechen führen; schleimiges Sekret, Heiserkeit möglich. Magenschleimhautentzündung mit Erbrechen, evtl. mit Blutstreifen.
➤ **Potenz, Dosierung:** C30, 1 x 1 Dosis (→ Seite 55)
Selbstbehandlung: Bronchien- und Lungenentzündung (→ Seite 73); Erbrechen, Durchfall (→ Seite 81); Vergiftungen (→ Seite 147)

IPECACUANHA

Fallbeispiel aus meiner Praxis
Kater Mio (1 Jahr alt)
Grund des Besuchs: Er erbricht seit einigen Wochen ab und zu Futter. Im Erbrochenen sind Haare zu sehen.

Diagnose: Bei der tierärztlichen Untersuchung ist alles ohne Befund. Daher besteht Verdacht auf Haarballen.

Behandlung: Mio bekommt Ipecacuanha C30, 1 x 1 Dosis täglich für 1 Woche gegen die Gastritis. Zusätzlich erhält er eine Malzpaste (→ Seite 81), um die Ausscheidung der Haarballen zu unterstützen. Danach ist alles in Ordnung.

Mercurius solubilis Hahnemanni
(Quecksilber nach Hahnemann)

Ursachen: Infektion, Entzündung
Allgemeine Symptome: viel Durst auf Kaltes; Fieber
Körperliche Symptome: Bindehäute der Augen geschwollen, gerötet und schmerzhaft; aus den Augen dünnflüssiges, wund machendes, grünlich-eitriges Sekret mit unangenehmem Geruch, Lichtscheue, Hornhautgeschwür. Haut des Ohrs gerötet, Geschwüre, helle, dünnflüssige, wund machende Beläge im Ohr mit unangenehmem Geruch, schmerzhaft. Zahnfleisch am Zahnrand gerötet oder/und sonstige Schleimhäute gerötet, schmerzhaft, leicht blutend, unangenehmer Mundgeruch, Katzen speicheln. Mandeln gerötet und geschwollen, Rachen gerötet, im Rachen sind helle Beläge, dünnflüssiges und wund machendes Sekret mit unangenehmem Geruch, schmerzhaft; evtl. Geschwüre im Rachen, Schluckbeschwerden; die Katze kann heiser miauen. Evtl. Erbrechen; starker Durchfall, Blutbeimengungen sind möglich, wund machend, der After ist hochrot und entzündet; die Katze leckt am After, sie versucht oft noch Kot abzusetzen, ohne dass etwas kommt. Blutiger, wund machender Urin, Harndrang, aber nicht so stark wie beispielsweise bei Cantharis, die Blase schmerzt. Haut: gerötet, Geschwüre, helle, dünnflüssige, wund machende Beläge mit einem unangenehmen Geruch, schmerzhaft. Alle Entzündungen sind einige Tage alt.
Verschlimmerung: bei Wärme, Kälte (Katze verträgt keine extremen Temperaturunterschiede), nachts
Besserung: in Ruhe, durch kühles Futter
➤ **Potenz, Dosierung:** D8, 2 x 1 Dosis (→ Seite 55)
Selbstbehandlung: Ältere Wunden (→ Seite 118); Bindehautentzündung (→ Seite 56); Blasenentzündung, Harnröhrenentzündung (→ Seite 94); Erbrechen, Durchfall (→ Seite 81); Erkrankungen der Nieren und Harnleiter (→ Seite 97); Erkrankungen von Nase, Hals, Rachen und Nebenhöhlen (→ Seite 69); Hornhautentzündung (→ Seite 60); Ohrenentzündung (→ Seite 62); Zahnfleisch-, Mundschleimhautentzündung (→ Seite 67)

HÄUFIG GEBRAUCHTE MITTEL

> **MERCURIUS SOLUBILIS HAHNEMANNI**
>
> **Fallbeispiel aus meiner Praxis**
> Katze Krümel (4 Jahre alt)
> Grund des Besuchs: Sie speichelt seit einigen Tagen aus dem Maul und riecht unangenehm.
>
> **Diagnose:** etwas Zahnstein sowie gerötete Zahnfleischränder aufgrund einer Zahnfleischentzündung (Gingivitis)
>
> **Behandlung:** Der Zahnstein wird entfernt. Gegen die Zahnfleischentzündung erhält Krümel für 1 Woche Mercurius solubilis D8, 2 x 1 Tablette. Danach ist alles in Ordnung.

Okoubaka

(Okoubaka aubrevillei – Rinde eines westafrikanischen Baums)

Ursachen: Vergiftung, vor allem mit Pestiziden und Insektiziden, durch verdorbenes Futter, Chemotherapie
Allgemeine Symptome: Schwäche, Durchfall und Erbrechen, heftig und hartnäckig
➤ **Potenz, Dosierung:** D2, 3 x 1 Dosis, 2 Wochen mindestens (→ Seite 55); absetzen bei deutlicher Besserung
Selbstbehandlung: Vergiftungen (→ Seite 147); Ausleitung (→ Seite 122)

Plumbum aceticum

(Bleiacetat)

Ursachen: Probleme am Rückenmark
Körperliche Symptome: Hartnäckige Verstopfung, Kot in Form von kleinen, harten Ballen. Blasenlähmung mit Harnverhalten (spastisch, → Glossar, Seite 244) oder mit passivem Urinverlust.
Besserung: durch Bewegung
➤ **Potenz, Dosierung:** D8, 2 x 1 Dosis (→ Seite 55)
Selbstbehandlung: Blasenlähmung (→ Seite 100); Verstopfung, Darmlähmung (→ Seite 89)

Rhus toxicodendron
(Giftsumach)

Ursachen: Verletzung, Verspannung, Allergie, Zug, Überanstrengung, Durchnässung

Körperliche Symptome: Zerrungen an Bändern und Sehnen des Bewegungsapparats, die meist bereits einige Tage alt sind oder chronisch immer wiederkehren; Lahmheit, die beim Aufstehen am schlimmsten ist und sich bei längerem Laufen bessert; nach zu langem Laufen wird sie jedoch wieder schlechter. Die Katzen versuchen den Rücken gegen etwas Hartes zu drücken. Starker Juckreiz der Haut, Rötung, Bläschen, die auch nässen oder eitern können.

Verschlimmerung: bei Nässe und Kälte, Ruhe
Besserung: bei Wärme, Bewegung
▶ **Potenz, Dosierung:** D6, 2 x 1 Dosis; D12, 1 x 1 Dosis (→ Seite 55)
Selbstbehandlung: Allergische Reaktionen, örtlich begrenzt (→ Seite 121); Erkrankungen der Wirbelsäule (→ Seite 114); Erkrankungen des Bandapparats, der Sehnen und Gelenke (→ Seite 111)

RHUS TOXICODENDRON UND HARPAGOPHYTUM

Fallbeispiel aus meiner Praxis
Kater Felix (Europäisch Kurzhaar, schwarz, kastriert, Freigänger)
Grund des Besuchs: Der Kater lahmt.

Vorgeschichte: Felix hatte vor einigen Jahren einen Unfall. Zum Zeitpunkt der Vorstellung (er war 10 Jahre alt) konnte er schlecht aufstehen und lahmte manchmal hinten. Sein Rücken war stark verspannt. Im Röntgenbild ließ sich eine Arthrose zwischen zwei Wirbeln im Bereich der alten Unfallverletzung feststellen. Nach dem Aufstehen lahmte er erst stärker, was sich nach einigen Schritten besserte.

Diagnose: Arthrose der Wirbelgelenke

> **Behandlung:** Mit Harpagophytum besserten sich die Beschwerden wesentlich. Unterstützend erhielt er Massagen. Nach einigen Raufereien lahmte er trotz der Dauergabe von Harpagophytum wieder, auch hier lief er sich ein. Mit Rhus toxicodendron als kurzzeitige zusätzliche Gabe besserte sich dies wieder. Sein Rücken wurde weicher und ist nicht mehr schmerzhaft. Inzwischen ist er 12 Jahre alt.

Solidago
(Solidago virgaurea, Goldrute)

Der Einsatz von Solidago erfolgt empirisch, wenn Leber und Niere betroffen sind und man kein anderes Mittel oder kein Konstitutionsmittel findet. Es wird auch als Zwischenmittel eingesetzt, wenn sich Symptome ändern oder neue Symptome auftreten.
Ursachen: Entzündung, Vergiftung, altersbedingte Degeneration (→ Glossar, Seite 241)
➤ **Potenz, Dosierung:** D2, 3 x 1 Dosis (→ Seite 55)
Selbstbehandlung: Erkrankungen der Nieren und Harnleiter (→ Seite 97); Erkrankungen von Leber und Gallenblase (→ Seite 90)

Veratrum album
(Weiße Nieswurz)

Ursachen: Infektion, Herz-Kreislauf-Probleme
Allgemeine Symptome: Schleimhäute blass oder blassblau, schwacher, schneller Puls und Herzschlag; Körper kalt, Untertemperatur oder Fieber mit extrem starkem Frösteln
Körperliche Symptome: wässriger, schleimig-blutiger Durchfall, kommt schubweise
Verschlimmerung: bei Wetterwechsel, Hitze
Besserung: durch Wärme, Ruhe
➤ **Potenz, Dosierung:** D4, 3 x 1 Dosis; C30, 1 x 1 Dosis (→ Seite 55)
Selbstbehandlung: Erbrechen, Durchfall (→ Seite 81); Herz und Kreislauf (→ Seite 75); Schock (→ Seite 133)

Bach-Blüten für Katzen

In diesem Kapitel erfahren Sie alles über die Entstehung des Bach-Blütensystems. Weiterhin lernen Sie die Anwendung der Blüten und ihre Zusammenstellung sowie die Symptome bei der Katze kennen.

Interessantes zu Bach-Blüten

Edward Bach, der Begründer der Bach-Blütentherapie, wurde am 24. 9. 1886 in Moseley bei Birmingham geboren (gestorben 27. 11. 1936 an Herzversagen). Während seiner Lehre in der elterlichen Messinggießerei lernte er die Krankheiten und Probleme der Arbeiter kennen. In ihm wuchs der Wunsch, ihnen helfen zu können, und er beschloss, Arzt zu werden. Von 1906–1914 studierte er in Birmingham und London Medizin; in London war er ab 1913 Leiter der Unfallstation der Universitätsklinik London. Nach seinem Studium eröffnete er in London eine eigene Praxis.

Zusätzlich arbeitete er als Assistent in der Bakteriologie der Universitätsklinik. Durch diese Tätigkeit erkannte er den Zusammenhang zwischen bestimmten Bakterien im Darm und chronischen Erkrankungen. Aus diesen Bakterien stellte er Impfstoffe (Vakzine) für seine Patienten gegen chronische Erkrankungen wie beispielsweise Arthritis her, die injiziert werden mussten. Sie hatten zwar vereinzelt Nebenwirkungen, halfen aber gut.

Weil sich die Verwaltungsvorschriften der Universität geändert hatten, gab er seine Stelle in der Bakteriologie auf und richtete sich ein eigenes kleines Labor in London ein, wo er weiter über die Entartungen der Darmflora forschte. Wegen Geldmangels trat er 1919 die Stelle eines Bakteriologen am homöopathischen Krankenhaus in London an. Dort stellte er verschiedene Parallelen zwischen seiner Arbeit und der Hahnemanns fest, was die Denkweise und den Zusammenhang von Psyche und Körper betrifft. Daher ging er dazu über, seine Vakzine nach homöopathischen Regeln herzustellen, also stark zu verdünnen, und oral (über den Mund) zu geben, weil sie so weniger Nebenwirkungen hatten und die Verabreichung nicht so schmerzhaft war. Daraus entwickelte er die nach ihm benannten Bach-Nosoden (→ Glossar, Seite 240).

1922 gab er diese Stelle auf und arbeitete im eigenen Labor weiter. Obwohl seine Nosoden sehr erfolgreich waren, stellten sie ihn nicht zufrieden, da damit nur bestimmte körperliche Krankheiten zu heilen waren. Er beschloss, nach Mitteln zu suchen, mit denen er die seelischen Zustände seiner Patienten beeinflussen konnte, da er schon in der Gießerei seines Vaters festgestellt hatte, dass sie die Ursache vieler Krankheiten sind. Mehr und mehr konzentrierte er sich auf Pflanzen. Er bearbeitete verschiedene von ihnen nach derselben Methode, mit der er seine Vakzine hergestellt hatte. Dabei entdeckte er zunächst in Wales die Pflanzen Drüsiges Springkraut (*Impatiens glandulifera*), Gefleckte Gauklerblume (*Mimulus guttatus*) und die Weiße Waldrebe (*Clematis vitalba*). Daraus stellte er seine ersten Blüten-Präparate Impatiens, Mimulus und Clematis her. Da seine Behandlungen damit erfolgreich waren, beschloss er 1930, sich nur noch diesen Forschungen zu widmen und weitere Pflanzen zu suchen. Er verkaufte seine Praxis und sein Labor in London und zog nach Wales. Nach und nach fand er dort immer mehr Pflanzen, die Seele, Geist und Psyche beeinflussen.

> **INFO**
>
> **Bach-Blütensystem**
> Als Bach-Blüten werden die aus den Blüten gewonnenen Essenzen bezeichnet. Zum Bach-Blütensystem gehören insgesamt 38 Blüten sowie die Notfalltropfen. Bei der Auswahl der Blüten ließ sich Bach zum Teil von seiner Intuition leiten, zum Teil stellte er bei sich selbst fest, dass negative psychische Symptome nach der Einnahme der zubereiteten Blüten verschwanden.

Herstellung der Bach-Blüten

In Wales entwickelte Bach ein neues Potenzierungsverfahren für seine Pflanzen, die Sonnenmethode. Dazu müssen die Blüten vollreif sein. An einem sonnigen Tag werden sie dann morgens vor 9 Uhr gepflückt und bleiben in einer Glasschüssel mit Quellwasser drei bis vier Stunden in der prallen Sonne stehen; man verwendet so viele Blüten, dass die Wasseroberfläche damit bedeckt ist. Danach wer-

den die Blüten entfernt. Im Wasser sind jetzt die
Schwingungen der Blüten enthalten. Das Wasser wird
dann mit Alkohol konserviert.
1935 folgte die Kochmethode für Pflanzen, die so früh
blühen, dass die Sonne noch nicht ihre volle Intensität
erreicht hat. Dafür müssen an einem sonnigen Tag vor
9 Uhr morgens Blüten, Blätter und Stiele der entsprechenden Bäume oder Sträucher gepflückt werden.
Danach werden die Pflanzen mit Quellwasser (etwa
120 Gramm Pflanzenmaterial auf einen Liter) übergossen und eine halbe Stunde gekocht. Anschließend lässt
man sie abkühlen, filtriert sie und lässt das Wasser (die
Essenz) dann drei bis vier Stunden in der prallen Sonne
stehen. Danach wird mit Alkohol konserviert.
Die wild wachsenden Pflanzen werden noch heute an
den von Bach gefundenen Standorten gesammelt. Daraus werden mithilfe der Sonnen- und Kochmethode
(→ oben) sogenannte Urtinkturen (nicht zu verwechseln
mit den Urtinkturen der Homöopathie) hergestellt.

Wirkungsweise der Bach-Blüten

Das Prinzip der Bach-Blütentherapie beruht darauf,
dass nicht die Krankheit behandelt wird, sondern die
Psyche des Patienten, denn nach Bach ist der Ursprung
einer Erkrankung auf der psychischen Ebene angesiedelt. Da in den Lösungen keine messbaren Moleküle der
Ausgangspflanzen mehr gefunden werden können, geht
man davon aus, dass die Pflanzen durch den Herstellungsprozess ihre energetischen Informationen an das
Wasser weitergegeben haben.
Die Bach-Blüten stammen von wild wachsenden Pflanzen, die in der Volksmedizin nicht als Heilpflanzen bekannt sind und von denen man keine Heilwirkungen im
schulmedizinischen Sinn kennt. Behandelt werden nicht
bestimmte Beschwerden, sondern negative Stimmungen
und Gefühle, die den Ausbruch einer Krankheit möglich
machen. Die Bach-Blüten heilen durch die Beseitigung
des negativen Grundgefühls, die Selbstheilungskräfte des
Körpers können wieder wirken.

Bach-Blüten bei Tieren

Die Bach-Blütentherapie wurde von Edward Bach für den Menschen konzipiert. Aber auch er soll einmal ein Pferd mit Blüten behandelt haben. Da Bach seine Aufzeichnungen weitgehend vernichtete, sind keine Einzelheiten über den Einsatz bei Tieren bekannt. In Deutschland werden seit etwa 30 Jahren Tiere mit Bach-Blüten in zunehmendem Maß behandelt. Diese Therapien erfolgen nach denselben Kriterien wie beim Menschen. Berichtet wird aber, dass Tiere oft wesentlich schneller auf die Therapie ansprechen. Bach-Blüten sind besonders wirksam bei allen Problemen mit deutlichen psychischen Anteilen oder Ursachen. Das Mittel wird ausgesucht nach der Gemütsverfassung und dem Verhalten des Tieres.

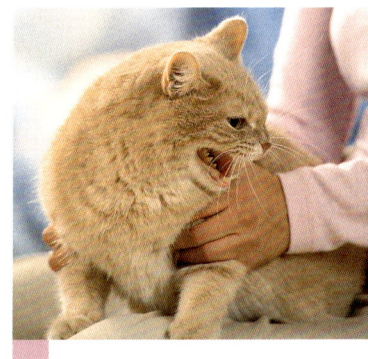

> *Bach-Blüten helfen bei psychischen Problemen wie beispielsweise bei Aggression oder Angst Ihrer Katze.*

Dosierung und Verabreichung

In der Apotheke bekommen Sie Bach-Blüten in Form sogenannter Stockbottles (Vorratsfläschchen). Die Blütenkonzentrate, die sie enthalten, werden durch Verdünnung der Urtinktur (→ Seite 208) hergestellt. Daraus bereiten Sie dann die Einnahmelösungen zu. Für deren Herstellung gibt es drei Methoden.

Herstellung einer Einnahmeflasche

➤ **Mit Alkohol:** Nehmen Sie ein Drittel Alkohol bis 45 % (Wodka, Cognac, Brandy) und zwei Drittel gutes Quellwasser. Da nicht überall Quellwasser vorhanden ist, können Sie alternativ ein kohlensäurefreies Mineralwasser verwenden. Zu je 10 Milliliter dieser Mischung geben Sie 2 Tropfen des Blütenkonzentrats aus der Stockbottle (Ausnahme Rescue: 4 Tropfen). Diese Lösung ist acht bis zehn Wochen haltbar.

➤ **Mit Obstessig:** Die Herstellung erfolgt wie mit Alkohol, aber statt Alkohol nehmen Sie Obstessig. Die Haltbarkeit beträgt mehrere Wochen.

➤ **Mit Wasser:** Die Herstellung erfolgt wie mit Alkohol, aber statt Alkohol wird reines Wasser (Quellwasser oder kohlensäurefreies Mineralwasser) genommen. Die Haltbarkeit im Kühlschrank beträgt ein bis zwei Wochen.

Alle Lösungen müssen Sie lichtgeschützt aufbewahren, daher sollten Sie sie am besten in braune Arzneiflaschen mit Tropfaufsatz oder Pipette füllen. Lagern Sie diese Einnahmefläschchen bitte nicht in der Nähe von Störfeldern wie Magnetfeldern (z.B. Handy-Ladestation, Computer, Fernseher); der Kühlschrank ist für Lösungen auf reiner Wasserbasis jedoch erfahrungsgemäß unbedenklich.

Bei Trübungen und Ausflockungen sollte man eine neue Mischung anfertigen.

Da Katzen mit Alkohol Probleme haben können, sollten Sie die Mischung mit Obstessig oder die reine Wasserlösung bevorzugen.

➤ **Dosierung:** Von der fertigen Lösung geben Sie Ihrer Katze 4-x täglich 4–5 Tropfen. Jungtiere erhalten 4-x

TIPP

Verabreichung der Bach-Blüten

Sollte sich Ihre Katze nichts eingeben lassen, dann können Sie die Tropfen aus der Einnahmeflasche oder aus dem Glas auch auf dem Stirnbereich zwischen den Ohren verreiben. Ansonsten sehen Sie auf Seite 34 bei den Hinweisen für die Eingabe von Homöopathika nach. Auch Bach-Blüten können mit Leckerchen, Futter, Trinkwasser etc. gegeben werden. Wunden können Sie mit Rescue spülen (sechs Tropfen auf 1/2 Liter Leitungswasser).

2–3 Tropfen, Neugeborene 4-x 1–2 Tropfen bis zum Verschwinden der Symptome.

Verwendung der Stockbottles

Die puren Lösungen aus den Vorratsfläschchen sind für Notfälle und die einmalige Einnahme gedacht. In diesen Situationen können Sie 2 bis 3 Tropfen direkt aus der Stockbottle Ihrer Katze ins Maul oder auf die Maulschleimhaut eingeben. Oder Sie verreiben die Tropfen auf der Haut, am besten im Stirnbereich, weil sie es hier am ehesten toleriert.

Verwendung im Wasserglas

Mit der Wasserglasmethode werden Bach-Blüten nur kurzzeitig eingenommen.
Von jeder ausgewählten Blüte geben Sie gleichzeitig 2 Tropfen in ein mit ca. 0,2 Liter Quellwasser oder kohlensäurefreies Mineralwasser gefülltes Glas. Davon geben Sie Ihrer Katze mehrmals täglich etwas zu trinken. Sie können das Wasser auch in den Trinknapf mit Wasser geben. Dann sollten Sie die Menge des Trinkwassers aber abmessen, um später prüfen zu können, ob Ihre Katze überhaupt etwas getrunken hat.

Behandlungsdauer

Notfall: Im akuten Notfall, etwa bei einem Schock oder bei Schreck, verabreichen Sie einmalig die Notfalltropfen (Rescue) oder eine andere passende Blüte nach der Stockbottle-Methode (→ oben).
Kurzzeittherapie: Darunter versteht man eine Therapie mit Einnahmefläschchen für einen bis mehrere Tage (maximal zwei Wochen). Sie können die Blüten auch nach der Wasserglas-Methode geben. Mit Kurzzeittherapie behandelbare Probleme sind Umzug, Ausstellungen, kurzzeitige Veränderungen im Haus (Besuch, Renovierung, Feiern) oder akut aufgetretene Probleme. Vorbeugend können Sie diese Methode auch vor Ausstellungen

oder einem Aufenthalt in einer Tierpension einsetzen. Üblicherweise geben Sie die Mischung 4- bis 5-x täglich (Dosierung, → Seite 210). In ganz akuten Zuständen wie Unruhe oder Angst können Sie auch alle 10 bis 15 Minuten eine Dosis bis zur Beruhigung geben.

Langzeittherapie: Von einer Langzeittherapie spricht man, wenn die Behandlung mehrere Wochen bis zu einem Jahr dauert. Sie wird durchgeführt, wenn das Problem schon länger besteht oder chronisch ist, etwa bei Angst z.B. nach einem Tierheimaufenthalt. Meist muss je nach Entwicklung des Problems die Blütenmischung in diesem Zeitraum mehrmals angepasst werden. Geeignet ist die Einnahmeflaschen-Methode (Dosierung, → Seite 210). Eine Besserung sollte spätestens 14 Tage nach Therapiebeginn eintreten. Wenn Sie keinen Erfolg sehen, sollten Sie Ihre Katze einem Therapeuten vorstellen, der sich mit Verhaltensproblemen auskennt.

Dauertherapie: Sie ist nötig bei tief sitzenden psychischen Problemen, die angeboren sind oder durch Fehlprägungen in den ersten Lebenswochen entstanden. Ein Beispiel für Letzteres ist, wenn die Kätzchen ohne Kontakt zu Menschen aufwuchsen und daher Angst vor Menschen haben; mit der Bach-Blüte wird die Gewöhnung an Menschen erleichtert. Nach Absetzen der Mischung treten die Probleme wieder auf, nach Gabe der Blüten sind sie ein bis zwei Tagen später wieder verschwunden. Das bedeutet, dass diese Katzen ihre Mischung ständig brauchen. Meist sind aber weniger Blüten nötig als bei den anderen Therapien.

Die Dauertherapie kann man auch bei Problemen durchführen, die zeitlebens in einer bestimmten Situation auftreten, beispielsweise beim Tierarztbesuch, wenn Besuch kommt, auf Ausstellungen. Die dafür bewährte Mischung geben Sie dann vor und während dieser Zeit.

Ergänzende Therapiehinweise

Sollten sich während der Therapie Symptome verschlimmern oder sollten sonstige Veränderungen wie Unruhe, Schläfrigkeit oder Durchfall auftreten und nicht nach ein bis zwei Tagen wieder verschwinden, reduzieren Sie die Dosis der Mischung um die Hälfte oder geben Sie die Blütenmischung seltener. Haben diese Maßnahmen keine Wirkung, setzen Sie die Blüten ab und suchen Ihren Tierarzt auf. Es könnte sich um eine ernsthafte Erkrankung handeln, die mit Bach-Blüten nicht zu therapieren ist. Manchmal können Metallnäpfe die Therapie stören; nehmen Sie dann einen Napf aus einem anderen Material, etwa Keramik oder Porzellan, wenn Sie die Blüten über das Trinkwasser geben.

Grenzen der Bach-Blütentherapie

Die Bach-Blütentherapie ist wie die Homöopathie eine Regulationstherapie, das heißt, im Körper müssen noch Kräfte wirksam sein, die sich mithilfe der Bach-Blüten regulieren, also anstoßen lassen. Weiterhin ist die Bach-Blütentherapie nur für die Behandlung von Erkrankungen mit psychischer Ursache geeignet. Wie in der Homöopathie können angeborene Missbildungen und Charakterfehler, Verletzungen und Erkrankungen, bei denen ein operativer Eingriff erforderlich ist, etwa ein Kaiserschnitt, oder Krankheiten, bei denen unterstützend Mittel zugeführt werden müssen, weil sie der Körper nicht mehr selbst herstellen kann (etwa Insulin bei Diabetes), nicht mit Bach-Blüten behandelt werden. Auch Erkrankungen durch Fehler in der Fütterung und Haltung der Katze können durch Bach-Blüten

> **TIPP**
>
> **Wie viele Blüten für eine Therapie?**
> Man sollte nicht mehr als acht Blüten zusammen geben. Eine optimale Zusammenstellung beinhaltet vier bis sechs Blüten. Verwenden Sie mehr, geben Sie dem Körper zu viele Informationen, die er nicht aufnehmen und verarbeiten kann. Er ist überfordert und reagiert überhaupt nicht oder nicht ausreichend. Schädigungen treten allerdings nicht auf.

allein nicht therapiert werden. Sind die psychischen Störungen durch Spannungen in der Familie des Halters entstanden, müssen diese zunächst beseitigt werden. Dann erst kann die Katze behandelt werden. Bevor Sie Bach-Blüten anwenden, sollten Sie Ihre Katze von Ihrem Tierarzt gründlich untersuchen lassen, um organische Erkrankungen auszuschließen.

Verhaltensauffälligkeiten: Mit Bach-Blüten lassen sich auch keine Verhaltensauffälligkeiten oder Krankheiten therapieren, die der Katzenhalter – aus fehlendem Wissen über normales und unnormales Verhalten heraus – verkehrt einschätzt.

➤ Als ein Beispiel möchte ich aggressives Verhalten anführen, womit die Katze ursächlich ihre Angst ausdrückt (Angstaggression): Sie faucht und beißt bei Annäherung. Ihre Ohren sind zurückgelegt, sie duckt sich weg, und auch im Augenausdruck kann man erkennen, dass sie eigentlich Angst hat. Wenn sie könnte, würde sie weglaufen.

➤ Ein weiteres Beispiel ist Aggression aus Schmerz. Hier helfen keine Bach-Blüten, sondern hier müssen Sie die Ursache der Schmerzen beseitigen.

Fehler bei der Vergesellschaftung von Katzen: Auch sie können nicht durch Bach-Blüten therapiert werden.

➤ Wenn möglich, sollten Sie einen gleichgeschlechtlichen Partner für Ihre Katze wählen. Kater spielen körperbetonter, raufen mehr und sind eher etwas grob. Vor allem etwas ängstliche Kätzinnen mögen dies nicht und sind dann leicht gestresst. Andererseits sind Kater von dem meist zurückhaltenderen Spiel einer weiblichen Katze eher gelangweilt. Kätzinnen können auch eher zickig reagieren, was Kater ebenfalls oft nicht verstehen.

➤ Weiterhin gibt es Katzen beiderlei Geschlechts, die reine Einzelkatzen sind. Vor allem bei ausschließlicher Wohnungshaltung sollten Sie einer solchen Katze keine zweite zugesellen.

Im Allgemeinen ist es am einfachsten, gleich zwei Kätzchen im gleichen Alter zu nehmen. Ansonsten empfiehlt es sich meistens, eine erwachsene, nicht zu alte Katze mit einer Jungkatze zusammenzubringen.

Die passenden Bach-Blüten finden

Mit den folgenden Fragen können Sie die richtigen Bach-Blüten für Ihre Katze finden. Hinter jeder Frage habe ich die Blüte/n aufgelistet, die helfen könnte/n. **So gehen Sie vor:** Lesen Sie alle Fragen durch, dann kreuzen Sie auf der Liste Seite 238 jeweils die Blüten an, die bei einer Frage stehen, die Sie mit Ja beantwortet haben. Zu den Blüten mit den meisten Kreuzen lesen Sie noch einmal die Beschreibung durch, ob sie zu Ihrer Katze passen (→ ab Seite 224). Stellen Sie dann eine Mischung her (→ Seite 211).

Fragebogen

Ist das Problem …
- Folge eines Unfalls: Star of Bethlehem, Walnut
- nach einem Umzug aufgetreten: Honeysuckle, Rock Water, Walnut
- nach Trennung vom Partner (Mensch oder Tier) aufgetreten: Gentian, Gorse, Heather, Honeysuckle, Hornbeam, Star of Bethlehem, White Chestnut, Walnut
- Folge einer Erkrankung: Gorse, Olive, Mustard, Sweet Chestnut, Star of Bethlehem, Wild Rose

Die Katze …
- kämpft mit allen anderen Katzen: Beech, Vervain, Vine, Water Violet
- braucht Zuwendung: Cerato, Heather, Pine
- lässt sich nicht anfassen: Gentian, Rock Water, Water Violet
- fordert Aufmerksamkeit: Chicory, Heather, Vine
- lernt schlecht: Chestnut Bud, Clematis, Olive, White Chestnut
- lernt gern: Oak, Wild Oat
- lässt sich schnell ablenken, ist unkonzentriert: Agrimony, Scleranthus, White Chestnut
- wirkt depressiv: Elm, Mustard, Pine, Star of Bethlehem, Walnut, Wild Rose, Willow
- kann nicht allein sein: Agrimony, Aspen, Centaury, Cerato, Cherry Plum, Chicory, Heather, Red Chestnut

Bach-Blüten für Katzen

- ➤ macht immer die gleichen Fehler: Chestnut Bud
- ➤ ordnet sich leicht unter: Agrimony, Centaury, Larch, Pine, Walnut
- ➤ will allein sein: Water Violet
- ➤ kratzt und putzt sich viel: Agrimony, Beech, Crab Apple, Chestnut Bud, Mustard, White Chestnut
- ➤ frisst ungern neues Futter: Larch, Rock Water
- ➤ hat struppiges Fell: Gorse, Olive, Rock Water, Sweet Chestnut, Wild Rose
- ➤ hat Entwicklungsstörungen: Cerato, Chestnut Bud, Hornbeam, Olive
- ➤ frisst nicht oder wenig: Chicory, Gorse, Honeysuckle, Olive, Sweet Chestnut, Walnut, Wild Rose
- ➤ erbricht nach dem Fressen: Impatiens
- ➤ schläft viel: Clematis, Mustard, Olive

Ist die Katze …

- ➤ aggressiv: Beech, Cherry Plum, Holly, Impatiens, Red Chestnut, Rock Rose, Water Violet, Vervain, Vine
- ➤ geräuschempfindlich: Aspen, Mimulus, Rock Rose, White Chestnut
- ➤ eifersüchtig: Beech, Holly, Mimulus, Walnut
- ➤ sehr sensibel: Heather, Impatiens, Mimulus, Walnut
- ➤ launisch: Holly, Impatiens, Hornbeam, Scleranthus, Wild Oat, Willow
- ➤ panisch, schreckhaft: Beech, Cherry Plum, Chestnut Bud, Rock Rose
- ➤ überaktiv, hektisch: Agrimony, Impatiens, Mimulus, Rock Rose, Scleranthus, Star of Bethlehem, Vervain, Vine
- ➤ gelangweilt: Hornbeam, Oak, Wild Oat
- ➤ gern im Mittelpunkt: Chicory, Heather, Vervain, Vine
- ➤ eigensinnig: Clematis, Chestnut Bud, Impatiens, Holly, Oak, Vine, White Chestnut
- ➤ unsicher: Gentian, Larch, Scleranthus
- ➤ nervös: Aspen, Cherry Plum, Crab Apple, Impatiens, Heather, Holly, Mimulus, Rock Water, Scleranthus
- ➤ Einzelgänger: Aspen, Beech, Larch, Water Violet
- ➤ nachtragend, beleidigt: Chicory, Gentian, Willow
- ➤ zerstörerisch: Beech, Chicory, Holly, Oak, Vine, Wild Oat

DIE PASSENDEN BACH-BLÜTEN FINDEN

- pingelig: Crab Apple
- sehr gutmütig: Centaury
- isoliert: Beech, Willow, Sweet Chestnut
- mutlos: Larch, Mimulus, Pine
- schlecht gelaunt: Beech, Holly, Willow
- misstrauisch: Gentian, Holly, Mimulus, Willow
- traurig: Cerato, Larch, Honeysuckle, Mustard, Star of Bethlehem, Walnut
- wehleidig: Chicory, Heather, Larch, Mimulus
- unruhig: Agrimony, Impatiens, White Chestnut
- unsauber: Chestnut Bud, Chicory, Clematis, Crab Apple, Elm, Holly, Gorse, Pine, Star of Bethlehem, Sweet Chestnut, Walnut
- unsauber (eher demonstrativ): Beech, Heather, Vine
- sehr fürsorglich: Chicory, Red Chestnut
- nachts unruhig: Aspen, Agrimony, White Chestnut
- erschöpft: Centaury, Crab Apple, Elm, Gorse, Olive, Oak, Sweet Chestnut
- apathisch: Clematis, Gorse, Honeysuckle, Hornbeam, Olive, Star of Bethlehem, Sweet Chestnut, Wild Rose
- körperlich überanstrengt, erschöpft: Agrimony, Olive, Oak, Sweet Chestnut, Vine
- verspannt: Cherry Plum, Impatiens, Oak, Rock Water, White Chestnut
- schwach: Gorse, Honeysuckle, Hornbeam, Larch, Olive, Walnut

Hat die Katze …

- schlechte Erfahrungen gemacht: Gentian, Sweet Chestnut, Star of Bethlehem, White Chestnut, Willow
- Probleme mit Veränderungen: Gentian, Honeysuckle, Rock Water, Walnut
- Angst vor neuen Dingen: Gentian, Honeysuckle, Larch, Walnut
- Angst vor anderen Katzen: Cerato, Larch, Pine
- Angst vor bestimmten Dingen: Mimulus, White Chestnut
- Angst vor allem Möglichen: Aspen, Larch
- unspezifische Ängste: Cherry Plum
- kein Selbstvertrauen: Centaury, Cerato, Gentian, Larch, Pine, Scleranthus

Bach-Blüten für Katzen

BACH-BLÜTEN UND GEMÜTSZUSTÄNDE

In dieser Aufstellung finden Sie eine Einteilung der Blüten nach verschiedenen Gemütszuständen, wie sie Bach selbst aufgestellt hat. Sie kann Ihnen eine zusätzliche Hilfe beim Auffinden der richtigen Blüten sein, wenn Sie bereits wissen, welcher Gemütszustand auf Ihre Katze zutrifft. Lesen Sie anschließend die Beschreibungen der Blüten ab Seite 224 nach. Um zur richtigen Blüte zu gelangen, habe ich für Sie auch einen Fragebogen auf Seite 215 erstellt.

Angst

2 Aspen	Katze ist allgemein ängstlich, hat unbestimmte Angst
6 Cherry Plum	Hat unterdrückte Ängste, die sich in unkontrollierten Ausbrüchen äußern, ist aggressiv
20 Mimulus	Hat Angst vor bestimmten Dingen
25 Red Chestnut	Hat Angst um andere, ist übertrieben fürsorglich
26 Rock Rose	Hat akute Panik, reagiert sowohl körperlich als auch psychisch darauf, hat Todesangst

Unsicherheit

5 Cerato	Ist unsicher, unentschlossen, hat kein Selbstvertrauen
12 Gentian	Ist unsicher, da misstrauisch; ist entmutigt
13 Gorse	Ist unsicher, da kraftlos und erschöpft; ist hoffnungslos
17 Hornbeam	Ist unsicher, da schwach; ist müde
28 Scleranthus	Ist unsicher, da unausgeglichen; reagiert mit Stimmungsschwankungen
36 Wild Oat	Ist unsicher, da unzufrieden; ist

BACH-BLÜTEN UND GEMÜTSZUSTÄNDE

	gelangweilt, hat keine Ausdauer; weiß nicht, was sie/er will
Interesselosigkeit	
7 Chestnut Bud	Lernt nicht aus Fehlern, ist unkonzentriert
9 Clematis	Ist abwesend, verträumt
16 Honeysuckle	Trauert der Vergangenheit nach, kommt mit neuen Situationen nicht zurecht, hat Heimweh
21 Mustard	Ist traurig ohne erkennbare Ursache
23 Olive	Ist erschöpft, körperlich verausgabt
35 White Chestnut	Ist unkonzentriert, unruhig, psychisch angespannt, vergisst nicht
37 Wild Rose	Ist apathisch, depressiv, resigniert
Einsamkeit	
14 Heather	Ist einsam, da egoistisch und aufdringlich
18 Impatiens	Ist einsam, da hektisch und ungeduldig, unbeherrscht
34 Water Violet	Ist isoliert, weil unnahbar und stolz, Einzelgänger
Überempfindlichkeit gegen äußerliche Einflüsse	
1 Agrimony	Ist harmoniesüchtig, konfliktscheu, reagiert widersprüchlich, ist ruhelos
4 Centaury	Ist willensschwach, leicht beeinflussbar, da gutmütig; lieb; ist unterwürfig, um geliebt zu werden
15 Holly	Reagiert unkontrolliert, wenn ihr etwas nicht passt; ist eifersüchtig, misstrauisch, angriffslustig
33 Walnut	Ist labil, Veränderungen belasten

Bach-Blüten für Katzen

Mutlosigkeit und Verzweiflung	
10 Crab Apple	Fühlt sich nicht wohl, ist extrem reinlich
11 Elm	Ist überfordert, erschöpft; bei Zusammenbruch
19 Larch	Ist wenig selbstbewusst
22 Oak	Ist überlastet
24 Pine	Reagiert unterwürfig
29 Star of Bethlehem	Wenn schlechte Erfahrung noch nachwirkt; bei Verletzung
30 Sweet Chestnut	Bei Selbstaufgabe, Ausweglosigkeit
38 Willow	Ist misstrauisch, schlecht gelaunt, nachtragend
Übertreibungen, will zu viel	
3 Beech	Ist intolerant, aggressiv, ablehnend
8 Chicory	Sucht Aufmerksamkeit, ist besitzergreifend
27 Rock Water	Nimmt alles zu ernst, ist unflexibel, lässt sich nicht anfassen
31 Vervain	Ist aktiv, dominant, hat eisernen Willen
32 Vine	Ist dominant, herrschsüchtig
Notfall/Rescue	
39 Rescue-Notfalltropfen, Rescue Remedy (6 Cherry Plum, 9 Clematis, 18 Impatiens, 26 Rock Rose, 29 Star of Bethlehem)	Geeignet als Erstbehandlung bei allen akuten körperlichen und psychischen Notfällen

Bewährte Indikationen

Im Folgenden finden Sie die Bach-Blüten bestimmten Indikationen zugeordnet, bei denen sie erfahrungsgemäß gut einsetzbar sind. Geben Sie bitte nie mehr als fünf bis sechs Blüten in einer Mischung. Wenn nichts anderes angegeben ist, gelten die Anweisungen zur Dosierung auf Seite 210.

Trächtigkeit und Geburt

Die Katze lässt sich nicht decken: Scleranthus, Walnut, Water Violet
Die Katze kümmert sich nicht um die Jungen: Cerato, Chicory, Impatiens, Water Violet
Bei Aggressivität gegen die eigenen Jungen: Beech, Holly, Impatiens, Willow
Bei übertriebener Fürsorge: Aspen, Impatiens, Red Chestnut, White Chestnut
Bei Trauer nach Abgabe der Jungen: Honeysuckle, Red Chestnut

Kätzchen

Nach der Geburt:
➤ alle Kätzchen: Star of Bethlehem, Walnut
➤ lebensschwache Kätzchen oder nach Kaiserschnitt: 1 Tropfen Rescue aus der Stockbottle auf dem Kopf verreiben, dies nach 10 Minuten wiederholen
Mutterlose Kätzchen: Rescue, dazu Olive, Hornbeam, Walnut (bis zur dritten Woche 4 x 1 Tropfen, danach 4 x 2 bis 3 Tropfen mit der Pipette ins Maul geben)
Erleichterung der Abgabe an neue Besitzer: Cerato, Honeysuckle, Walnut
Zur Erleichterung des Zahnwechsels: Cerato, Walnut

Verhalten

Eingliederung einer neuen Katze:
➤ bei Eifersucht: Holly, Beech, Mimulus, Walnut

Bach-Blüten für Katzen

➤ bei Schüchternheit: Larch
➤ wenn die Katze zu dominant ist: Vine

Die Katze im/aus dem Tierheim:
➤ Sie ist verzweifelt, apathisch: Sweet Chestnut, Clematis, Gentian, Gorse, Wild Rose
➤ Sie hat Angst: Aspen, Gentian, Mimulus, Rescue
➤ Sie ist aggressiv: Beech, Holly, Water Violet, Rescue

Stärkung des Selbstvertrauens: Cerato, Gentian, Larch
Eingewöhnung in die neue Umgebung: Cerato, Walnut, Rescue
Gegen die Trauer: Cerato, Honeysuckle, Star of Bethlehem, Walnut
Bei Unsauberkeit: Beech, Chicory, Heather, Holly, Pine

Der Tierarztbesuch:
➤ bei Angst nur vor dem Tierarztbesuch: Mimulus
➤ bei sehr sensibler Katze: Mimulus, Aspen
➤ bei Panik: Rock Rose
➤ bei aggressiver Katze: Cherry Plum
➤ bei angespannter Katze: Impatiens
➤ bei misstrauischer Katze: Gentian
➤ wenn keine individuelle Mischung vorhanden ist: Rescue

Angst vor dem Alleinsein: Agrimony, Cerato, Red Chestnut
Launenhaftigkeit: Holly, Mustard, Scleranthus, Willow

Allgemeines

Nach einer Operation: Rescue (3 bis 4 Tropfen aus der Stockbottle auf dem Kopf einreiben)
➤ **Wichtig:** Rescue vor der Operation erschwert die Narkose.
Altersbeschwerden: Heather, Olive, Walnut
Hitzschlag, Unfall: Rescue
Epilepsie: Rescue, Cherry Plum
Zur Unterstützung des Immunsystems: Hornbeam
Zur Unterstützung der Genesung, bei Erschöpfung: Olive, Oak, Elm, Gorse
Zur Entgiftung: Crab Apple, Chicory, Clematis, Elm
Flohbefall (Zusatztherapie gegen Juckreiz): Crab Apple

Überblick über die Bach-Blüten (Symptome bei der Katze)

Nach der Beantwortung des Fragebogens von Seite 215 sind Sie zu bestimmten Blüten für Ihre Katze gekommen. Mithilfe der Tabelle »Bach-Blüten und Gemütszustände« (→ Seite 218) sowie den »Bewährten Indikationen« (→ Seite 221) konnten Sie das Ergebnis konkretisieren. Als Ergebnis haben Sie nun eine Mischung mehrerer Bach-Blüten. Auf den nächsten Seiten finden Sie die spezifischen Beschreibungen der einzelnen Bach-Blüten. Aufgeführt sind die Symptome für eine Katze, die diese Blüte bräuchte. Dabei müssen Sie beachten, dass die Symptome die Katze beschreiben, wie sie im gesunden sowie im kranken Zustand ist. Oft sind im kranken Zustand Symptome, die Ihre Katze als gesundes Tier zeigt, übersteigert. Bedenken Sie bitte, dass Sie nicht immer alle Symptome bei Ihrer Katze finden werden. Wichtig ist eine Grundübereinstimmung zwischen Beschreibung und Tier.

Lesen Sie nun die Beschreibungen zu den Blüten Ihrer Mischung durch und überlegen Sie, ob sie auf Ihre Katze zutreffen. Wenn sie passen, dann wenden Sie diese Blüten an. Wie Sie dabei vorgehen, → ab Seite 209.

Sind Sie mit dem Ergebnis nicht zufrieden, suchen Sie erneut. Dazu haben Sie drei Möglichkeiten:

➤ Sie beginnen ganz von vorn und beantworten noch einmal den Fragebogen auf Seite 215.

➤ Sie suchen auf Seite 234 nach Blüten, die eine ähnliche Wirkung haben wie die, die Sie jetzt herausgefunden haben. Diese könnten für eine Katze mit entsprechendem Problem ebenfalls infrage kommen.

➤ Sie fragen einen erfahrenen Tierarzt.

➤ **Wichtig:** Bevor Sie die Bach-Blüten anwenden, müssen Sie immer versuchen, die Ursache der Veränderung herauszufinden! Grundsätzlich ersetzt speziell Rescue (Nr. 39) weder den Tierarztbesuch noch Erste-Hilfe-Maßnahmen. Auch bei anderen Problemen sollten ernsthafte Erkrankungen erst durch den Tierarzt ausgeschlossen werden.

BACH-BLÜTEN

NR. 1 AGRIMONY (AGRIMONIA EUPATORIA, ODERMENNIG)

Die Katzen lieben Ruhe und Harmonie, die sie auch als kranke Tiere aufrechtzuerhalten versuchen. Selbst bei Krankheit versuchen sie, sich normal zu geben. Daher neigt man dazu, ihre Erkrankungen zu unterschätzen. Sie sind hektisch und unruhig, konfliktscheu. Da sie um Harmonie bemüht sind, neigen sie dazu, sich zu überlasten; Neigung zu nervösem Belecken und Kratzen.

2. ASPEN (POPULUS TREMULA, ZITTERPAPPEL)

Es handelt sich oft um eher zierliche, schlanke Katzen. Sie sind schreckhaft und ängstlich, sehr sensibel. Ihre Ängste sind unspezifisch. Sie fürchten sich scheinbar grundlos vor vielen Dingen. Sie schlafen unruhig, wollen nicht allein sein und schreien dann. Sie miauen auch sonst viel. Sie sind oft geräuschempfindlich, auch bei häufig auftretenden Geräuschen.

3. BEECH (FAGUS SYLVATICA, ROTBUCHE)

Es handelt sich häufig um Katzen mit Rotanteil im Fell. Sie streiten gern, sind intolerant und selbstbewusst. Sie sind aggressiv gegen Artgenossen, andere Tiere und Menschen. Sie werden aus Protest gern unsauber oder beißen und kratzen. Sie sind oft schlecht gelaunt und zeigen einen missmutigen Gesichtsausdruck mit angelegten Ohren.

4. CENTAURY (CENTAURIUM UMBELLATUM, TAUSENDGÜLDENKRAUT)

Katzen, die Centaury brauchen, sind willensschwach, unterwürfig, passiv. Sie lassen sich von allen anderen Katzen vertreiben und unterwerfen sich sofort. Auch vom Besitzer lassen sie sich alles gefallen. Sie brauchen Centaury zur Stärkung ihrer Willenskraft. Da sie ständig unterdrückt und überfordert werden, neigen sie zu Infektionen. Sie können schlecht allein sein.

ÜBERBLICK ÜBER DIE BACH-BLÜTEN

5. CERATO (CERATOSTIGMA WILLMOTTIANA, BLEIWURZ)

Die Katzen sind unsicher, unentschlossen, zögerlich. Sie zeigen wenig Eigeninitiative. Oft ahmen sie das Verhalten anderer Katzen nach, da sie wenig Vertrauen in sich selbst haben. Sie ordnen sich leicht unter. Der Jagdtrieb ist kaum ausgeprägt. Sie haben Trennungsangst. Diese Blüte ist auch für die Behandlung von Entwicklungsstörungen bei Jungkatzen geeignet.

6. CHERRY PLUM (PRUNUS CERASIFERA, KIRSCHPFLAUME)

Die Katzen stehen unter starker Spannung. Sie laufen unruhig hin und her. Sie reagieren ganz plötzlich aggressiv und sind dann nicht ansprechbar. Die Augen stehen weit auf und sind starr. Ursache sind unterdrückte Ängste, die aber nicht genau auszumachen sind. Die Katzen zeigen auch eine Neigung zu Panikreaktionen. Rote Kater brauchen oft Cherry Plum.

7. CHESTNUT BUD (AESCULUS HIPPOCASTANUM, KNOSPE DER ROSSKASTANIE)

Die Katzen sind unfähig, aus Erfahrungen zu lernen. Ihnen passieren immer wieder die gleichen Unfälle und Missgeschicke. Ihre Lernfähigkeit ist eingeschränkt, sie lernen immer die gleichen Dinge nicht. Es besteht eine Neigung zu periodisch wiederkehrenden Erkrankungen, meist der Augen und Atemwege. Jungtiere bleiben in ihrer Entwicklung zurück.

8. CHICORY (CICHORIUM INTYBUS, WEGWARTE)

Diese Katzen können sehr mütterlich sein, übertreiben es aber. Andererseits steht Chicory für Egoismus. Die Katzen wollen immer im Mittelpunkt stehen. Sie sind besitzergreifend, aufdringlich und reagieren bei Zurückweisung lange beleidigt. Sie können auch mit Zerstörung reagieren. Die Katzen sind selbstbewusst. Bei Krankheiten sind sie sehr wehleidig.

BACH-BLÜTEN

9. CLEMATIS (CLEMATIS VITALBA, WEISSE WALDREBE)

Schläfrige, abwesende, interesselose, verträumte Katzen, bei Krankheit apathisch. Haben anscheinend kein Interesse daran,

gesund zu werden. Da sie sich wenig bewegen, können sie zu dick sein. Wollen in Ruhe gelassen werden. Kommen nach dem Aufwachen nur schwer in Gang. Zu Aktivitäten muss man sie auffordern. Sie sind so unauffällig, dass man sie schon mal vergisst.

10. CRAB APPLE (MALUS PUMILA, HOLZAPFEL)

Die Katzen putzen und kratzen sich mehr als normal. Häufig ist kein Grund dafür vorhanden. Futter, Wasser und die Toilette

müssen immer frisch und sauber sein. Ist dies nicht der Fall, können sie unsauber sein. Sie sind genau in Kleinigkeiten. Es besteht eine Neigung zu Parasitenbefall. Die Blüte kann zur Entgiftung als Dränage und bei Infektionsgefahr angewendet werden.

11. ELM (ULMUS PROCERA, ULME)

Die Katzen wirken überfordert, z. B. mit der Aufzucht der Jungen. Sie sind lustlos und wirken traurig; sie haben Depressio-

nen; Erwartungsangst. Dieser Zustand ist vorübergehend. Eine tatsächliche Überforderung sollte ausgeschlossen werden. Es handelt sich um ansonsten kräftige und robuste Katzen. Zusatztherapie bei Apathie, Infektionen und zur Geburtsvorbereitung.

12. GENTIAN (GENTIANA AMARELLA, HERBSTENZIAN)

Die Katzen sind misstrauisch und lassen sich nicht anfassen. Sie haben Probleme mit neuen Situationen und sind schnell

entmutigt. Sie sind nachtragend und leicht beleidigt. Sie sind aber auch intelligent und sensibel. Die Ursache ihres Zustands sind oft der Verlust des Partners oder schlechte Erfahrungen. Die Ursache des Problems ist bekannt (im Gegensatz zu Mustard).

ÜBERBLICK ÜBER DIE BACH-BLÜTEN

13. GORSE (ULEX EUROPAEUS, STECHGINSTER)

Die Katzen sind müde, apathisch, ungepflegt. Sie fressen und trinken nicht mehr und können unsauber sein. Sie haben sich in ihr Schicksal ergeben. Meist bei und nach chronischen Erkrankungen. Das Haarkleid ist stumpf. Sie putzen sich nicht mehr, sind abgemagert. Man meint, dass sie sterben wollen. Es sind oft Tiere, die viele Besitzer hatten und oft im Tierheim waren.

14. HEATHER (CALLUNA VULGARIS, SCHOTTISCHES HEIDEKRAUT)

Die Katzen sind aufdringlich und anlehnungsbedürftig. Es ist ihnen egal, mit wem sie schmusen. Sie können nicht allein sein; darauf können sie mit Unsauberkeit reagieren. Sie sind egoistisch, unsicher, intelligent, wehleidig bei Krankheiten. Sie neigen zum Simulieren. Sie sollten nicht als Einzelkatze gehalten werden. Ihr Verhalten ist oft Folge einer Trennung.

15. HOLLY (ILEX AQUIFOLIUM, STECHPALME)

Die Katzen sind aggressiv, meist weil es nicht nach ihrem Willen geht. Sie sind eifersüchtig auf ganz bestimmte Tiere oder Menschen (Partner, Kind). Sie können auch unsauber werden. Weitere Eigenschaften: unzufrieden, misstrauisch, launisch, selbstbewusst, boshaft, ungeduldig. Sie sind besser einzeln zu halten. Es handelt sich um eher kräftige Tiere.

16. HONEYSUCKLE (LONICERA CAPRIFOLIUM, GEISSBLATT, JELÄNGERJELIEBER)

Die Katzen haben Heimweh und können einen Wechsel nicht verkraften. Sie verkriechen sich, wollen nicht fressen und jammern. Oder aber sie suchen nach dem Fehlenden. Es sind aber auch Katzen, die mit Neuerungen in ihrem Umfeld nicht zurechtkommen oder die übertrieben lang nach ihren abgegebenen Kätzchen suchen. Dieses Mittel wird oft in Tierheimen gebraucht.

BACH-BLÜTEN

17. HORNBEAM (CARPINUS BETULUS, HAINBUCHE)
Diese Blüte passt meist zu Katzen mit kräftigem Körperbau oder zu kräftigen Rassen wie Persern, Kartäusern. Sie sind  müde und schlapp. Nach Krankheiten erholen sie sich nur langsam. Sie ermüden leicht, sind Morgenmuffel. Sie neigen zu Bindegewebsschwäche und Wachstumsstörungen. Gefördert wird dies durch eine nicht katzengerechte Haltung (Langeweile).

18. IMPATIENS (IMPATIENS GLANDULIFERA, DRÜSIIGES SPRINGKRAUT)
Katzen, die Impatiens benötigen, sind meist von eher schlanker Figur. Sie sind ungeduldig und können dabei auch aggres-  siv werden. Ferner sind sie unruhig und nervös. Dabei sind sie eher intelligent und bewegen sich gern. Sie fressen hastig und erbrechen das Futter danach sofort wieder. Häufig passt diese Blüte zu Abessiniern, Burmesen oder Siam-Katzen.

19. LARCH (LARIX DECIDUA, LÄRCHE)
Die Katzen haben kein Selbstvertrauen und fühlen sich minderwertig. Sie sind unsicher. An den Napf trauen sie sich erst,  wenn alle anderen gefressen haben. Wenn sie angegriffen werden, fliehen sie. Sie sind unsicher, wenn sich etwas ändert. So sind sie zu unsicher, um ein anderes als das gewohnte Futter zu fressen. Es sind eher kleinere Katzen.

20. MIMULUS (MIMULUS GUTTATUS, GEFLECKTE GAUKLERBLUME)
Die Katzen sind ängstlich und scheu. Ihre Ängste sind spezifisch, z.B. Angst vor dem Tierarztbesuch, Autofahren oder vor  bestimmten Menschen und Tieren. Die Katzen verstecken sich gern und sind übervorsichtig. Sie können Phobien entwickeln. Außerdem sind sie geräuschempfindlich. Katzen, die diese Blüte brauchen, sind eher zierlich und schlank gebaut.

ÜBERBLICK ÜBER DIE BACH-BLÜTEN

21. MUSTARD (SINAPIS ARVENSIS, ACKERSENF)

Die Katzen sind plötzlich apathisch, schlafen viel, sie haben kein Interesse an der Umwelt. Sie verkriechen sich und laufen langsam. Vorsicht: Es könnte sich eine Krankheit entwickeln oder entwickelt haben! Weitere Symptome sind Depression unbekannter Ursache (oft Folge falscher Haltung); dagegen ist bei Gentian die Ursache bekannt. Neigung zum Fellzupfen.

22. OAK (QUERCUS ROBUR, EICHE)

Es handelt sich um kräftige, große Katzen, die immer noch versuchen, ihre Aufgaben (Säugen, Kämpfen ...) zu erfüllen, auch wenn sie eigentlich nicht mehr können. Sie sind willensstark, wollen immer beschäftigt sein (»Workaholic«). Langeweile bekommt ihnen nicht. Sie suchen sich daher eine Beschäftigung. Oft entwickeln sie eine chronische Erschöpfung.

23. OLIVE (OLEA EUROPAEA, OLIVENBAUM)

Die Katzen sind apathisch, schlafen viel, sind total erschöpft. Dieser Zustand tritt ein z. B. nach der Geburt, nach langer Krankheit, bei alten Katzen, Wachstumsstörungen junger Tiere, Mangelerscheinungen, nach langer Überforderung, nach langer Medikamentengabe. Es kommt zur tatsächlichen Erschöpfung von Psyche und Körper (Gegensatz Hornbeam: Einbildung).

24. PINE (PINUS SYLVESTRIS, SCHOTTISCHE KIEFER)

Die Katzen sind unterwürfig, ängstlich, sensibel. Sie werden von anderen Katzen gern verprügelt und wehren sich nicht. Sie brauchen viel Zuwendung. Sie wirken immer so, als hätten sie ein schlechtes Gewissen; ihre Körperhaltung ist oft geduckt, sie verkriechen sich. Sie wollen immer alles besser machen. Aus Angst (nicht aus Protest) sind sie unsauber.

BACH-BLÜTEN

25. RED CHESTNUT (AESCULUS CARNEA, ROTE KASTANIE)

Typisch sind überfürsorgliche Katzen, bezogen auf ihre Jungen, andere Tiere oder auch Menschen. Sie lassen sie nicht aus den Augen. Um andere sind sie besorgter als um sich selbst. Bei Abwesenheit dieser Personen oder Tiere schreien oder weinen sie und sind unruhig. Sie können aus dieser Angst heraus aggressiv werden. Diese Blüte ist auch bei Scheinträchtigkeit hilfreich.

26. ROCK ROSE (HELIANTHEMUM NUMMULARIUM, GELBES SONNENRÖSCHEN)

Die Katzen sind vor Angst wie von Sinnen, sie sind vor Panik nicht mehr ansprechbar; sie können auch aggressiv reagieren. Die Pupillen sind geweitet. Angst haben diese Katzen in konkreten Situationen, etwa an Silvester, bei Gewitter, Unfall oder bei einem Kampf. Diese akuten Zustände müssen sofort behandelt werden. Mittel gegen Schock.

27. ROCK WATER (QUELLWASSER)

Die Katzen haben feste Gewohnheiten – sowohl beim Fressen, als auch sonst. Sie haben Probleme mit Veränderungen und überhaupt Anpassungsprobleme. Bei alten Tieren tritt Altersstarrsinn auf. Sie laufen steif und sind verspannt. Ihr Fell kann struppig und stumpf sein. Unterstützende Anwendung bei Arthrosen, Fellwechsel, Verstopfung und Verspannung.

28. SCLERANTHUS (SCLERANTHUS ANNUUS, EINJÄHRIGER KNÄUEL)

Die Katzen zeigen starke Schwankungen. Mal sind sie lieb, mal aggressiv, mal fressen sie gut, mal nicht. Ihre Stimmung kann von jetzt auf gleich umschlagen. Sie wirken oft unsicher und unentschieden. Erkrankungen sind ebenfalls stark wechselhaft; so haben sie etwa mal Durchfall, mal Verstopfung. Sie haben keine Ausdauer und sind unkonzentriert.

ÜBERBLICK ÜBER DIE BACH-BLÜTEN

29. STAR OF BETHLEHEM (ORNITHOGALUM UMBELLATUM, DOLDIGER MILCHSTERN)

Die Katzen haben ein psychisches oder körperliches Trauma noch nicht überwunden. Das Trauma kann auch schon länger zurückliegen. Sie sind apathisch und traurig und können unsauber werden; sie fühlen sich verlassen. Die Blüte hilft, schlechte Erfahrungen, z. B. Verlust des Besitzers oder eines anderen Tieres, Tierheim, Unfall oder Misshandlung, besser zu verkraften.

30. SWEET CHESTNUT (CASTANEA SATIVA, EDEL- ODER ESSKASTANIE)

Die Katzen sind apathisch und erschöpft, stehen kurz vor dem Zusammenbruch. Sie ziehen sich zurück. Sie pflegen sich nicht mehr und können auch unsauber werden. Ihr Zustand ist akuter und tiefgreifender als bei Gorse. Ursachen sind meist schwere Erkrankungen, massive tierschutzrelevante Haltungsfehler oder Misshandlungen. Sie brauchen viel Zuwendung.

31. VERVAIN (VERBENA OFFICINALIS, EISENKRAUT)

Die Katzen sind meist drahtig, schlank und muskulös. Sie sind oft hyperaktiv und schlafen dann zu wenig. Werden aggressiv, wenn andere nicht mit ihnen spielen wollen, zerstören viel. Sie bekommen nie genug und überfordern sich dadurch. Willensstark und übereifrig. Sie möchten immer, dass alles nach ihrem Kopf geht. Krankheiten lassen sie sich lange nicht anmerken.

32. VINE (VITIS VINIFERA, WEINREBE)

Die Katzen sind dominant und ehrgeizig. Sie versuchen ständig, ihren Willen durchzusetzen. Sie ordnen sich nicht unter. Futter und Spielzeug wollen sie für sich haben. Stellt sich ihnen jemand entgegen, auch der Besitzer, werden sie aggressiv. Sie streiten und kämpfen gern. Da sie dauernd ihren Platz behaupten wollen, wirken sie angespannt. Meist kräftige Katzen, oft Kater.

BACH-BLÜTEN

33. WALNUT (JUGLANS REGIA, WALNUSS)

Die Katzen reagieren sensibel auf Veränderungen. Dies kann ein Umzug, ein neuer Besitzer oder eine neue Katze sein. Sie können mit Unsauberkeit reagieren. Aber auch Geburt, Kastration, Wetterwechsel und Ähnliches können Krankheiten oder psychische Veränderungen hervorrufen. Walnut ist die Blüte des Übergangs und kann deshalb auch das Sterben erleichtern.

34. WATER VIOLET (HOTTONIA PALUSTRIS, SUMPFWASSERFEDER)

Die Katzen sind unnahbar und hochmütig. Sie sind Einzelgänger; sie lassen sich nicht gern anfassen und streicheln. Wenn sie krank sind, möchten sie allein sein. Wenn man zu aufdringlich wird, reagieren sie mit Aggression. Von sich aus nehmen sie kaum Kontakt auf. Sie liegen gern hoch. Diese Verhaltensweisen findet man oft bei Siam-Katzen.

35. WHITE CHESTNUT (AESCULUS HIPPOCASTANUM, GEWÖHNLICHE ROSSKASTANIE)

Die Katzen sind unausgeglichen und unruhig. Sie wirken angespannt, aber gleichzeitig geistesabwesend, unaufmerksam, unkonzentriert. Zeigen Angst, die von bestimmten Ursachen herrührt, z. B. von einem psychischen Trauma, Geräuschangst. Katzen dieses Typs schlafen schlecht. Sie sind leicht beleidigt und nachtragend. Die Blüte hilft, psychische Blockaden aufzuheben.

36. WILD OAT (BROMUS RAMOSUS, WALDTRESPE)

Die Katzen sind sehr intelligent, wollen aber zu viel auf einmal, machen nichts richtig zu Ende. Oft laufen sie zum Futter, fressen aber nur wenig. Sie scheinen unzufrieden, launisch, gelangweilt. Sie können zerstörerisch sein und Unverdauliches fressen. Dieses Verhalten ist oft Folge von nicht artgerechter Haltung. Wild Oat dient auch zum Klären von Symptomen, als Dränage.

ÜBERBLICK ÜBER DIE BACH-BLÜTEN

37. WILD ROSE (ROSA CANINA, HECKENROSE)

Die Katzen sind apathisch, fressen und trinken nicht mehr und pflegen sich auch nicht mehr. Sie haben sich aufgegeben. Wild Rose ist die Blüte der Resignation. Diese Blüte passt meist bei alten oder sehr kranken, auch chronisch kranken Katzen. Wenn die Katzen krank sind, bemühen sie sich nicht, gesund zu werden. Therapien schlagen nicht an. Oft unklare Symptome.

38. WILLOW (SALIX VITELLINA, WEIDE)

Die Katzen sind schlecht gelaunt und unzufrieden. Sie fauchen häufig. Sie sind schnell beleidigt und nehmen alles übel. So fordern sie Zuwendung ein, sind dann aber nicht zufrieden, obwohl sie diese bekommen. Diese Blüte ist nur für längerfristige Zustände anzuwenden, oft nach Misshandlung, Tierheimaufenthalt oder bei schlechten Haltungsbedingungen.

39. RESCUE REMEDY, NOTFALLTROPFEN

Rescue gibt es als Tropfen in der Stockbottle. Es ist eine Mischung, die aus Cherry Plum, Clematis, Impatiens, Rock Rose sowie Star of Bethlehem besteht. Weiterhin gibt es Rescue-Creme, die um Crab Apple ergänzt ist.

Rescue wird verwendet, wenn ein plötzliches Ereignis zum Zusammenbruch führt. Es ist für akute Zustände gedacht. Dazu gehört: nach Operationen (→ Seite 222), nach Unfällen, bei Panikattacken beispielsweise beim Tierarzt, als Geburtshilfe, für Neugeborene, bei Verbrennungen, Insektenstichen, Epilepsie, Sonnenstich, Vergiftungen.

Die Creme ist für Tiere nicht so gut geeignet, da erst die Haare weggeschnitten werden müssten. Besser ist die Anwendung der Tropfen als Umschlag. Man gibt 4 Tropfen aus der Stockbottle in ca. 1/4 Liter Wasser und bereitet damit eine Kompresse oder einen Wickel.

Tipp: Dieser Umschlag wirkt gut bei Insektenstichen.

Bach-Blüten und ihre Pendants

Sind Sie mit der Auswahl der Bach-Blüten für Ihre Katze nicht hundertprozentig zufrieden, dann sollten Sie in der folgenden Zusammenstellung noch einmal nachlesen, ob möglicherweise eine andere Blüte infrage kommt. Hier habe ich jeder Bach-Blüte weitere Blüten zugeordnet, die ähnliche Symptome haben und deshalb ähnlich wirken.

➤ **Agrimony:** Centaury, Cerato, Clematis, Heather, Mimulus, Vervain
➤ **Aspen:** Agrimony, Cherry Plum, Mimulus, Pine, Rock Rose, Walnut, White Chestnut
➤ **Beech:** Cherry Plum, Holly, Impatiens, Rock Rose, Rock Water, Scleranthus, Vine, Water Violet
➤ **Centaury:** Cerato, Clematis, Gentian, Larch, Pine, Walnut
➤ **Cerato:** Centaury, Gentian, Larch, Scleranthus, Walnut, Wild Oat
➤ **Cherry Plum:** Aspen, Holly, Impatiens, Rock Rose, Scleranthus, Vine
➤ **Chestnut Bud:** Cerato, Clematis, Gentian, Elm, Honeysuckle, Olive, Scleranthus, White Chestnut, Wild Oat
➤ **Chicory:** Cerato, Heather, Holly, Red Chestnut, Vervain, Vine
➤ **Clematis:** Centaury, Cerato, Elm, Gorse, Honeysuckle, Mustard, Olive, Sweet Chestnut, Wild Rose
➤ **Crab Apple:** Aspen, Cherry Plum, Chicory, Heather, Impatiens, Rock Water, Wild Chestnut, Wild Oat
➤ **Elm:** Chestnut Bud, Clematis, Gorse, Hornbeam, Oak, Olive, Sweet Chestnut, Wild Rose
➤ **Gentian:** Cerato, Hornbeam, Mustard, Wild Oat, Willow
➤ **Gorse:** Elm, Honeysuckle, Hornbeam, Larch, Mustard, Olive, Sweet Chestnut, Wild Rose
➤ **Heather:** Cerato, Chicory, Red Chestnut, Vine
➤ **Holly:** Beech, Cherry Plum, Impatiens, Scleranthus, Vine, Water Violet, Willow

ÜBERBLICK ÜBER DIE BACH-BLÜTEN

- **Honeysuckle:** Clematis, Gorse, Mustard, Olive, Sweet Chestnut, Wild Rose
- **Hornbeam:** Clematis, Elm, Gentian, Gorse, Honeysuckle, Mustard, Olive, Sweet Chestnut, Wild Rose
- **Impatiens:** Cherry Plum, Holly, Scleranthus, Vervain
- **Larch:** Aspen, Centaury, Cerato, Clematis, Elm, Gentian, Hornbeam, Pine, Star of Bethlehem, Walnut, Water Violet
- **Mimulus:** Aspen, Cherry Plum, Larch, Red Chestnut, Rock Rose
- **Mustard:** Clematis, Gentian, Gorse, Honeysuckle, Olive, Sweet Chestnut, Wild Rose
- **Oak:** Elm, Impatiens, Rock Water, Vine, Vervain
- **Olive:** Elm, Hornbeam, Mustard, Oak, Sweet Chestnut, Wild Rose
- **Pine:** Centaury, Cerato, Crab Apple, Gentian, Larch
- **Red Chestnut:** Aspen, Cerato, Chicory, Heather, Mimulus, Vervain, Vine, Walnut
- **Rock Rose:** Aspen, Cherry Plum, Holly, Impatiens, Mimulus, Scleranthus
- **Rock Water:** Crab Apple, Oak, Pine, Vine
- **Scleranthus:** Cerato, Impatiens, Vervain, Wild Oat
- **Star of Bethlehem:** Clematis, Gorse, Honeysuckle, Mustard, Sweet Chestnut, Wild Rose
- **Sweet Chestnut:** Clematis, Elm, Gorse, Honeysuckle, Hornbeam, Mustard, Olive, Wild Rose
- **Vervain:** Chicory, Heather, Impatiens, Oak, Vine
- **Vine:** Chicory, Heather, Oak, Rock Water, Vervain
- **Walnut:** Centaury, Cerato, Clematis, Honeysuckle, Larch, Scleranthus, Wild Oat
- **Water Violet:** Beech, Clematis, Gentian, Honeysuckle, Rock Water
- **White Chestnut:** Aspen, Chestnut Bud, Hornbeam, Impatiens, Scleranthus, Walnut
- **Wild Oat:** Cerato, Impatiens, Vervain, White Chestnut
- **Wild Rose:** Clematis, Gorse, Hornbeam, Mustard, Olive, Star of Bethlehem, Sweet Chestnut
- **Willow:** Beech, Gentian, Holly, Impatiens, Scleranthus, Water Violet

Bach-Blüten für Katzen

BACH-BLÜTEN UND HOMÖOPATHIKA

Über den Fragebogen auf Seite 215 sind Sie zu einer Bach-Blütenmischung für Ihre Katze gekommen. Bessern sich daraufhin zwar die Beschwerden, doch die Wirkung ist nicht ausreichend, dann haben Sie mit dieser Tabelle eine Hilfe, welches Homöopathikum Ihrer Katze weiterhelfen könnte. Die Zuordnungen sind nur als Anregung gedacht.

BACH-BLÜTE	HOMÖOPATHIKUM, DAS DER BACH-BLÜTE ENTSPRECHEN KANN, ABER NICHT MUSS
1 Agrimony	Arsen, Lycopodium, Phosphorus
2 Aspen	Arsen, Silicea, Phosphorus, Aconitum
3 Beech	Calcium phosphoricum, Hyoscyamus, Lycopodium, Natrium chloratum, Nux vomica
4 Centaury	Pulsatilla
5 Cerato	Natrium chloratum, Pulsatilla, Silicea
6 Cherry Plum	Belladonna, Lachesis, Hyoscyamus, Cantharis
7 Chestnut Bud	Calcium carbonicum, Natrium chloratum, Lachesis, Silicea
8 Chicory	Arsen, Ignatia, Natrium chloratum, Pulsatilla, Nux vomica
9 Clematis	Natrium chloratum, Veratrum album, Carbo vegetabilis
10 Crab Apple	Arsen, Lycopodium, Sulfur, Pulsatilla, Natrium chloratum. Ausleitung/Dränage: Berberis, Solidago, Carduus marianus
11 Elm	Argentum nitricum, Calcium carbonicum, Silicea
12 Gentian	Ignatia
13 Gorse	Calcium carbonicum, Arsen, Carbo vegetabilis
14 Heather	Lachesis, Natrium chloratum, Phosphorus, Sulfur, Pulsatilla
15 Holly	Hyoscyamus, Lachesis, Hepar sulfuris, Nux vomica
16 Honeysuckle	Argentum nitricum, Phosphorus, Arsen, Causticum

BACH-BLÜTEN UND HOMÖOPATHIKA

17	**Hornbeam**	Arsen, Argentum nitricum, Silicea, Phosphorus, Calcium carbonicum
18	**Impatiens**	Chamomilla, Lachesis, Lycopodium, Nux vomica
19	**Larch**	Argentum nitricum, Arsen, Lycopodium, Silicea
20	**Mimulus**	Arsen, Chamomilla, Lycopodium, Phosphorus, Natrium chloratum, Hepar sulfuris
21	**Mustard**	Natrium chloratum
22	**Oak**	Nux vomica, Plumbum aceticum
23	**Olive**	Arsen, Carbo vegetabilis, Veratrum album, China, Calcium carbonicum, Solidago
24	**Pine**	Arsen, Ignatia, Natrium chloratum, Pulsatilla
25	**Red Chestnut**	Arsen, Phosphorus, Pulsatilla, Sulfur
26	**Rock Rose**	Aconitum, Arnica, Arsen
27	**Rock Water**	Arsen, Natrium chloratum, Silicea, Harpagophytum
28	**Scleranthus**	Hyoscyamus, Lycopodium, Pulsatilla
29	**Star of Bethlehem**	Ignatia, Natrium chloratum, Pulsatilla
30	**Sweet Chestnut**	Arsen, China
31	**Vervain**	Nux vomica, Sulfur, Calcium carbonicum
32	**Vine**	Lycopodium, Belladonna, Hyoscyamus, Hepar sulfuris
33	**Walnut**	Argentum nitricum, Calcium carbonicum, Nux vomica, Pulsatilla
34	**Water Violet**	Arsen, Aurum, Natrium chloratum, Bryonia
35	**White Chestnut**	Argentum nitricum, Natrium chloratum
36	**Wild Oat**	Chamomilla, Lycopodium, Phosphorus, Sulfur
37	**Wild Rose**	Arsen, Carbo vegetabilis, China, Ignatia
38	**Willow**	Ignatia, Lachesis, Lycopodium, Natrium chloratum

Anhang

Liste der Bach-Blüten

1. Agrimony
2. Aspen
3. Beech
4. Centaury
5. Cerato
6. Cherry Plum
7. Chestnut Bud
8. Chicory
9. Clematis
10. Crab Apple
11. Elm
12. Gentian
13. Gorse
14. Heather
15. Holly
16. Honeysuckle
17. Hornbeam
18. Impatiens
19. Larch
20. Mimulus
21. Mustard
22. Oak
23. Olive
24. Pine
25. Red Chestnut
26. Rock Rose
27. Rock Water
28. Scleranthus
29. Star of Bethlehem
30. Sweet Chestnu
31. Vervain
32. Vine
33. Walnut
34. Water Violet
35. White Chestnut
36. Wild Oat
37. Wild Rose
38. Willow

Die homöopathische Hausapotheke

Neben den auf der vorderen inneren Umschlagklappe genannten homöopathischen Mitteln sollten Sie für Notfälle Ihrer Katze auf jeden Fall folgende Dinge in der Hausapotheke bereithalten:

➤ Verbandmaterial: Mulltupfer, sterile Kompresse; Mullbinde; elastische Binde (ca. 5 cm breit), Pflaster, alte saubere Socken
➤ **Achtung:** Bitte verwenden Sie weder Watte noch Zellstoff als Verbandmaterial, sie fusseln bzw. kleben fest.
➤ Schere, Pinzette
➤ zur Desinfektion von Wunden: Arnica-Tinktur, Calendula-Tinktur, Desinfektionsmittel ohne Jod und Alkohol (am besten fragen Sie Ihren Tierarzt)
➤ Wund- und Heilsalbe für kleinere Verletzungen, z. B. Panthenolsalbe
➤ Augentropfen gegen Reizzustände, z. B. Euphrasia Augentropfen
➤ Augenspülung vom Tierarzt
➤ zur Desinfektion für Hände und der Umgebung: Fragen Sie Ihren Tierarzt.
➤ Einmalhandschuhe
➤ Einmalspritzen zum Eingeben von Medikamenten (immer ohne Nadel)
➤ Thermometer, am besten digital
➤ Taschenlampe
➤ Kühlakku
➤ Garten- oder Lederhandschuhe gegen Bisse
➤ Zeckenzange oder -haken
➤ Flohkamm
➤ Krallenschere oder -zange

➤ Außerdem brauchen Sie den Impfpass (für Urlaubsfahrten bzw. einen Tierarzt, der die Katze nicht kennt).
➤ Für einen Katzensitter (während Ihres Urlaubs) sowie für Notfälle sollten Sie die Telefonnummer Ihres Tierarztes bzw. einer Tierklinik oder eines Vertretungstierarztes bereithalten.

Glossar

Fachbegriffe von A bis Z

Hier werden medizinische Fachbegriffe erklärt, die im Buch vorkommen und dort nicht erklärt wurden.
Ein → verweist auf ein weiteres Stichwort.

➤ Aflatoxine
Natürlich vorkommendes Gift von Schimmelpilzen (Aspergillus-, Penicillium-Arten).

➤ Allergie
Überschießende Reaktion des Immunsystems auf eigentlich harmlose Stoffe, z. B. Pollen, Hausstaub.

➤ Anfangsmittel
Mittel, das nur am Beginn einer Erkrankung eingesetzt wird.

➤ Autoimmunkrankheit
Krankheit, bei der sich das Immunsystem gegen den eigenen Körper richtet.

➤ Babesien
Einzellige Schmarotzer, die in den roten Blutkörperchen von Mensch und Tier parasitieren; sie werden von bestimmten Zeckenarten übertragen.

➤ Babesiose
Erkrankung, hervorgerufen durch → Babesien; die Katze zeigt wenig typische Symptome wie Schwäche, Appetitlosigkeit, Durchfall, struppiges Fell und schwache Anämie (Blutarmut). Tritt vor allem im südeuropäischen Raum auf.

➤ Bach-Nosoden
Speziell von Dr. Bach aus Darmbakterien von Menschen hergestellte Impfstoffe, aus denen er dann → Nosoden zur Heilung chronischer Krankheiten bereitete.

➤ Bauchwassersucht
(Auch Aszites); krankhafte Flüssigkeitsansammlung in der Bauchhöhle.

➤ Bindegewebe
Bindegewebe ist einer der vier Grundgewebetypen des Körpers. Es kommt überall als verbindendes Gewebe vor, z. B. als Organkapseln, an Bändern und Gelenken.

➤ Bindegewebige Strukturen
Gewebe, das sich nach Verletzungen und Entzündungen bilden kann und das in der Zusammensetzung dem → Bindegewebe entspricht.

A BIS E

➤ **Bordetellen**
Große, stäbchenförmige, → Toxine bildende Bakterien, die Katzenschnupfen verursachen können.

➤ **Borrelien**
Spiralige Bakterien, die von Zecken beim Blutsaugen übertragen werden; sie verursachen → Borreliose.

➤ **Borreliose**
Krankheit, verursacht durch → Borrelien. Symptome: evtl. Mattigkeit, Fieber eher am Anfang, sonst Gelenk-, Herz-, Gehirn- und Nierenerkrankungen. Katzen sind seltener betroffen als Hunde oder Menschen.

➤ **Caliciviren**
Sehr wirtsspezifische Viren, die nur schwer von einer Art zur anderen übertragen werden können; sie verursachen Katzenschnupfen.

➤ **Chlamydien**
Sehr kleine, innerhalb der Zelle wachsende Bakterien, die Katzenschnupfen verursachen können.

➤ **Coronaviren**
Erreger von Durchfall bei der Katze; durch → Mutation kann er FIP (→ Seite 124) auslösen.

➤ **Degenerativ, Degeneration**
Entartung von Zell- und Gewebsstrukturen infolge Schädigung der Zellen. Diese verändern sich und können nicht mehr wie ursprünglich funktionieren.

➤ **Empirisch**
Auf nachvollziehbarer allgemeiner Erkenntnis oder eigenen Erfahrungen beruhend.

➤ **Endokriner Pankreas**
Bereich im Pankreas = Bauchspeicheldrüse (Langerhans-Inseln), der für die Produktion von → Insulin verantwortlich ist.

➤ **Eosinophiles Granulom**
→ Autoimmunkrankheit; äußert sich in schlecht oder gar nicht heilenden Wunden am Körper oder/und im Maulbereich.

➤ **Epilepsie**
Angeborene oder erworbene Veränderung des Gehirns, wodurch es zu Krampfanfällen mit oder ohne Bewusstlosigkeit kommt.

➤ **Epileptiformer Anfall**
Krampfanfall, der dem bei → Epilepsie ähnelt, aber durch eine andere Erkrankung, z. B. der Leber oder Nieren, verursacht wird.

➤ **Epileptischer Anfall**
Im Rahmen einer → Epilepsie auftretender Krampfanfall.

Glossar

➤ **Extrahieren**
Von lateinisch »extrahere« = herausziehen; Herausziehen von Bestandteilen aus festen oder flüssigen Stoffen durch Lösungsmittel.

➤ **Fistel**
Von lateinisch »fistula«; schlecht heilende röhrenförmige Wunde.

➤ **Forensisch**
Der gerichtlichen Aufklärung dienend, Analyse von kriminellen Handlungen; hier: Vergiftungen, die in krimineller Absicht erfolgten, z.B. Arsenvergiftungen.

➤ **Giardien**
Im Darm vorkommende kleine Einzeller; sie können Durchfall verursachen.

➤ **Herpes-Viren**
Virus, das an der Entstehung von Katzenschnupfen beteiligt sein kann.

➤ **Ikterus**
Gelbsucht; äußert sich durch Gelbfärbung der Haut, Bindehaut und der Schleimhäute bei Leber- und Galleerkrankungen; wird verursacht durch zu viel Gallenfarbstoffe im Blut und Gewebe.

➤ **Inkontinenz**
Unfähigkeit, den Urin zu halten, daher wird ständig Urin verloren.

➤ **Inkubationszeit**
Von lateinisch »incubare« = ausbrüten; Zeit, die vom Eindringen der Krankheitserreger (Infektion) bis zum Auftreten von Krankheitssymptomen (Ausbruch der Krankheit) verstreicht.

➤ **Insuffizienz**
Funktionelle Schwäche, nicht ausreichende Leistung.

➤ **Insulin**
Hormon, das den Kohlenhydrathaushalt steuert; es bewirkt, dass Glukose aus dem Blut in die Zellen gelangt.

➤ **Klickertraining**
Methode zur Ausbildung/ zum Training von Tieren. Ein bestimmtes Geräusch, hervorgerufen durch einen sogenannten Klicker (macht ein klack-Geräusch), wird zunächst zusammen mit einem Leckerchen gegeben. Damit wird die Belohnung »Leckerchen« mit der Belohnung »Geräusch« verknüpft. Wenn die Katze etwas richtig macht, gibt es statt Leckerchen irgendwann nur noch das klack-

Geräusch. Die Erziehung und Belohnung einer Katze wird dann oft einfacher, da man einen Klicker leichter mitnehmen kann; außerdem sinnvoll bei Katzen, die zum Zunehmen neigen.

➤ **Kokzidien**
Im Darm der Katze vorkommende kleine Einzeller, die Durchfall verursachen können.

➤ **Konservativ**
Von lateinisch »conservare« = erhalten, bewahren; in der Medizin eine Therapie ohne chirurgischen Eingriff.

➤ **Kreatinin**
Stoffwechselprodukt, das über den Harn ausgeschieden wird. Funktionieren die Nieren nicht richtig, wird zu viel Kreatinin im Blut zurückbehalten. Dies ist ein sicherer Hinweis auf eine Nierenerkrankung.

➤ **Leitsymptom**
(Auch Hauptsymptom oder Kardinalsymptom); das Symptom, das den Therapeuten zur Diagnose einer Erkrankung (z. B. beim Menschen Brustenge bei Herzinfarkt) oder zum homöopathischen Mittel (etwa bei Verspannung Nux vomica) bringt.

➤ **Linksseitigkeit**
Symptome sind links stärker oder treten nur links auf.

➤ **Magnetfeldtherapie**
Therapie mit einem Magnetfeld, mit dem Knochenheilungen, Wundheilungsstörungen oder Arthrosen unterstützend behandelt werden können.

➤ **Modalitäten**
Alle Einflüsse, die sich verschlimmernd oder verbessernd auf Symptome oder das Allgemeinbefinden auswirken.

➤ **Mutation**
Von lateinisch »mutatio« = Veränderung; Veränderung des Erbguts eines Organismus, auch von Bakterien und Viren.

➤ **Mycoplasmen**
Sehr kleine Bakterien ohne Zellwand; können Katzenschnupfen verursachen.

➤ **Nosoden**
Arzneimittel, die aus Gewebe, Sekreten oder Körperflüssigkeit oder aus Krankheitskeimen von Mensch und Tier hergestellt und dann potenziert werden.

Glossar

➤ **Parasympathikus**
Teil des Nervensystems, der willentlich nicht beeinflussbar ist; kontrolliert die meisten inneren Organe und den Kreislauf; ist zuständig für Erholung und Regeneration.

➤ **Periodizität**
Ein Symptom oder eine Erkrankung kommt in regelmäßigen Abständen wieder, z.B. alle zwei Tage, alle drei Wochen …

➤ **Pheromone**
Botenstoffe, die der biochemischen Kommunikation zwischen Individuen einer Art, hier Katzen, dienen, etwa zur Markierung.

➤ **pH-Wert**
Maß für die Wasserstoffionenkonzentration in Flüssigkeiten; je kleiner der Wert, desto höher die Wasserstoffionenkonzentration und desto saurer die Lösung; pH 1 ist sehr sauer, pH 7 ist neutral, pH 14 ist sehr alkalisch/basisch. Urin hat pH 6 bis pH 7.

➤ **Phytotherapie**
Pflanzenheilkunde; Heilen von Krankheiten mit Medikamenten aus Heilpflanzen, z.B. Arnica- oder Calendula-Tinktur.

➤ **Rechtsseitigkeit**
Die Symptome sind rechts stärker oder treten nur rechts auf.

➤ **Rekapillarisationszeit**
Zeit, die verstreicht, bis sich Blutgefäße bzw. Schleimhäute wieder mit Blut gefüllt haben.

➤ **Repellent**
Von lateinisch »repellere« = vertreiben; Wirkstoff, der äußere Parasiten wie Flöhe oder Läuse abschreckt, ohne sie zu töten.

➤ **Retroviren**
Viren, die bei Katzen Katzenleukämie und Katzenaids verursachen. Zur gleichen Virenfamilie gehört auch das menschliche Aids-Virus.

➤ **Seitenbeziehung**
Symptome sind nur auf einer Seite vorhanden oder treten dort stärker auf.

➤ **Sekundärinfektion**
Infektion, die zusätzlich zu einer bereits vorhandenen Infektion mit einem anderen Erreger erfolgt.

➤ **Senkrücken**
Nach unten durchhängender Rücken; Anzeichen für Bindegewebsschwäche, Defizite in der Muskulatur oder andere orthopädische Probleme.

➤ Spastisch
Von griechisch »spasmos« = Krampf; die Katze hat eine Lähmung, dabei ist durch eine Schädigung eines Nervengewebes die Muskulatur zusätzlich zur Lähmung verspannt.

➤ Struvitkristalle
Kristalle im Urin aus Magnesiumammoniumphosphat. Sie entstehen aus normal vorkommenden Bestandteilen im Urin, wenn sich nach Entzündungen oder durch Stoffwechselstörungen der → pH-Wert des Urins in den alkalischen Bereich verschiebt.

➤ Stumpfes Trauma
Verletzung, die durch Schlag oder Stoß entsteht, nicht durch Stich oder Schnitt.

➤ Sulfonamide
Chemisch hergestellte Breitspektrumantibiotika; ähnlicher Einsatz wie Penicillin.

➤ Toxine
Gifte, die von Lebewesen (Pflanzen, Tiere, Pilze, Bakterien etc.) produziert werden.

➤ Toxoplasmen
Einzellige Parasiten im Darm der Katze; können bei schwangeren Frauen ohne Antikörperschutz Missbildungen des ungeborenen Kindes verursachen; sonstige Ansteckungsquellen für Menschen: rohes Fleisch, z. B. Tatar oder Salami.

➤ Toxoplasmose
Erkrankung, hervorgerufen durch → Toxoplasmen; die Katze ist fast immer, der Mensch meist symptomlos, sonst grippeähnliche Allgemeinerkrankungen.

➤ Trägerstoff
Stoff/Substanz, an den andere Substanzen (homöopathische Ursubstanz und die weiteren Potenzen) gebunden werden können, um ihn z. B. besser potenzieren und verabreichen zu können; in der Homöopathie z. B. Alkohol oder Milchzucker.

➤ Untertemperatur
Körperinnentemperatur, die unter der normalen physiologischen Körperinnentemperatur liegt; bei der Katze unterhalb von 38 °C.

➤ Verschleppte Infektion
Eine Infektion, die nicht rechtzeitig behandelt wird; die Krankheit braucht länger zum Heilen oder wird dadurch unheilbar.

➤ Zyste
Ein mit Gewebe umschlossener Hohlraum, der meist Flüssigkeit enthält; am Eierstock z. B. bei hormonellen Störungen aus normalen Eifollikeln entstehend.

Anhang

Register

Halbfett gesetzte Seitenzahlen verweisen auf Abbildungen, U bedeutet Umschlagseite.

Abgabe an neue Besitzer 221
Abszess 119
Acidum arsenicosum 82, 99, 156, 161, 168
Acidum silicicum 58, 61, 63, 64, 100, 107, 120, 161, 185
Aconitum napellus 145, 160, 190
Aesculus hippocastanum 77
Aggression **157**, 221, 222
–, übersteigerte 157
Ähnlichkeitsregel 11, 12, 13, 17
Akupressur 109
Akupunktur 109
Allergische Reaktionen 121
Allgemeinsymptome 26
Allium cepa 190
Aloe perryi 155
Altersbeschwerden 222
Anamnese 17, 164
Angst 159, 222
Apis mellifica 57, 68, 102, 106, 137, 140, 190
Arnica montana 59, 64, 76, 100, 112, 114, 116, 132, 133, 135, 137, 138, 139, 160, 192
Arsenige Säure 82
Artemisia abrotanum 87
Artemisia cina 87
Arthritis 111
Arthrose 111
Arzneimittelbild 14, 17, 18
Arzneimittelprüfung 13, 15
–, unbeabsichtigte 25
Atemfrequenz 80
Atemwegserkrankungen 69–74
Ätherische Öle 34, 38
Atropa belladonna 65, 70, 133, 143, 146, 149, 193
Ätzstoff Hahnemanns 74

Aufzucht, mutterlose 105
Augenerkrankungen 56–61
Augenreinigung **63**
Augentrost 57, 60, 70, 198
Ausleitungsmittel 122
Austernschalenkalk 87, 107, 153, 169

Bach, E. 206
Bach-Blüten 38, 207
–, Behandlungsdauer mit 211
- bei Tieren 209
–, Dosierung der 209
- und Homöopathika 236
- und Notfälle 211
–, Verabreichung der 209, 210, 213
–, Wirkungsweise der 208
Bach-Blütentherapie, Grenzen der 213
Bach-Nosoden 206
Badeschwamm 74
Bandapparat, Erkrankungen des 111
Baptisia tinctoria 128
Bariumcarbonat 155
Bärlapp 92, 98, 154, 159, 177
Bauchfellentzündung, ansteckende 124
Beatmung, künstliche 131
Behandlung, konstitutionelle 23
Beinwell 60, 110
Berberis vulgaris 96, 194
Bewegungsapparat, Erkrankungen des 108–115
Bilsenkraut 143, 154, 156, 159, 174
Bindehautentzündung 56
Bissverletzungen 134

Bittersüßer Nachtschatten 96
Blasenentzündung 94
Blasenlähmung 100
Blauer Eisenhut 145, 160, 190
Bleiacetat 89, 100, 201
Blutergüsse 64, 135
- kühlen 141
Böser Blick 158
Brechnuss 81, 90, 115, 117, 148, 157, 159, 161, 181
Brechwurzel 73, 81, 148, 199
Brennnessel 121
Bronchitis 69, 73
Bryonia dioica 73, 113, 115, 194
Buschmeisterschlange 70, 104, 146, 154, 156, 159, 175

Calciumphosphat 107, 171
Calendula officinalis 118
Cardiospermum halicacabum 121
Caulophyllum thalictroides 103
Chelidonium majus 82, 91, 197
Chinarindenbaum 83
Cinchona succirubra 83
Citrullus colocynthis 89
Cortison 122
Cumarinvergiftung 149

Dactylis glomerata 129
Darmlähmung 89
Dauerrolligkeit 102
Dauertherapie 36, 212
Delphinium staphisagria 132, 141
Diabetes mellitus 92
Diäten 38, 78, 79
Dilutionen 33
Dominanz 222
Dränagemittel 122
Drosera rotundifolia 73
Druckverband 131
Durchblutungsstörung (FATE) 77
Durchfall 81
- und Stress 88
- und Wurmbefall 84

Eberraute 87
Echinacea angustifolia 145
Echte Kamille 65, 88, 153, 159, 173
Eifersucht 150, 156, 221
Eingabe 32, 33, 34, 47
–, Dauer der 35
–, Zeitpunkt der 34
Einreibungen 109
Eisenoxidphosphat 147
Elektrischer Schlag 143
Entgiftung 222
Entspannungsmethoden 38
Entwicklung von Kätzchen, Unterstützung der 106
Entzündungen kühlen 141
Epilepsie 141, 222
Erbrechen 81
- und Stress 88
- und Wurmbefall 84
Erfrierungen 144
Erschöpfung 222
Erste Hilfe 130–149
Erstverschlimmerung 24
Ertrinken 144
Euphrasia officinalis 57, 60, 70, 198
Eusponia officinalis 74

Feline arterielle Thrombo-embolie 77
Feline Immunschwäche (FIV) 123
Feline infektiöse Peritonitis (FIP) 124
Felines Asthma Syndrom (FAS) 128
FeLV 123
Fettlebersyndrom 91
Fieber 144
- messen 125
Frauenwurzel 103
Freigängerkatze 55, **139**

Fürsorge, übertriebene 221

Gallenblasenerkrankungen 90
Galphimia 129
Gänseblümchen 136
Gebärmutterentzündung 104
Geburt 221
 –, Probleme nach der 104
 –, Unterstützung der 103
Gehirnerschütterung 138
Gelber Phosphor 161, 183
Gelenke, Erkrankungen der 111
Gelsemium sempervirens 149
Gesäugeentzündung 106
Geschlechtsorgane, Erkrankungen der 101–107
Geschlechtsreife 101
Gewöhnliche Berberitze 96, 194
Giftsumach 112, 114, 121, 202
Ginkgo biloba 77
Ginkgobaum 77
Globuli 32, 33
Goldrute 92, 98, 203
Grauer Star 61
Grindelia robusta 129
Grindelie 74, 129

Haarballen 81
Hahnemann, S. 10, 206
Hahnemanns Ätzstoff 154, 156
Hahnemanns Calciumsulfid 62, 71, 119, 198
Harnapparat, Erkrankungen des 94–100
Harngrieß 99
Harnleitererkrankungen 97
Harnröhrenentzündung 94
Harnröhrenverschluss 94
Harnverhalten 155
Harpagophytum procumbens 113, 115
Hausapotheke, homöopathische 239, U2
Hauterkrankungen 118–121

Hepatische Lipidose 91
Herzbeschwerden 75–77
Herz-Kreislauf-Versagen 75
Herzsame 121
Hitzschlag 149, 222
Holzkohle 75, 82, 134, 196
Homöopathie 28
 –, Grenzen der 39, 40, 41
 –, Wirkungsweise der 22
Homöopathika 28
 –, Aufbewahrung der 48
 –, Darreichungsform der 32, 33
 –, Dosierung der 34, 35, 55
 - und alte Katzen 49
 - und junge Katzen 48
 - und Schulmedizin 47, 48
Homöopathische Behandlung, Gefahren durch 45
Honigbiene 57, 68, 102, 106, 137, 140, 190
Hornhautentzündung 60
Hornhauttrübung 60
Hydrargyrum sulfuratum rubrum 127
Hydrastis canadensis 127
Hyoscyamus niger 143, 154, 156, 159, 174
Hypericum perforatum 117, 138, 198

Ignatiusbohne 107, 154, 175
Immunsystem, Unterstützung des 145, 222
Impfschäden 42
Impfung 41, 42
 –, homöopathische 41
Infektionen 144
Injektionslösung 33
Insektenstiche 140, 141

Jambulbaum 93
Johanniskraut 117, 138, 198
Jungtiermittel 165
Juniperus sabina 104

REGISTER N BIS Z

T
Tabletten 32, 33
Taurin 38
Teufelskralle 113, 115
Thyrallis glauca 129
Tinktur 28
Tollkirsche 65, 70, 133, 143, 146, 149, 193
Trächtigkeit 102, 221
Trägerstoff 29
Tränen-Nasen-Kanal, Erkrankungen des 56
Transport der kranken Katze 135
Transportbox **90**
Trauer 221, 222
Trituration 33
TTouch 38

Ü
Überdehnung 111
Umstimmung 99
Unfall 114, 130, 222
Unsauberkeit 151, 222
 - bei organischen Problemen 154
Unterkühlung 144
Uragoga ipecacuanha 73, 81, 148, 199
Ursubstanz 29
Urtinktur 29, 208

V
Verbrennungen 136
Verdauungsorgane, Erkrankungen der 78–93
Verdünnung 29, 30
Verdünnungsstufe 30, 31
Vergiftungen 147, 149
Verhaltensauffälligkeiten 150–161, 214
Verhaltensstörungen 45, 49
Verhaltenstherapie 38
Verreibung 29
Verstauchung 111
Verstopfung 89
Verzweiflung 222
Virginische Zaubernuss 135, 137

W
Walderdbeere 67
Wärme 109
Wehenschwäche 103
Weinraute 113
Weißdorn 76
Weiße Nieswurz 75, 83, 134, 203
Weißes Arsenik 82, 156, 161, 168
Wilder Indigo 128
Wilder Jasmin 149
Wirbelsäule, Erkrankungen der 114
Wunden, ältere 118
Wundheilung unterstützen 119
Würmer 44, 84, 87, 102

Z
Zahnfleischentzündung 67
Zahnstein 66
Zahnwechsel 65, 221
Zaunrübe 113, 115
Zecken 43, 44, 140
Zerrung 111
Zitwersamen 87
Zuckerkrankheit 92
Zwergpalme 96

Die Homöopathika

A
Abrotanum 86, 87
Aconitum 145, 160, 190, U2
Aesculus 77
Allium cepa 57, 69, 190
Aloe 155
Apis 57, 68, 102, 106, 137, 140, 191, U2
Argentum nitricum 88, 153, 160, 165
Arnica 59, 64, 76, 100, 112, 114, 116, 132, 133, 135, 137, 138, 139, 160, 192, U2
Arsenicum album 82, 86, 98, 156, 161, 168

Anhang

B
Baptisia 128
Barium carbonicum 155
Belladonna 65, 70, 133, 143, 146, 149, 193, U2
Bellis perennis 136
Berberis 96, 98, 194
Bryonia 73, 113, 115, 194

C
Calcium carbonicum Hahnemanni 86, 87, 88, 107, 153, 165, 169
Calcium phosphoricum 88, 107, 165, 171
Calculi renales 67
Calendula 118, U4
Cantharis 95, 137, 195
Carbo vegetabilis 75, 82, 86, 134, 196
Cardiospermum 121
Carduus marianus 91
Caulophyllum 103
Causticum Hahnemanni 74, 154, 156
Chamomilla 65, 88, 153, 159, 173
China 83, 86
Cina 86, 87
Cinnabaris 127
Colocynthis 89
Crataegus 76
Cuprum aceticum 73, 143, 197
Cuprum metallicum 143, 197

D
Drosera 73
Dulcamara 96

E
Echinacea 145, U2
Euphrasia 57, 60, 70, 198

F
Ferrum phosphoricum 147
Flor de piedra 92
Fragaria vesca 67

G
Galphimia glauca 129
Gelsemium 149
Ginkgo 77

Grindelia robusta 74, 129

H
Hamamelis virginiana 135, 137
Harpagophytum 113, 115, 202
Hepar sulfuris 62, 71, 72, 119, 198
Hydrastis 127
Hyoscyamus 143, 154, 156, 159, 174
Hypericum 117, 138, 198, U2

I
Ignatia 107, 154, 175
Ipecacuanha 73, 81, 148, 199, U2

K
Kalium bichromicum 126

L
Lachesis 70, 72, 104, 146, 154, 156, 159, 175, U2
Ledum 139, 140, U2
Luffa 126
Lycopodium 92, 98, 99, 154, 159, 177

M
Magnesium phosphoricum 84, 86
Mercurius solubilis Hahnemanni 57, 61, 63, 68, 71, 72, 82, 86, 96, 98, 119, 200, U2
Mercurius sublimatus corrosivus 128
Myristica 120

N
Natrium chloratum 154, 156, 161, 180
Nux vomica 81, 86, 88, 90, 115, 117, 148, 157, 159, 161, 181, U2

O
Okoubaka 148, 201

P
Petroselinum 155
Phosphorus 88, 161, 183
Phytolacca 105, 106
Plumbum aceticum 89, 100, 201

REGISTER

Plumbum metallicum 117
Podophyllum 82, 86
Pulsatilla 57, 71, 102, 157, 161, 184

Rhus toxicodendron 112, 114, 121, 202
Rumex 74
Ruta 113

Sabal serrulatum 96, 99, 195
Sabina 104
Sarsaparilla 99
Silicea 58, 61, 63, 64, 88, 100, 107, 120, 161, 165, 185, U2
Solidago 92, 98, 203
Spongia 74
Staphisagria 132, 141, U2
Sticta pulmonaria 74
Sulfur 122, 189
Symphytum 60, 110
Syzygium jambolanum 93

Urtica urens 121

Veratrum album 75, 83, 86, 134, 203

Die Bach-Blüten

Agrimony 219, 224, 236, U4
Aspen 218, 224, 236

Beech 220, 224, 236

Centaury 219, 224, 236
Cerato 218, 225, 236
Cherry Plum 218, 225, 236
Chestnut Bud 219, 225, 236
Chicory 220, 225, 236
Clematis 207, 219, 226, 236
Crab Apple 220, 226, 236

Elm 220, 226, 236

Gentian 218, 226, 236
Gorse 218, 227, 236

Heather 219, 227, 236
Holly 219, 227, 236
Honeysuckle 219, 227, 236
Hornbeam 218, 228, 237

Impatiens 207, 219, 228, 237

Larch 220, 228, 237

Mimulus 207, 218, 228, 237
Mustard 219, 229, 237

Notfalltropfen 207, 211, 220, 233

Oak 220, 229, 237
Olive 219, 229, 237

Pine 220, 229, 237

Red Chestnut 218, 230, 237
Rescue-Creme 233
Rescue Remedy 220, 233
Rock Rose 218, 230, 237
Rock Water 220, 230, 237

Scleranthus 218, 230, 237
Star of Bethlehem 220, 231, 237
Sweet Chestnut 220, 231, 237

Vervain 220, 231, 237
Vine 220, 231, 237

Walnut 219, 232, 237
Water Violet 219, 232, 237
White Chestnut 219, 232, 237
Wild Oat 218, 232, 237
Wild Rose 219, 233, 237
Willow 220, 233, 237

Anhang

Adressen

Verbände/Vereine

Gesellschaft für Ganzheitliche Tiermedizin e.V. (GGTM), Mooswaldstr. 7, 79227 Schallstadt, www.ggtm.de

Hier bekommen Sie Adressen von Tierärzten in Ihrer Nähe:
Bundestierärztekammer e.V., Französische Str. 53, 10117 Berlin, www.bundestieraerztekammer.de

Gesellschaft für Tierverhaltenstherapie e.V. (GTVT), www.gtvt.de

Über das Online-Tierärzteverzeichnis des BPT finden Sie Tierärzte in Ihrer Nähe:
Bundesverband Praktizierender Tierärzte e.V. (BPT), www.smile-tierliebe.de

Deutsche Homöopathie-Union, Postfach 410280, 76202 Karlsruhe, www.dhu.de

Fédération Internationale Féline (FIFe), www.fifeweb.org

1. Deutscher Edelkatzen-Züchterverband e.V. (1. DEKZV e.V.), Berliner Str. 13, 35614 Asslar, www.dekzv.de

Deutsche Edelkatze e.V., Geisbergstr. 2, 45139 Essen, www.deutsche-edelkatze.de

Deutsche Rassekatzen-Union e.V. (D.R.U.), Geschäftsstelle: Hauptstr. 56, 56814 Landkern, www.dru.de

Fédération Féline Helvétique (FFH), Alfred Wittich (Präsident), Büntacher 22, CH-5626 Hermetschwil-Staffeln, www.ffh.ch

Österreichischer Verband für die Zucht und Haltung von Edelkatzen (ÖVEK), Liechtensteinstr. 126, A-1090 Wien, www.oevek.org

Deutscher Tierschutzbund e.V., Baumschulallee 15, 53115 Bonn, www.tierschutzbund.de

Krankenversicherung

Uelzener Versicherungen Postfach 2163, 29511 Uelzen, www.uelzener.de

AGILA Haustierversicherung AG, Breite Str. 6–8, 30159 Hannover, www.agila.de

Informationen über giftige Pflanzen erhalten Sie unter:
www.giftpflanzen.ch

Bücher

Bär, M., Pfeiffer, G., Rakow, B., Seyfried, A.-L., Westerhuis, A.: **Arzneimittellehre der Tierhomöopathie, Band I.** AUDE SAPERE, Karlsbad

Bär, M., Pfeiffer, G., Rakow, B., Seyfried, A.-L.: **Arzneimittellehre der Tierhomöopathie, Band II.** AUDE SAPERE, Karlsbad

Boericke, W.: **Homöopathische Mittel und ihre Wirkungen.** Verlag Grundlagen und Praxis, Leer

Daunderer, M.: **Lexikon der Pflanzen- und Tiergifte.** Nikol Verlagsgesellschaft, Hamburg

Eilert-Overbeck, B.: **Unser Kätzchen.** GRÄFE UND UNZER VERLAG, München

Hofmann, H.: **Meine Katze macht was sie will.** GRÄFE UND UNZER VERLAG, München

Hofmann, H.: **Meine Katze.** GRÄFE UND UNZER VERLAG, München

Kübler, Heidi: **Bach-Blüten-Therapie in der Tiermedizin.** Sonntag Verlag, Stuttgart

Ludwig, G.: **300 Fragen zur Katze.** GRÄFE UND UNZER VERLAG, München

Ludwig, G.: **Praxishandbuch Katzen.** GRÄFE UND UNZER VERLAG, München

Schär, R.: **Die Hauskatze. Lebensweise und Ansprüche.** Ulmer Verlag, Stuttgart

Schroll, S.: **Miez, Miez – na komm! Artgerechte Katzenhaltung in der Wohnung.** Videel, Niebüll

Schroll, S.: **Aller guten Katzen sind ...? Der Mehrkatzenhaushalt.** Videel, Niebüll

Zeitschriften

die edelkatze,
Verbandszeitschrift des DEKZV (s. Adressen)

katzen,
Verbandszeitschrift der D.R.U. (s. Adressen)

Geliebte Katze,
Gong Verlag, Ismaning

Katzen extra,
Gong Verlag, Ismaning

Zeitschrift für Ganzheitliche Tiermedizin
Herausgeber: Gesellschaft für Ganzheitliche Tiermedizin e.V., Sonntag Verlag, in MVS Medizinverlage Stuttgart GmbH & Co. KG, Oswald-Hesse-Str. 50, 70469 Stuttgart,
www.medizinverlage.de

Bildnachweis, Impressum

Titelbild: Phosphorus-Katze. **Rückseite**: Bach-Blüte Agrimony (oben); Spiel mit Blüte (Mitte); Ringelblume, Ausgangsstoff für das Homöopathikum Calendula (unten).

Die Fotografen
A1-Pix: 204; **AKG:** 9; **Alamy:** 224/4, 226/2, 227/1, 228/3, 229/2, 231/1, 232/1, 233/1; **Artemis View/Elfner:** 24; **Beat Ernst, Basel:** 224/1, 225/2, 227/3, 228/1, 229/4, 230/1, 231/3, U4-1; **Corbis:** 225/3, 230/3; **Getty-Images:** 230/2; **Giel:** 8, 50, 77, 84, 157, 162, U1, U4-2; **Jahreiß:** 233/3; **Juniors/Liebold:** 244; **Lavendelfoto:** 224/2, 225/1, 226/1, 226/3, 226/4, 227/2, 228/2, 228/4, 229/1, 229/2, 229/3, 230/4, 231/2, 231/4, 232/2, 232/4, 233/2; **Mauritius-Images:** 225/4; **MedicalPicture:** 205; **Nickig:** U4-3; **Okapia:** 224/3; **Schanz:** 6, 15, 21 (beide), 31, 51, 59, 63 (beide), 83, 120, 132, 209; **Superbild:** 204, 232/3; **Wegler:** 3, 5, 7, 37, 86, 90, 103, 113, 129, 139, 163, 240, 242, 243.

Syndication:
www.jalag-syndication.de

Dank
Verlag und Autorin danken der Deutschen Homöopathie-Union (www.dhu.de) für die freundliche Unterstützung.

Über die Autorin
Frau Dr. med. vet. Elke Fischer ist auf Kleintiere und Reptilien spezialisiert. Sie führt die Zusatzbezeichnung Homöopathie und verfügt über weitere Zusatzausbildungen in Akupunktur, Tierverhaltenstherapie, Veterinärphysiotherapie, Osteopathie und Reptilienerkrankungen. Zusätzlich ist sie Dozentin und Mitglied für Homöopathie bei der ATF (Akademie für tierärztliche Fortbildung) und im BPT (Bundesverband Praktizierender Tierärzte). Seit 1998 gehört sie der Gesellschaft für Ganzheitliche Tiermedizin e. V. (GGTM) an und ist seit 2008 im erweiterten Vorstand. Außerdem veröffentlicht sie Artikel zum Thema Homöopathie in Fachzeitschriften.

© 2008 GRÄFE UND UNZER VERLAG GmbH, München. Alle Rechte vorbehalten. Nachdruck, auch auszugsweise, sowie Verbreitung durch Bild, Funk, Fernsehen und Internet, durch fotomechanische Wiedergabe, Tonträger und Datenverarbeitungssysteme jeder Art nur mit schriftlicher Genehmigung des Verlages.

Projektleitung: Nadja Harzdorf
Lektorat: Angelika Lang
Bildredaktion: Daniela Laußer
Umschlaggestaltung und
Layout: Cordula Schaaf
Herstellung: Susanne Mühldorfer
Satz: Cordula Schaaf
Reproduktion: Longo AG, Bozen
Druck: Appl, Wemding
Bindung: Druckerei Auer, Donauwörth

Printed in Germany
ISBN 978-3-8338-1172-2

5. Auflage 2011

GRÄFE
UND
UNZER

Ein Unternehmen der
GANSKE VERLAGSGRUPPE